なぜAppleは強いのか

製品分解からわかる真の技術力

清水洋治 著
(株)テカナリエ 監修

技術評論社

免責

本書に記載された内容は、情報の提供だけを目的としています。したがって、本書を用いた運用は、必ずお客様自身の責任と判断によって行ってください。これらの情報の運用の結果について、技術評論社および著者はいかなる責任も負いません。

本書記載の情報は、2023年8月現在のものを掲載していますので、ご利用時には、変更されている場合もあります。

また、ソフトウェアに関する記述は、特に断わりのないかぎり、2023年8月現在でのバージョンをもとにしています。ソフトウェアはバージョンアップされる場合があり、本書での説明とは機能内容や画面図などが異なってしまうこともあり得ます。本書ご購入の前に、必ずバージョン番号をご確認ください。

以上の注意事項をご承諾いただいたうえで、本書をご利用願います。これらの注意事項をお読みいただかずに、お問い合わせいただいても、技術評論社および著者は対処しかねます。あらかじめ、ご承知おきください。

商標、登録商標について

・本書に登場する製品名などは、一般に各社の登録商標または商標です。なお、本文中に™、®などのマークは特に記載しておりません。

はじめに

（株）テカナリエは年間100製品を超えるさまざまな製品の分解、チップ開封解析を行っています。その中で、これまでにApple製品を網羅的に分解し続けています。Apple製品は外観や機能だけでなく、内部の基板、構成、形状などがどのメーカーの製品にも似ていません。さらに基板上に配置される通信チップやプロセッサ、メモリ内部のコントローラ、電源系のICまでAppleは自前で開発しています。プロセッサやメモリチップの内部のシリコンをAppleが独自で開発するようになったのは2010年のiPhone 4で採用されたA4プロセッサのリリースからです。Appleが自前でシリコン開発を行うようになってから、おおよそ13年が経過しました。この13年の間にAppleの開発力は各段に高いものになりました。

2023年にAppleから発売開始になった最上位機能製品、すなわちMac ProやMac StudioにはApple独自のプロセッサM2 Ultraが採用され、旧Mac Proで採用されていたIntelやAMDのプロセッサはいっさい使われていないものになっています。現在のApple製品には、半導体ビッグ3と呼ばれるIntel、AMD、NVIDIAのチップを使っていないのです。しかしその性能はビッグ3並みを実現できています。

このような独自の道を、なぜAppleが歩んでいるのか。この疑問をApple製品の分解、チップの開封解析を通じて明るみにしたいといつも思っています。Apple製品の最大の特長は独自性です。内部にほとんど隙間がない、最小サイズでデジタル、アナログ、パワー、メモリといったすべての半導体にAppleが常に関与し、パッケージの構成から形状まで独自のものを使い続けていることにあります。Apple Watchではケース形状に合わせた複雑な形状のSystem In Packageが使われ、AirPods Proでは耳に入れやすい外部形状にフィットしたラウンドパッケージが採用されています。

iPhoneに採用されるAシリーズは、1つのパッケージ内にプロセッサ、DRAM、シリコンキャパシタなど15個を超えるシリコンが入っています。それらが最適最小面積に実装され、さらに製品の内部でも周囲の形状に溶け込むように無駄なく配置されています。ここまで徹底した部分と全体の整合性のあるApple製品は内部まで唯一無二のものになっているのです。

外部のメーカーから購入してきたチップを並べて接続して製品化するだけでは、Appleのような製品は生まれません。常に最適化と整合性を求めていない限り、Appleが作り出すようなハードウェアは生まれないわけです。一般で販売されている半導体は、多くのユーザーを対象にするので、不足機能もあれば過剰機能もあります。またメーカーが売り込むものをそのまま使っているだけでは差別化、優位化も生まれにくいのです。

Appleの無駄のない、最適化された内部までていねいに作り込まれた世界を本書で少しでも共有したいです。またAppleのような徹底した最適化ができ、作ったものを使い切るという文化を持った会社を再認識する一助になればと思っています。Apple製品の内部が放つメッセージを受け取り、常に最適化を求める姿勢をさらに強化させる必要があると強く感じています。

2023年　初秋

(株) テカナリエ　清水洋治

謝辞

Apple製品の分解やシリコンやパッケージ解析を行った書籍を技術評論社様から出版できることを心から嬉しく思います。半導体専門用語をなるべく使わず、写真を解説する形にすることで専門外の方も含め多くの方にお目通しいただければ幸いです。技術や文化をブラックボックス化せず、中身を見て考えることが今後の進化のために重要と考えます。専門家の半導体ではなく、より多くの方に中身を見て感じる、考える機会をあらためて感謝します。

Contents

目次

Contents

Contents

Chapter 1

iPhoneの進化と歴史

Chapter 1

iPhoneの進化と歴史

1-1 iPhone X

図1-1　2017年リリース、外箱

iPhone XはAppleの新基準

iPhone X（図1-1）はこれまでのiPhoneとはまったく別物です。AppleはSAMSUNGをはじめとしてさまざまなコンペティターと開発競争してきた中で、本当に実現したかった機能をiPhone Xに盛り込みました。既存のiPhoneとの違いは3つあります。1つはホームボタンがなくなり、顔認証が採用されたこと、2つ目はこれにともないAI（人工知能）認証が採用されたことです。3番目としてはL字形の電池の採用です（図1-2）。

本体内部の変化

当社はiPhone Xを発売当日に購入して分解しました。これまでのiPhoneと違い、見たことがない部品がどんどん出てきて驚きの連続でした。図1-3にあるように2層基板で従来よりも小型化されているのがわかりました。以降Apple製品は2層基板を導入しますが、そのさきがけでした。L字型電池の採用もこれまでになかったもので、部品の高密度化を成し遂げています。

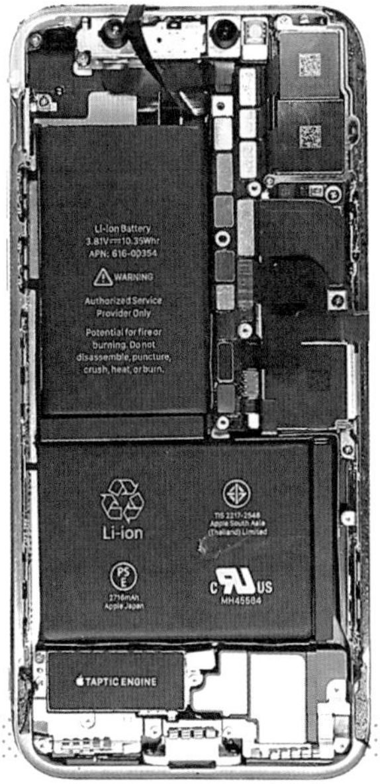

図1-2　カバー取り外し、電池のL型配置

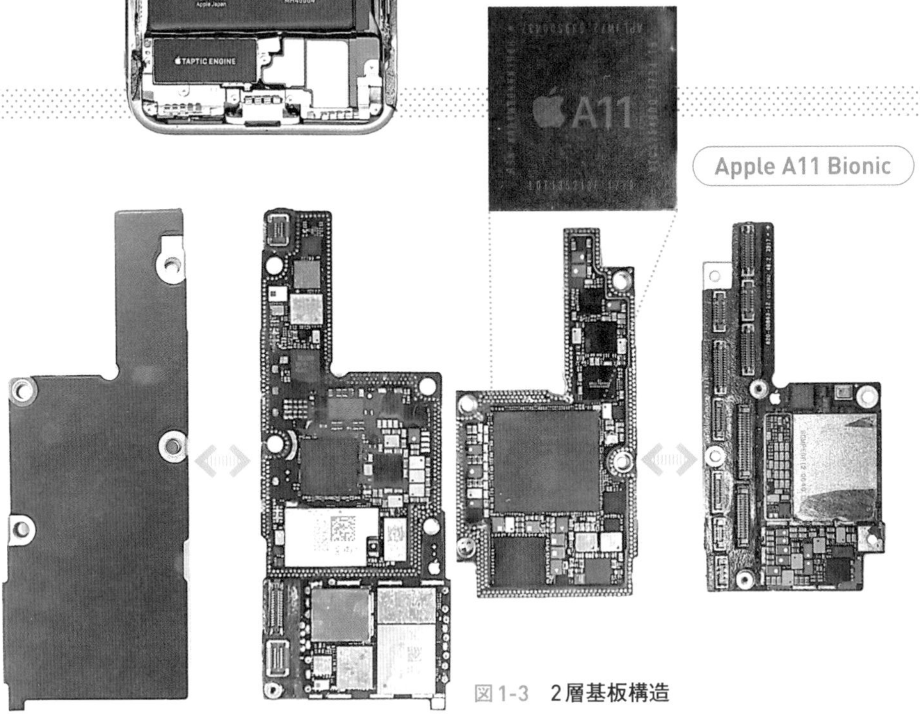

図1-3　2層基板構造

Apple A11 Bionicによる大きな進化

iPhone XではA11 Bionicがプロセッサとして採用されました。AppleはA10プロセッサからCPU設計の方針を変更し、自社で設計をすることになりました。従来はCPUやGPUを外部の企業から調達し、組み合わせることで開発をしていま

図1-4　Apple A11 Bionic（13.9㎜×14.8㎜）

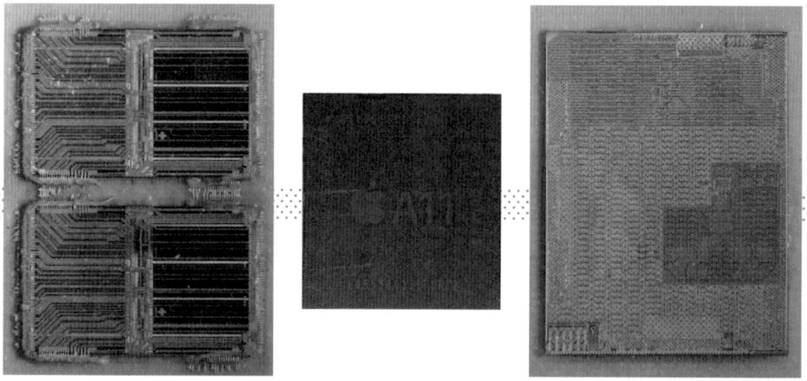

図1-5　Apple A11 Bionic　メモリと端子側

したが、Armのテクノロジーを導入することで、命令セットから検討しなおし、自社開発を軸に生産拠点も変更しました。

当初は韓国SAMSUNGの製造技術を利用していましたが、台湾のTSMCに完全に切り替えました。電源性能から最適化を行い、Apple専用のCPU・GPUを作り上げました。

Apple A11 Bionicの構造

図1-4はA11 Bionicのパッケージモールドをはがしたものです。右が端子側になります。黒い箇所はキャパシタです。図1-5はパッケージの型名側と端子側をそれぞれ両脇に置いています。プロセッサとメモリは対でその性能をなしますが、

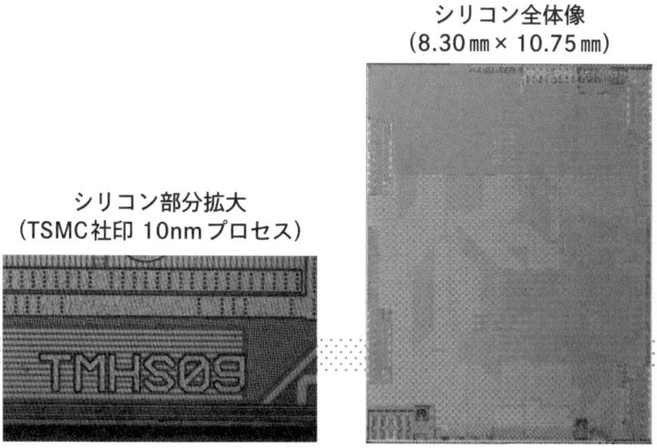

図1-6 Apple A11 Bionic（モールド剥離）

図1-7 トランジスタ数43億個、TSMC製10nmプロセス
CPU ARM V8 6コア：高性能コア×2、高効率コア×4
GPU アップルオリジナル：3コア
ニューラルエンジン 0.6 TOPS

プロセッサの裏側にメモリがあれば最短距離になるので、高い性能が期待できます。LPDDR4がDRAMメモリで、この裏にプロセッサがあるのがわかります。AppleはTSMCの最新のパッケージ技術であるファンイン／ファンアウトを使用するようになり、これが実現できるようになったのです。図1-6の右が実際の大きさ、そして左の写真によってTSMCがこのCPUのチップ製造元であることを示しています。

図1-5の端子側の配線層を剥離すると、図1-7のようにCPUの内部構造がわかります。上方がGPUで下方がCPUです。Arm V8が6コアあり、アップルオリジナルのGPUが3コアあります。左隅にAIのためのニューラルエンジン（顔認証で使用）がレイアウトされています。

図1-8　2018年リリース、外箱

1-2 iPhone XS

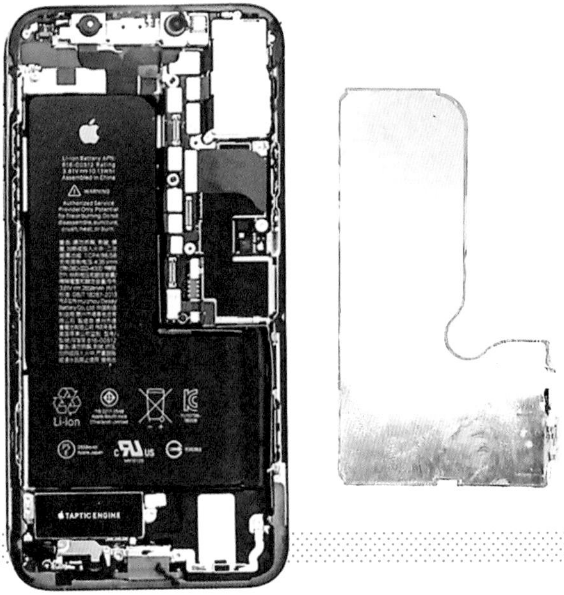

図1-9　iPhone XS　カバー取り外し、L型電池

iPhone Xからのマイナーチェンジ

iPhone Xでは2つの電池を組み合わせてL字型にしていましたが、iPhone XS（図1-8）は最初から完全なL字型の電池になりました（図1-9）。その他の基本的な内部構造はiPhone Xと変わりませんが、プロセッサがApple A12 Bionicになりました。iPhone Xでフルモデルチェンジしたのでi Phone XSはマイナーチェンジモデルと言えます。従来のように2層基板で構成されています（図1-10）。

A11からA12への変化

Apple A11は10nmプロセス技術で作られたプロセッサですが、iPhone XSでは当時の最先端である7nmプロセス技術で作られたApple

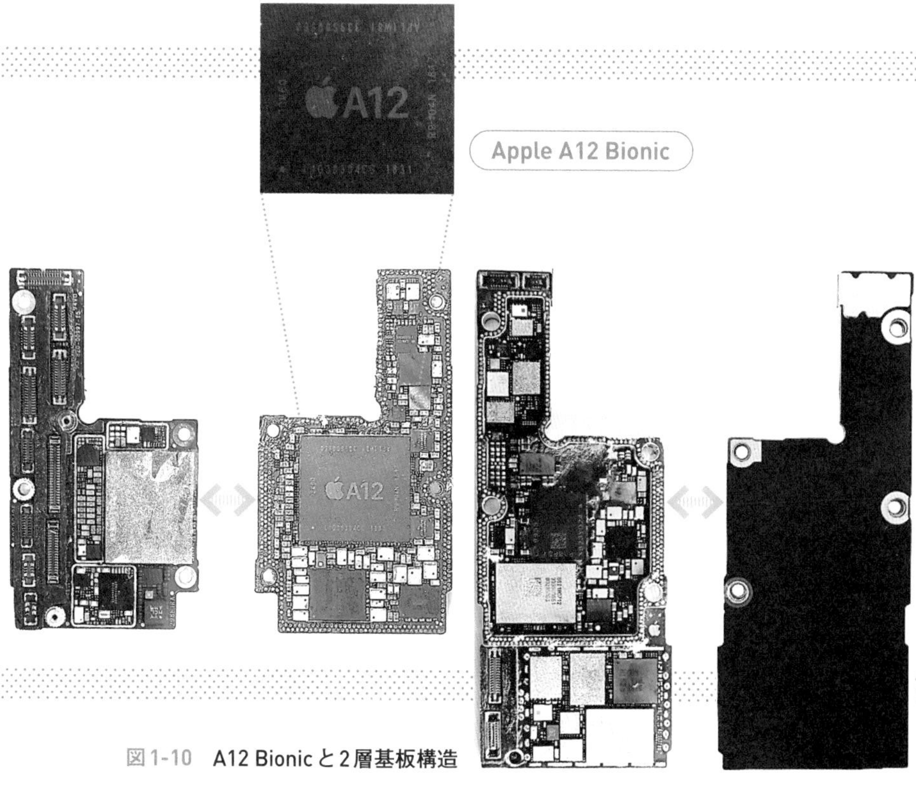

図1-10　A12 Bionicと2層基板構造

A12 Bionicを搭載しています（図1-11）。チップサイズは同じ程度で、図1-12にあるようにLPDDR4Xメモリ4GBを搭載しています。図1-13で示すようにTSMCによる製造です。

図1-14でGPUとCPUの位置関係を示していますが、Apple A12 Bionicは全体的な処理能力の向上が図られています。たとえばニューラルエンジンの性能がA11 Bionicでは0.6TOPS（Trillion Operations Per

図1-11　Apple A12 Bionic（14.4mm × 13.8mm）

図1-12　Apple A12 Bionic　CPUとメモリ

Second）でしたが、A12 Bionicでは5TOPSで8倍程度性能が向上しています。顔認証などのAIを使用した性能が8倍も向上したと言われています。

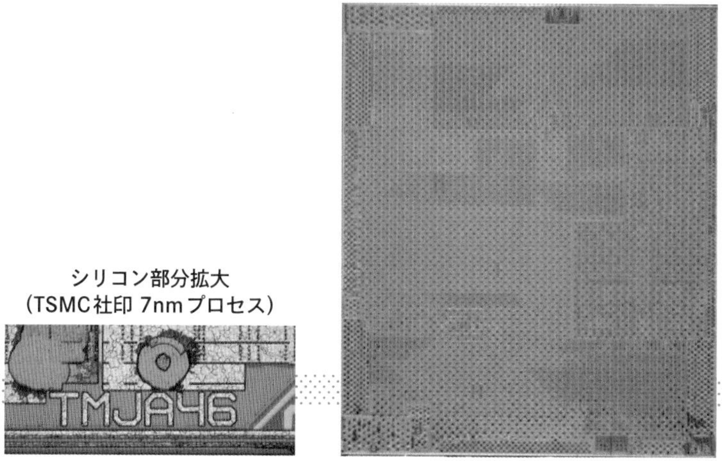

図1-13　Apple A12 Bionic（モールド剥離）

図1-14　トランジスタ数69億個、TSMC製7nmプロセス

CPU ARM V8 6コア：高性能コア×2、高効率コア×4
GPU アップルオリジナル：4コア
ニューラルエンジン 5.0 TOPS

1-3 iPhone 11 Pro

図1-15 2019年リリース、外箱

図1-16 iPhone 11 Pro、L型電池

見え隠れする戦略転換

分解するとiPhone 11 Pro（図1-15）も単体でL型の電池を使用しているのがわかります。従来の構造を踏襲したマイナーチェンジモデルと言えます（図1-16）。プロセッサはApple A13 Bionicになり、2層基板構造です。この基板に非常に大きな変化点が見られます（図1-17）。プロセッサの電源電圧を最適化するPMIC《ピーミック》（電源管理IC）の存在です。従来は、社外からPMICを調達してきましたが、Appleは自社でIC設計を開始したのです。それがAppleのマークの付いてるPMICです。これでAppleはプロセッサと電源ICの両方とも自社設計になりました。ただしどちらも製造はTSMCです。

当初は外部のさまざまな企業の部品を調達し、最適な組み合わせを実現することで製品を作り上げ

図1-17　A13 Bionicと2層基板構造

てきましたが、スマートフォンの性能の向上を追求するにあたり、まずはプロセッサ、その次はプロセッサの電源管理ICの自社設計を図ったのです。その流れがiPhone 11 Proに表れています。

Apple A13 Bionicは 7nmプロセス第2世代

図1-18はApple A13 Bionicのモールド剥離をしたものです。前のモデルより少し大きくなっています。図1-19もそれを示しています。一回りずつ大きくなってます（図1-20）。7nmプロセス技術によるプロセッサの第1世代の面積を1としたとき、搭載可能なトランジスタ数は限界があるので、7nmプロセス技術の第2世代のプロセッサは、その面積を少し大きくして機能を増やしています。図1-21に示すように、ニューラルエンジンの性能も向上させています。

図1-18　Apple A13 Bionic（13.4mm × 14.9mm）

図1-19　Apple A13 Bionic CPUとメモリ

図1-20　Apple A13 Bionic（モールド剥離）

図1-21　トランジスタ数85億個、TSMC製7nmプロセス

CPU ARM V8 6コア：高性能コア× 2、高効率コア× 4
GPU アップルオリジナル：4コア
ニューラルエンジン 6.0 TOPS

1-4 iPhone 12 Pro

図1-22　2020年リリース、外箱

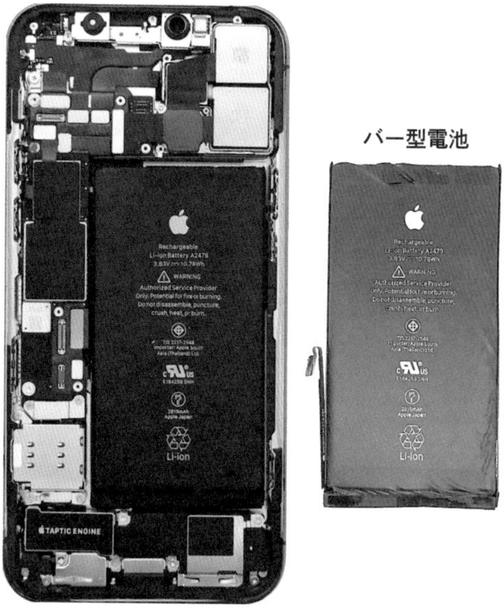

図1-23　iPhoneカバー取り外しとバー型電池

iPhone 12 Proは L型からバー型へ電池が変更

iPhone 12 Pro（図1-22）を分解したところ、図1-23のように、電池がL型から長方形のバー型になっていました。L型電池は製作するのが複雑でコストがかかります。おそらく、バー型電池にすることで、iPhone 12の大量販売を意識したのではと推測されます。しかし、同時期のiPhone 12 Pro MaxはL型電池が採用されています。

iPhone 4への先祖返りか？

iPhone 12 ProのプロセッサはA14 BionicでApple独自のPMICと対になって2層基板で製品を構成しています（図1-24）。電池がバー型になったことで製造コストを下げることができました。これまでAppleは小さな基板とL型電池でスマートフォン部品にかなりコストをかけてきましたが、本製品で内部構造を安価なものに切り替えました。そして外形もラウンドスタ

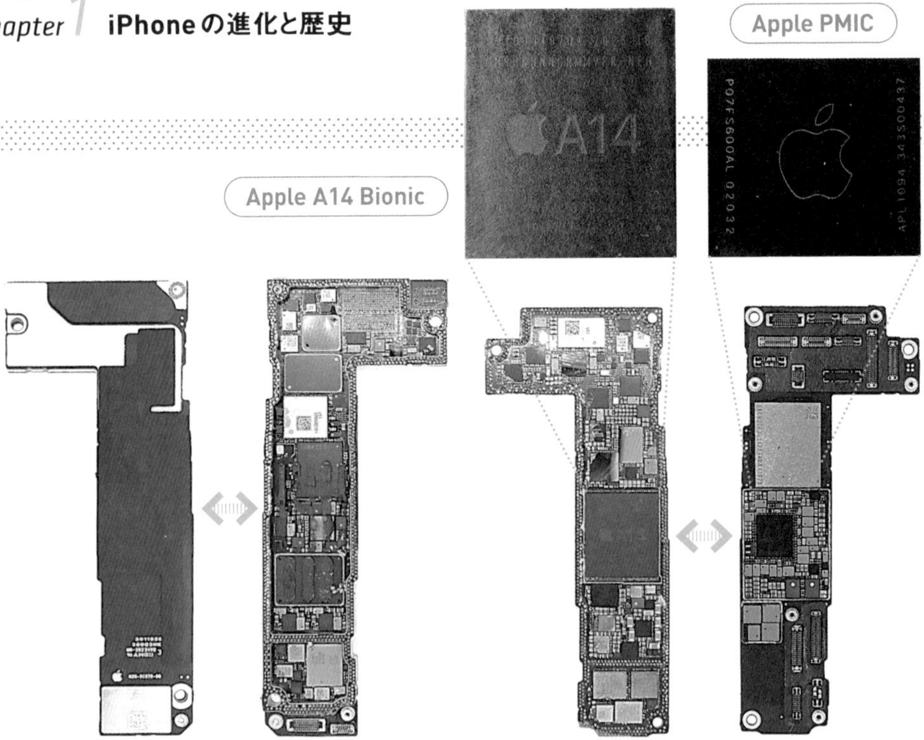

図1-24 Apple A14 Bionicと2層基板

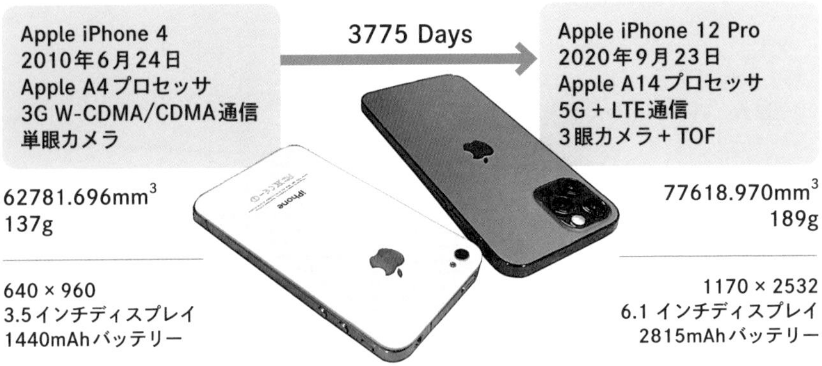

図1-25 Apple 2010 iPhone 4から2020 iPhone 12 Proへ

イルからエッジが立ったデザインに変更しました。これは13年前にリリースされたiPhone 4を彷彿させる変更です。ゆえにiPhone 12はiPhone 4の先祖返りではないかと筆者は推測しています（図1-25）。3775日、つまり発売10年が経過した記念としてiPhone 12があるので

図1-26 Apple 2010 iPhone 4から2020 iPhone 12 Proへサイズの変化

はないかと。見た目もさることながら、図1-26に示すように基板のレイアウトが酷似しています。それまでのiPhone 11と比較すると、それぞれの部品の配置が左右反転したものになっています。コストの削減という目的もありますが、急にカメラサイズが大きくなったりしたことからも、iPhone 4発売10周年記念で設計されたことが見て取れます。

Apple A14 Bionicの進化

図1-27は、Apple A14 Bionicのパッケージを分解した状態です。右側の写真で示す端子側の黒い四角の箇所はシリコンキャパシタ（シリコンコンデンサ）です。セラミックコンデンサは（株）村田製作所や太陽誘電（株）などのメーカーによる製品が有名です。基板上によく搭載されています。セラミックコンデンサの代わりにシリコンでキャパシタを作り、これをプロセッサのパッケージに埋め込みます。これにより電源の供給が安定化します。CPUコアが稼働することで発生するさまざまなノイズを抑えることにより性能向上が図られます。

図1-28は、メモリが配置されている状態を示しています。図1-29は、TSMC製であることを示してい

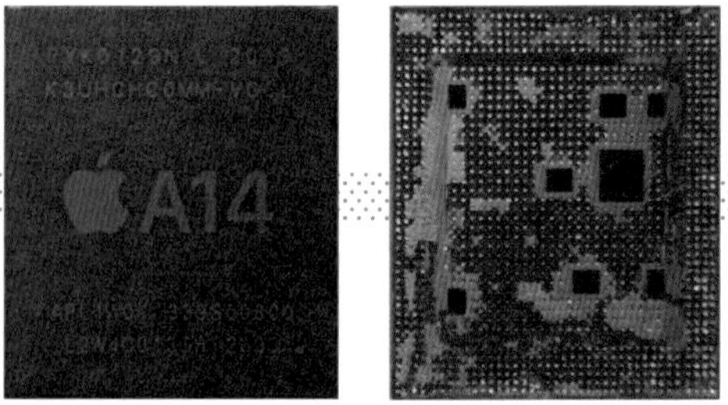

図1-27　Apple A14 Bionic
(13.0mm × 14.7mm)

図1-28　Apple A14 Bionic (CPUとメモリ)

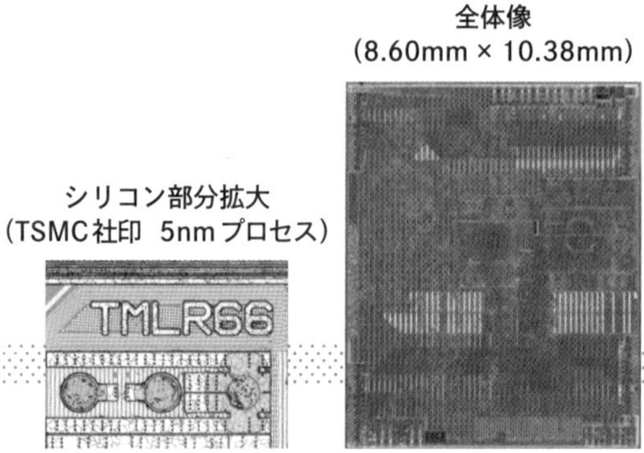

図1-29　A14 Bionic (モールド剥離)

図1-30　トランジスタ数118億個、TSMC製5nmプロセス

CPU ARM V8 6コア：高性能コア×2、高効率コア×4
GPU アップルオリジナル：4コア
ニューラルエンジン 11.0 TOPS

ます。今回は、5nmプロセス技術で製作されています。

図1-30はプロセッサ上のGPU、CPUコアのレイアウトを示しています。ニューラルエンジン処理能力も11TOPSとかなり向上しています。顔認証だけでなく、音声認証、自宅や通勤箇所の特定、勤務先や通勤経路の特定と学習などもニューラルエンジンの処理能力の一端を示しています。

1-5 iPhone 13 Pro

図1-31　2021年リリース、外箱

図1-32　iPhone 13 Proカバー取り外しとL型バッテリー

iPhone 13 Proの内部構造

図1-32はiPhone 13 Proを分解したものですが、見た目での大きな特徴はL型電池です。バー型電池からL型電池に戻ったのはマイナーチェンジとみるか、もしくは電池も再び開発しはじめたと見るべきかもしれません。

図1-33に示すように、Apple A15 BionicプロセッサとAppleオリジナルのPMIC（電源管理IC）の組み合わせのコンピュータ基板と通信基板の2階建てで（2枚）構成されている。図1-34は、A15 Bionicプロセッサを中心とした周辺デバイスへの接続状態を示します。

機能の集約が図られた基板

図1-35は、コンピュータ基板と接続端子の様子です。1枚の基板にものすごい機能の集約がなされているのがわかります。あらゆるセンサーの値がここに集まり、さまざまなデータが処理され集中制御されます。

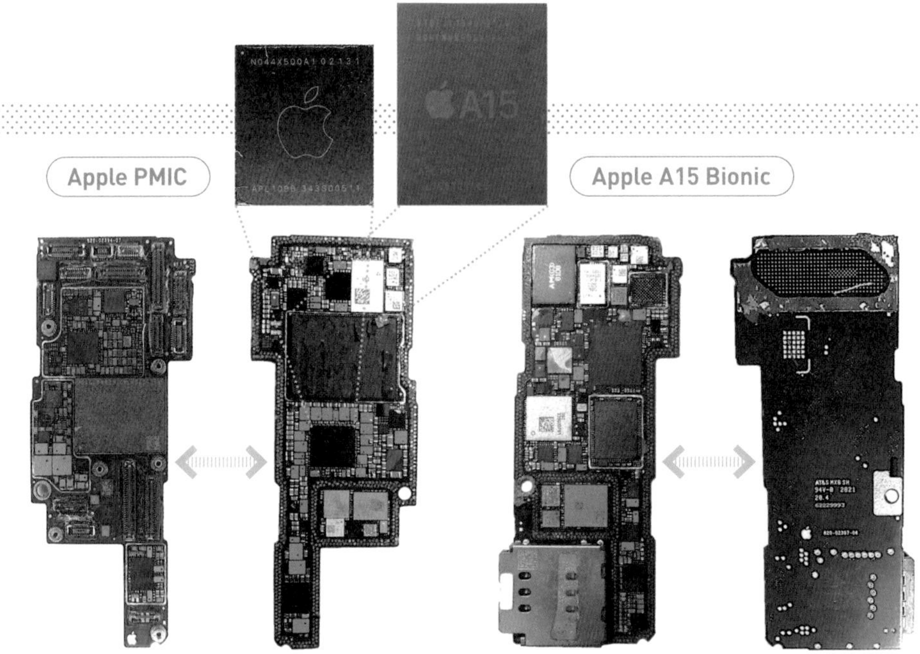

図1-33　Apple A15 Bionicと2層基板構造

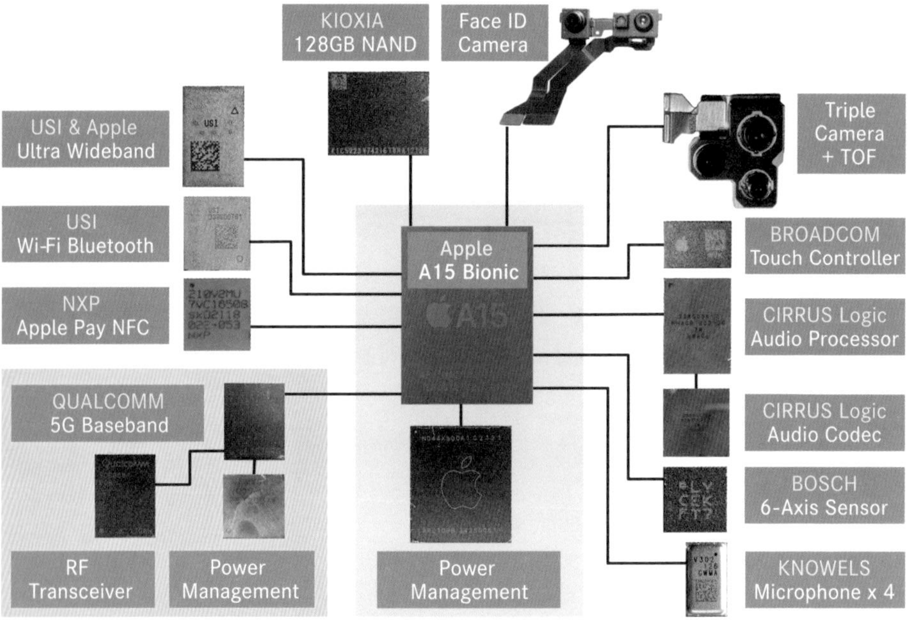

図1-34　Apple A15 Bionicへの周辺デバイスの接続

Apple A15 Bionicの特徴

図1-36のようにプロセッサのサイズが以前のモデルに比べ大きくなっているのがわかります。半導体の進化でいえば、現在は4〜5nmプロセス技術が最先端です。つまりプロセッサの面積を増やせばそれだけ機能の向上ができます。そのためチップの面積が増える傾向にあります。今後、2〜3nmプロセス技術が実現できれば、面積あたりのトランジスタ数が上がりますので、また機能が向上していくでしょう。

図1-37は、A15 BionicのLPDDRメモリと端子サイドを示しています。

図1-38はA15 Bionicの全体像とシリコン型名を示します。このシリコン型名は製品によって違う場所に存在します。当社の専門技術者がチップ開封後、1000倍〜10000倍の顕微鏡でくまなく走査し、時間をかけて観察しています(非常に骨の折れる仕事です)。

図1-40は、CPUコアとGPUコア

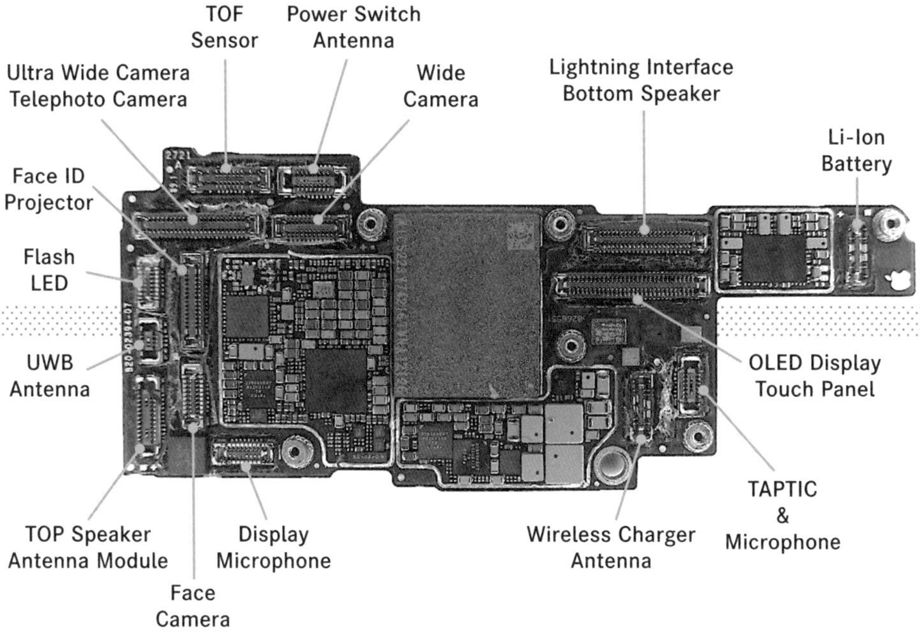

図1-35　iPhone 13 Pro 基板 接続関係

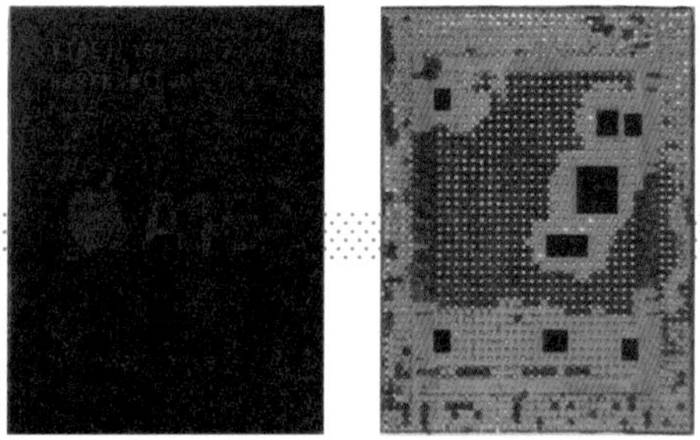

図1-36　Apple A15 Bionic（13.0mm × 17.3mm）

型名サイドLPDDR4X 6GB

端子サイド

図1-37　Apple A15 Bionic（メモリとCPU）

全体像（8.60mm × 12.74㎜）

シリコン部分拡大
（TSMC社印　5nmプロセス）

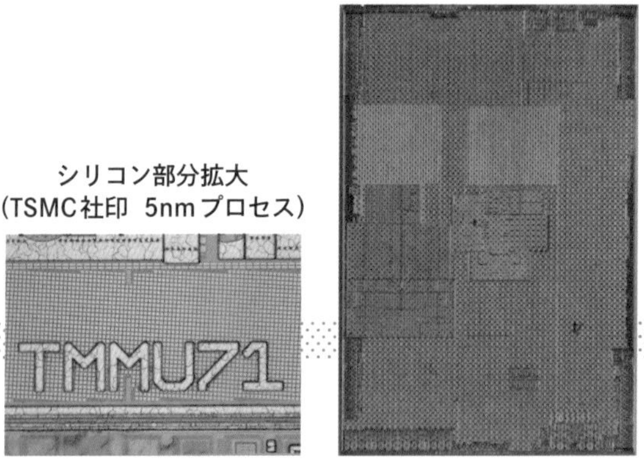

図1-38　A15 Bionic（モールド剥離）

図1-39　トランジスタ数150億個、TSMC製5nmプロセス

CPU ARM V8 6コア：高性能コア× 2、高効率コア× 4
GPU アップルオリジナル：5コア
ニューラルエンジン 15.8 TOPS

の場所を示しています。

A15 Bionicの内部構造

図1-40は、A15 Bionicの内部構造の配分を示しています。完全な特定ではなく推測によるものもあります。NPUはニューラルエンジンです。人工知能にかかわる計算処理を行います。その他半分以上は、周辺機器です。一般的にはペリフェラルと呼ばれています。ディスプレイ描画やビデオ処理、オーディオ処理などが含まれます。

図1-41は、DDRメモリとの接続インターフェースを示しています。A15 Bionicの場合、1.5GBのDRAMが4か所接続されてトータルで6GBのメモリを搭載していることになります。

図1-42は、A15 Bionicのパッケージ構造です。1番上にA15と記載された樹脂の蓋、つまりモールドがあります。それを剥がすとメモリが現れ、エポキシガラスを挟んでプロセッサ部品が埋め込まれています。そのプロセッサに、シリコンキャパシタが必要なところに当て込まれています。最後の層は、統合ファンナウトでつまりパッケージと呼ばれています。

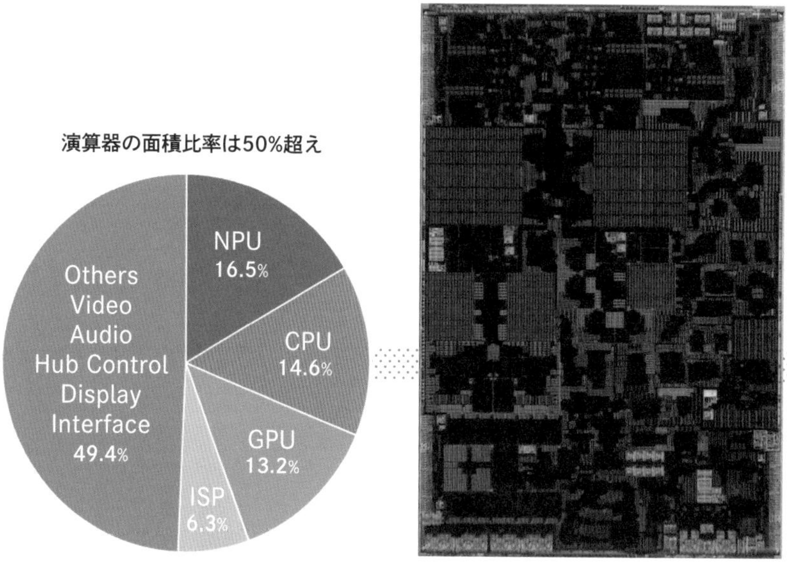

図1-40 Apple A15 Bionicの機能と面積比

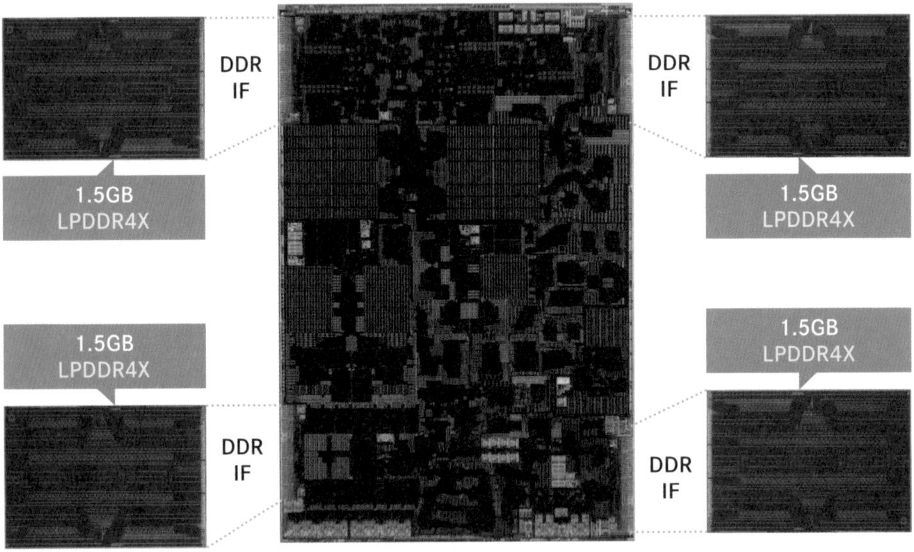

図1-41　A15 BionicのDRAMインターフェース（IF：インターフェース）

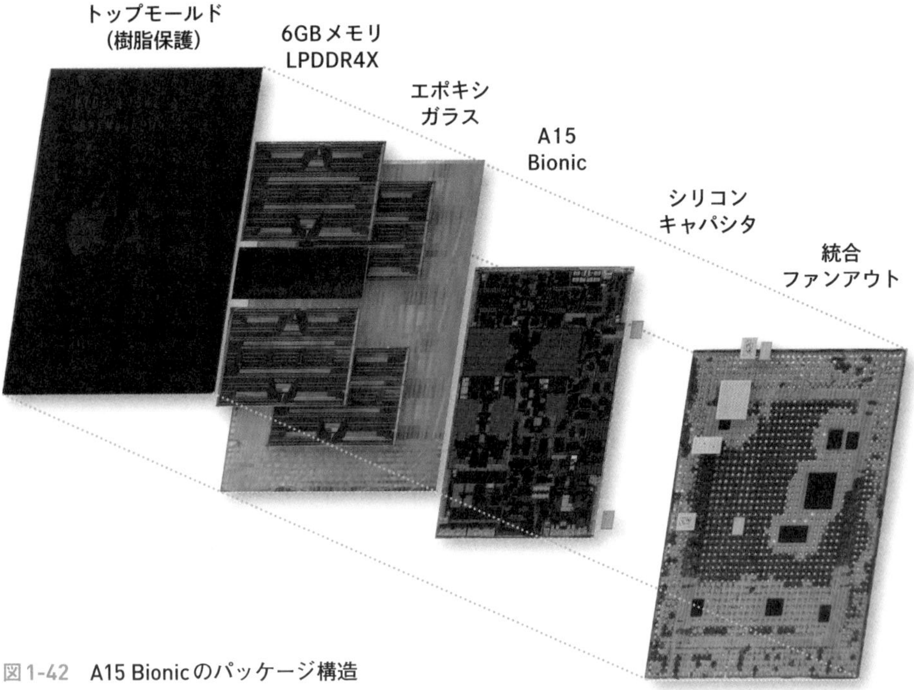

図1-42　A15 Bionicのパッケージ構造

1-6 初代からiPhone 13 Proまで

iPhoneの進化は形状からは、大きな進化は見られません(表1-1)。表1-2に示すように、手のひらサイズから大きくは逸脱していません。実際のところ、初代の2007年リリースされたiPhone 2Gから比べて、iPhone 13ではむしろ体積が減っています。厚さは半分程度になっていますが、比重は上がっています。ゆるやかに薄くなってきています。

表1-3では、通信への対応を示しました。2G通信方式で始まり、3G、4G、5Gへの対応と各プロセッサとQualcommやIntelなどメーカー製通信プロセッサの採用です。

表1-4と表1-5は、各プロセッサのおおよその面積です。そして初代iPhone 2Gは90nmプロセス技術でしたが、5nmプロセス技術まで縮小していますので、半導体の歴史そのものがiPhoneの歴史と言えるのではないでしょうか。人工知能の処理でA11では0.6TOPSだったものが、今は16TOPSと大進化を

表1-1 初代iPhone ⇒ iPhone13 Pro変遷(ディスプレイサイズ)

2007	2008	2009	2010	2011	2012	2013	2014	2015	2016	2017	2018	2019	2020	2021
2G	3G	3GS	4	4S	5	5S	6	6S	7	X	XS	11 Pro	12 Pro	13 Pro
3.5インチディスプレイ	3.5インチディスプレイ	3.5インチディスプレイ	3.5インチディスプレイ	3.5インチディスプレイ	4.0インチディスプレイ	4.0インチディスプレイ	4.7インチディスプレイ	4.7インチディスプレイ	4.7インチディスプレイ	5.8インチディスプレイ	5.8インチディスプレイ	5.8インチディスプレイ	6.1インチディスプレイ	6.1インチディスプレイ
2層基板										2層基板	2層基板	2層基板	2層基板	2層基板

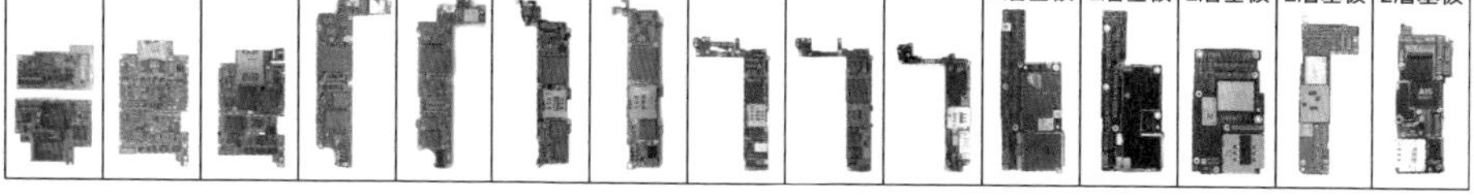

表1-2 初代iPhone ⇒ iPhone13 Pro変遷（重量／比重）

Model	2G	3G	3GS	4	4S	5	5S	6	6S	7	X	XS	11 Pro	12 Pro	13 Pro
幅 (mm)	61	62.1	62.1	58.6	58.6	58.6	58.6	67	67.1	67.1	70.9	70.9	71.4	71.5	71.5
高さ (mm)	115	115.5	115.5	115.2	115.2	123.8	123.8	138.1	138.3	138.3	143.6	143.6	144	146.7	146.7
厚さ (mm)	11.6	12.3	12.3	9.3	9.3	7.6	7.6	6.9	7.1	7.1	7.7	7.7	8.1	7.4	7.65
体積	81374	88222	88222	62782	62782	55136	55136	63844	65888	65888	78396	78396	83281	77619	80241
重量	135	133	135	137	140	112	112	129	143	138	174	177	188	189	203
密度	0.0017	0.0015	0.0015	0.0022	0.0022	0.0020	0.0020	0.0020	0.0022	0.0021	0.0022	0.0023	0.0023	0.0024	0.0025
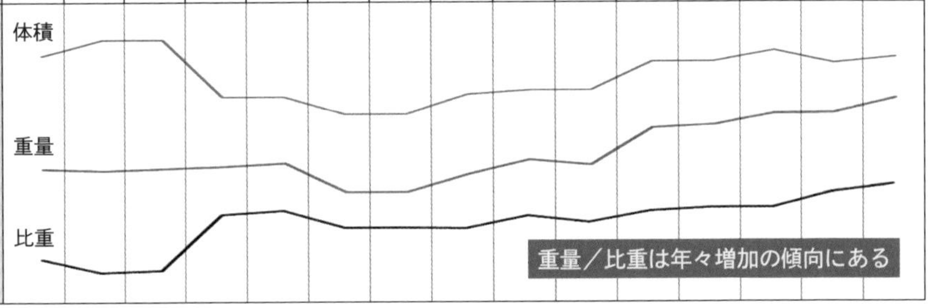															

表1-3 初代iPhone ⇒ iPhone13 Pro変遷（カメラ数と通信機能）

2007	2008	2009	2010	2011	2012	2013	2014	2015	2016	2017	2018	2019	2020	2021
2G	3G	3GS	4	4S	5	5S	6	6S	7	X	XS	11 Pro	12 Pro	13 Pro
シングルカメラ	シングルカメラ	シングルカメラ	シングルカメラ	シングルカメラ	シングルカメラ	シングルカメラ	シングルカメラ	シングルカメラ	シングルカメラ	デュアルカメラ	デュアルカメラ	トリプルカメラ	トリプルカメラ	トリプルカメラ

SAMSUNG S5L8900	SAMSUNG S5L8900	SAMSUNG APL0298	Apple A4	Apple A5	Apple A6	Apple A7	Apple A8	Apple A9	Apple A10	Apple A11	Apple A12	Apple A13	Apple A14	Apple A15

2G Infineon PMB8876	3G Infineon PMB8877	3G Infineon PMB8877	3G Intel XGOLD618	3G Qualcomm MDM6610	4G Qualcomm MDM9615	4G Qualcomm MDM9615	4G Qualcomm MDM9625	4G Qualcomm MDM9635	4G Qualcomm MDM9645	4G Qualcomm MDM9655	4G Intel PMB9955	4G Intel PMB9960	5G Qualcomm SDX55M	5G Qualcomm SDX60M

表1-4 初代iPhone ⇒ iPhone13 Pro変遷（プロセッサ名）

Apple	A1	A2	A3	A4	A5	A6	A7	A8	A9
パッケージ	339S0030 	339S0036 	339S0073 	339S0129 	339S0137 	339S0177 	339S0207 	339S00019 	339S00114 
シリコン写真	S5L8900-1 	S5L8900-2 	APL0298 	APL0398 	APL0498 	APL0598 	APL0698 	APL1011 	APL0898 
面積	72mm²	72mm²	73mm²	53mm²	123mm²	97mm²	103mm²	91mm²	97mm²
プロセス	90nm	90nm	65nm	45nm	45nm	32nm	28nm	20nm	14nm
CPU	ARM1176	ARM1176	ARM A8	ARM A8	A9 x 2	ARMv7 x 2	ARMv8 x 2	ARMv8 x 2	ARMv8 x 2
GPU	MBX	MBX	SGX535	SGX535	SGX543-2	SGX543-3	G6430 x 4	G6430 x 4	7XT x 6
NPU	未対応	未対応	未対応	未対応	未対応	未対応	未対応	未対応	未対応

表1-5 初代iPhone ⇒ iPhone13 Pro変遷（上表の続き）

Apple	A10	A11	A12	A13	A14	A15
パッケージ	339S00255 	339S00439 	339S00560 	339S0129 	339S0137 	339S0177 
シリコン写真	TMGK98 	TMHS09 	TMJA64 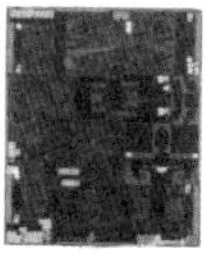	APL0398 	APL0498 	APL0598 
面積	127mm²	89mm²	85mm²	101mm²	89mm²	110mm²
プロセス	16nm	10nm	7nm	7nm	5nm	5nm
CPU	ARMv8.1-A x 4	ARMv8.1-A x 6	ARMv8.3-A x 6	ARMv8.4-A x 6	ARMv8.4-A x 6	ARMv8.6-A x 6
GPU	GT7600 MP5	Apple GPU MP3	Apple GPU MP4	Apple GPU MP4	Apple GPU MP4	Apple GPU MP5
NPU	未対応	0.6 TOPS	5.0 TOPS	6.0 TOPS	11.0 TOPS	15.8TOPS

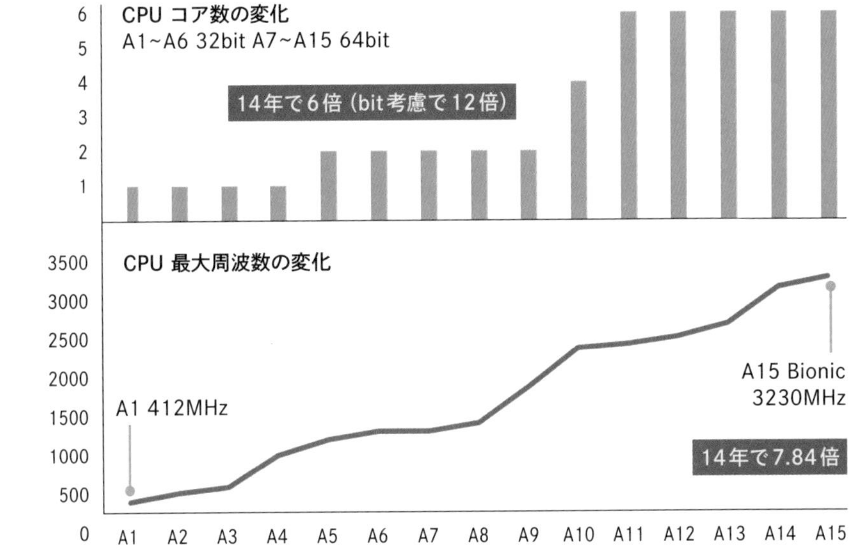

図1-43　CPU コア数の変化　A1～A6 32bit A7～A15 64bit

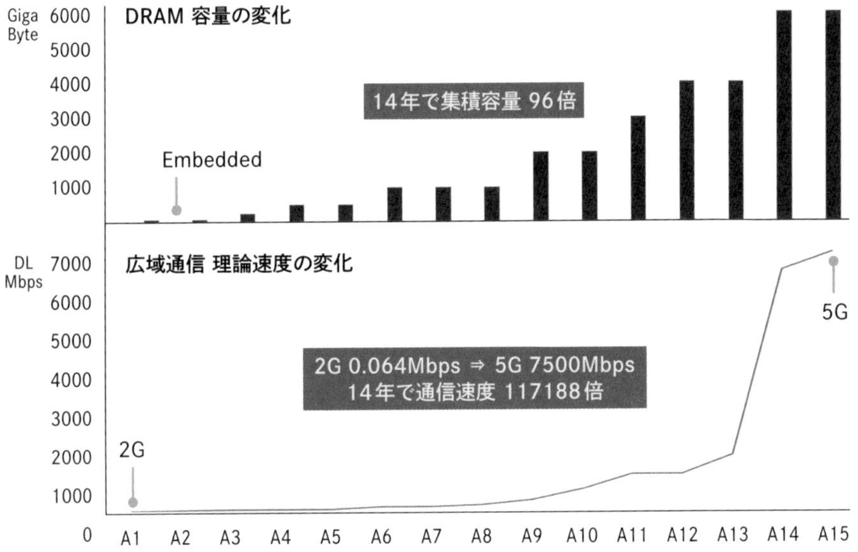

図1-44　2007～2021 iPhoneのDRAM容量変化、広域通信理論速度

遂げています。

図1-43はプロセッサのCPUコア数と周波数の変遷を示しています。図1-44はDRAM容量と通信速度の変化の様子です。iPhoneは、ちょっとしたパソコンと変わらないか、それ以上の性能になっています。DRAMの容量は初代iPhoneでは1シリコン内にDRAMを持つEmbeded DRAMという非常に小さな容量から始まり、今や6GBです。15年間で容量は約100倍、通信速度もiPhoneは2Gからスタートして約12万倍になりました。通信革命の歴史は、iPhoneの歴史、DRAMの歴史もiPhoneの歴史です。iPhoneを見てると、過去15年くらいの世の中の途方もない進化を感じます。

A10からA15へのパッケージキャパシタの変遷

表1-6では、プロセッサの中に黒いクレーター状のエリアがパッケージに埋め込まれたシリコンキャパシタです。これもまさにAppleの歴史のワンシーンです。A10フュージョンまではセラミックコンデンサがパッケージに埋め込まれていました。

A11から、シリコンキャパシタが必要な場所にドンドン埋め込まれるようになりました。これによりコンパクトで非常にノイズに強い、高性能なプロセッサが作られるよ

表1-6　A10 (2016) ～A15 (2021) Package Capacitor変遷

A10 Fusion	A11 Bionic	A12 Bionic	A13 Bionic	A14 Bionic	A15 Bionic
14.5 x 15.0mm	13.9 x 14.8mm	14.4 x 13.8mm	13.4 x 14.9mm	13.0 x 14.7mm	13.0 x 17.3mm

InFO	InFO	InFO	InFO	InFO	InFO
					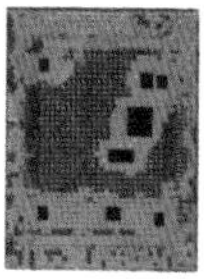
4 Ceramic Capacitor	10 Silicon Capacitor	8 Silicon Capacitor	9 Silicon Capacitor	10 Silicon Capacitor	8 Silicon Capacitor

うになったのです。

図1-45は、集積密度の向上を表しました。CPU製造プロセスが10nm、7nm、5nmと進化し、集積密度が上がっていることを示しています。

2007のiPhone 2Gから 2021 iPhone 13 Proへ

iPhone13 Proと比較してみると、体積は初代よりもiPhone13の方が小さくなっています。一見倍ほど大きく見えますが、薄くなっています。この約15年間の間に、一体どんな変化が起こったのか図1-46にまとめました。

表1-7に各機能の変化を示します。プロセッサもAppleとSAMSUNGの共同開発からAppleオリジナルに、Infineonの通信用モデムはQualcommに変わっています。

図1-47は、A1からA15への機能の進化です。1つのパッケージの中に入ってるシリコンや、シリコンキャパシタやDRAMまで勘案するとA15では、1個のパッケージの中に14シリコンも入っています。周波数も10倍、DRAM容量も100倍になっています。この10数年の間に、途方もない進化をAppleは見せてくれました。

iPadとプロセッサの関係

AppleはA5プロセッサなどを開発してきましたが、当初はタブレット用とスマートフォン用を別々にしていました。表1-8にあるように、最初はiPadはiPhoneと同じA4プロセッサを使用していました。第2

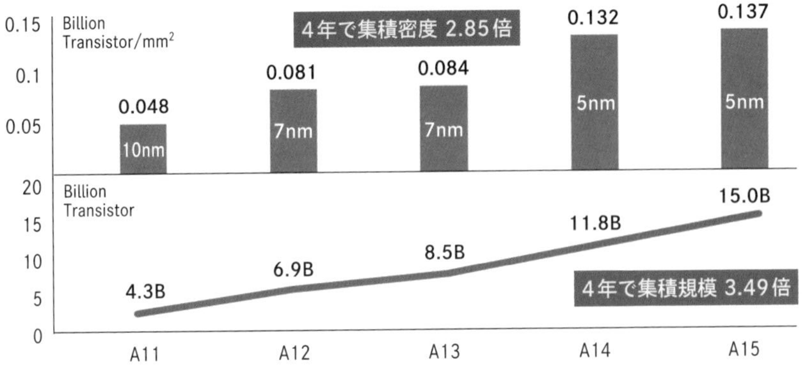

図1-45 2017 A11 ⇒ 2021 A15 トランジスタ数変遷

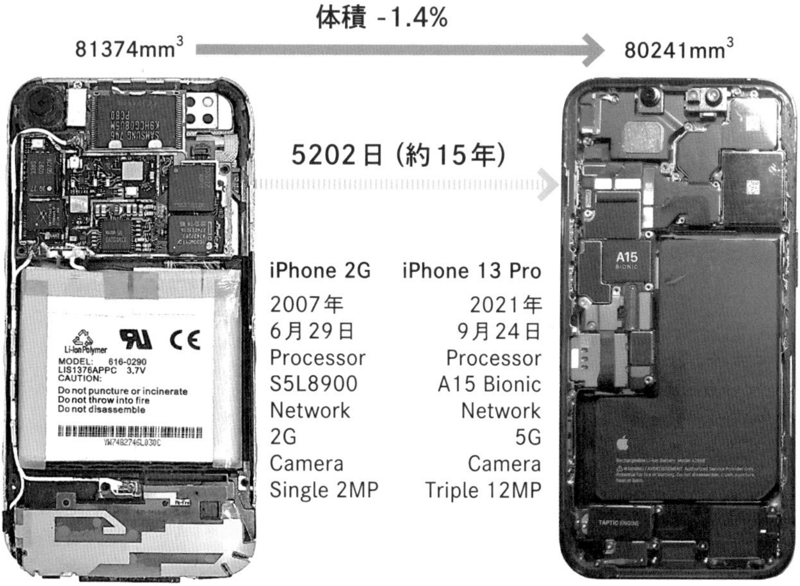

図1-46　2007のiPhone 2Gから2021 iPhone 13 Proへ5202日後の変化

表1-7　iPhoneの進化

	2007 2G  W 61mm H 115mm D 11.6mm Weight 135g	2021 13Pro  W 71.5mm H 146.7mm D 7.65mm Weight 203g
充電インターフェースとバッテリー	 アップル30ピンコネクタ 3.5mm Audio 3.7V 1400mA 	 ライトニングコネクタ 3.87V 3095mAh 
カメラとディスプレイサイズ	2.0メガピクセルカメラ 3.5 インチ 320×480 ディスプレイ 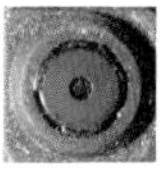	12.0メガピクセル3眼カメラ +3D TOF 6.1インチ1170×2532 ディスプレイ 
プロセッサ	Apple + SAMSUNG 339S0042 Processor SAMSUNG 90nm + 128MB eDRAM 	Apple A15 Bionic APL1W07 TSMC 5nm + 6GB LPDDR4X SDRAM 
通信モデムプロセッサ	2G Processor Infineon PMB8876 Transceiver Infineon PMB6811 	5G Processor Qualcomm SDX60M Transceiver Qualcomm SDR868  
電源管理とメモリストレージ	PMIC NXP 338S0459 Storage 8GB SAMSUNG  	PMIC Apple APL109B Storage 1TB KIOXIA  

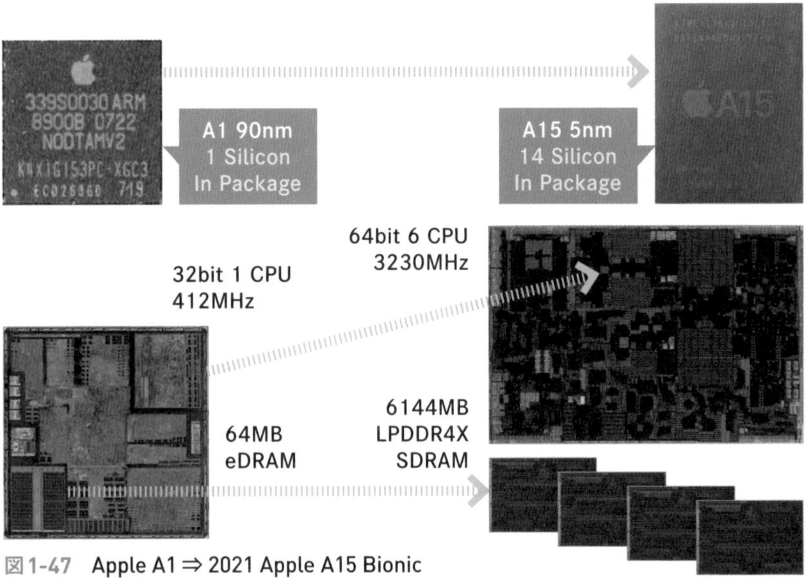

図1-47　Apple A1 ⇒ 2021 Apple A15 Bionic

図1-48　2021年9月24日発売開始 5G通信＋Apple Pencil対応 Apple iPad mini 6

世代iPadにA5を使用しましたが、そのあとにA5Xを作りました。この「X」はGPU機能を強化したものです。タブレットはディスプレイが大きいため、スマートフォンのGPUでは能力が足りないからです。ところが今はiPhoneのGPU性能向上が抜きんでているため、そのままタブレットにも使われるようになってきました。

A9プロセッサからiPad Proでも使用されれるようになったので、MacとiPadの境界がだんだん薄れてきたのです。途中から、A12ZとかA12Xといったプロセッサを作っていましたが、やがてそれがM1に移ってくわけです。

つまり、ここでタブレットとスマートフォンのチップが共有化されて、性能差がなくなってきたのでM1プロセッサを作ろうといった流れになります。

表1-8　iPad全機種（4シリーズ）とプロセッサの関係

Series	2010	2011	2012	2013	2014	2015	2016	2017	2018	2019	2020	2021
iPad	A4 45nm	A5 45nm	A5X 45nm	A6X 32nm				A9 16nm	A10 16nm	A10 16nm	A12 7nm	A13 7nm
iPad Air				A7 28nm	A8X 20nm					A12 7nm		
iPad Pro						A9X 16nm		A10X 10nm	A12X 7nm		A12Z 7nm	M1 5nm
iPad mini			A5 32nm	A7 28nm	A7 28nm	A8 20nm				A12 7nm		A15 5nm

Shrink Version

灰色：製品無　黄色：他製品流用　水色：専用開発　緑色：縮小版

Chapter 2

iPad Proの進化

Chapter 2

iPad Proの進化

図2-1　2017年リリース、iPad Pro 10.5外箱

2-1 iPad Pro 10.5

図2-2　iPad Pro 10.5カバー取り外し

iPad Proを
プロセッサ視点で分析する

iPadはエントリーユーザー向けからプロ用途まで製品展開されていますが、本書ではiPad Proのシリーズを取り上げます。まず2017年にリリースされた10.5インチのiPad Pro（図2-1）を分解します（図2-2）。同時期に発売されたiPhoneについてプロセッサの性能を比較するとさまざまなことがわかるようになります。

Apple A10Xプロセッサ

図2-3でiPad Proで使用されているApple A10Xプロセッサを取り出

図2-3　Apple A10Xが搭載される

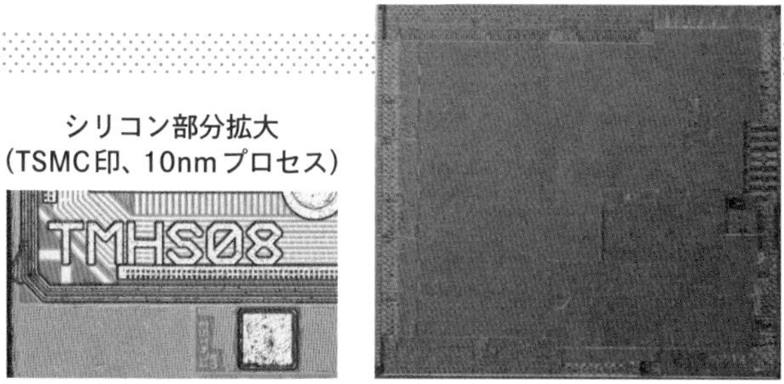

図2-4　Apple A10X（モールド剥離）

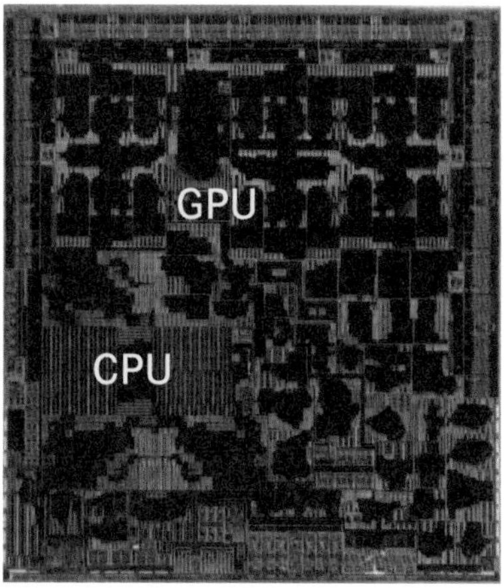

図2-5　トランジスタ数43億個、TSMC製10nmプロセス

CPU ARM V8 6コア：高性能コア×3、高効率コア×3
GPU：12コア

しています。図2-4ではプロセッサのパッケージを取り除き、モールドを剥離しています。シリコン部分を拡大し、シリコン上の型名を掲載しています。10nmプロセス技術で作られている本プロセッサを配線層剥離したものが図2-5です。iPadの大きいディスプレイ表示のためにGPU部分が多くなっているのがわかります。スマートフォン用のA10プロセッサと比較してGPUのコア数が多くなっています。この後さらにA12Xがリリースされ、M1に移行していく布石となっているのがうかがえます。

2-2 iPad Pro 11

図2-6　2018年リリース、iPad Pro 11　外箱

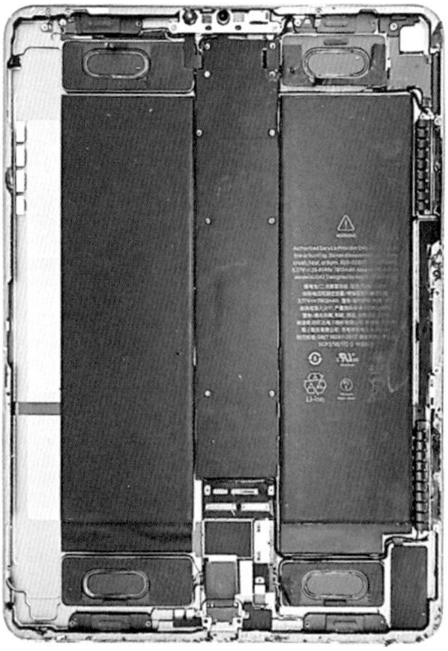

図2-7　iPad Pro 11カバー取り外し

iPad Pro 11は プロセッサの性能向上

2018年にリリースされたiPad Pro 11は、Apple A12Xプロセッサが搭載されています。

図2-7ではカバーを外し、Apple A12Xプロセッサを取り出します。図2-8ではA12Xと記載されているカバーを外すとプロセッサが露出します。グリースで白くなっている箇所がプロセッサで、その右側にある縦に並んでるの黒い部分がDRAMです。プロセッサとDRAMを横方向に水平に並べて最短距離でデータをやり取りするという構造で作られています。

Apple A12Xの特徴

プロセッサを開封してみると、図2-9のようにシリコン型名があります。そして図2-10に示すように、プロセッサの上半分がGPUコアで占められています。

iPad Pro 11のディスプレイはiPhoneと異なり大きいので、より軽快な画面描画をするために行列演算が得意なGPUの搭載をより進めていくしかありません。

図2-8　iPad Pro 11、Apple A12Xプロセッサ取り外し

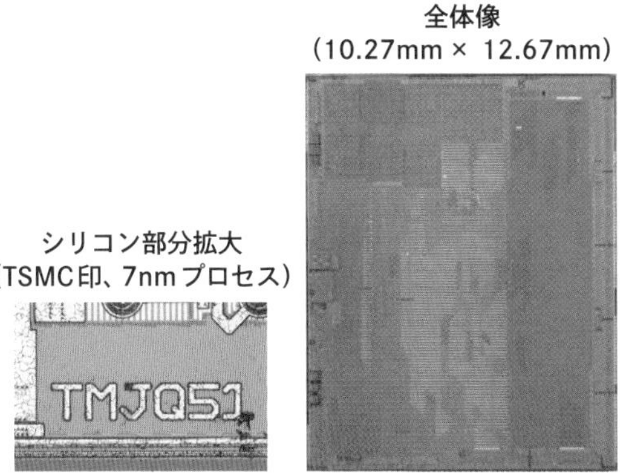

図2-9　Apple A12X（モールド剥離）

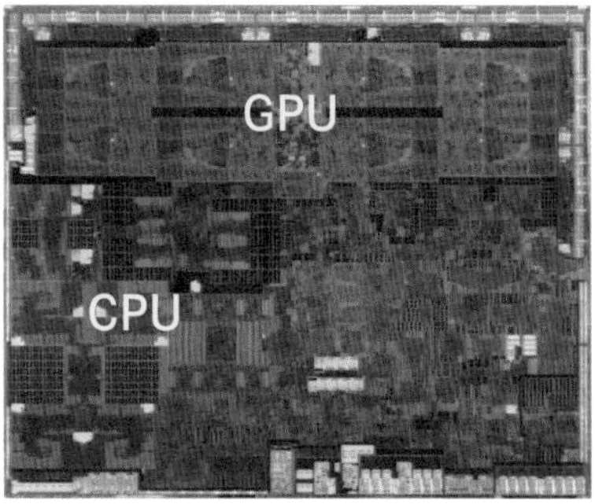

図2-10　トランジスタ数100億個、TSMC製7nmプロセス

CPU ARM V8 6コア：高性能コア×4、高効率コア×4
GPU アップルオリジナル：7コア

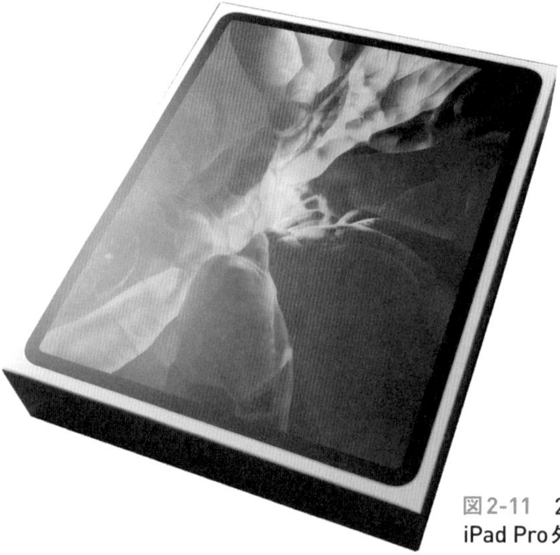

図2-11　2020年リリース
iPad Pro外箱

2-3 iPad Pro (2020)

iPad Pro 2020モデルの機能進化

Apple製品は、MacBook ProやMac Book Airという名称をイヤーモデルで表示するようになってきています。iPad Pro 2020年モデルの特徴は2018年モデルのiPad Proでは単眼カメラであったものが、2眼カメラになり、さらに距離を測ることのできるLiDARスキャナーを搭載したことが挙げられます。さらに新たにA12Zという8コアGPUのプロセッサが採用されました。

図2-12のように新たに加わったのはLiDARスキャナーです。LiDARスキャナーはLEDから照射された光が物体に反射して戻ってくる時間をセンサーでとらえて距離を計算するTOF（Time of Flight）技術が用いられています。TOFには光もあれば超音波や赤外線で行う場合もありますがiPad Proの場合はLEDの光を用いたものとなっています。

Apple A12XとA12Zの違いとは

図2-13はiPad Proのディスプレ

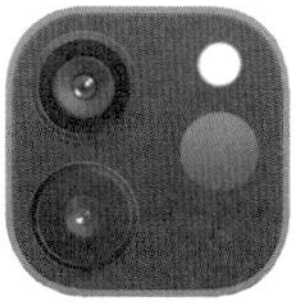

図2-12 iPad Pro LiDARスキャナー搭載

カメラ部は4つの部品で構成されている。12Mピクセルのカメラ1基（ワイド）と10Mピクセルのカメラ1基（ウルトラワイド）の計2基とLiDARスキャナーの送信部と受信部からなる

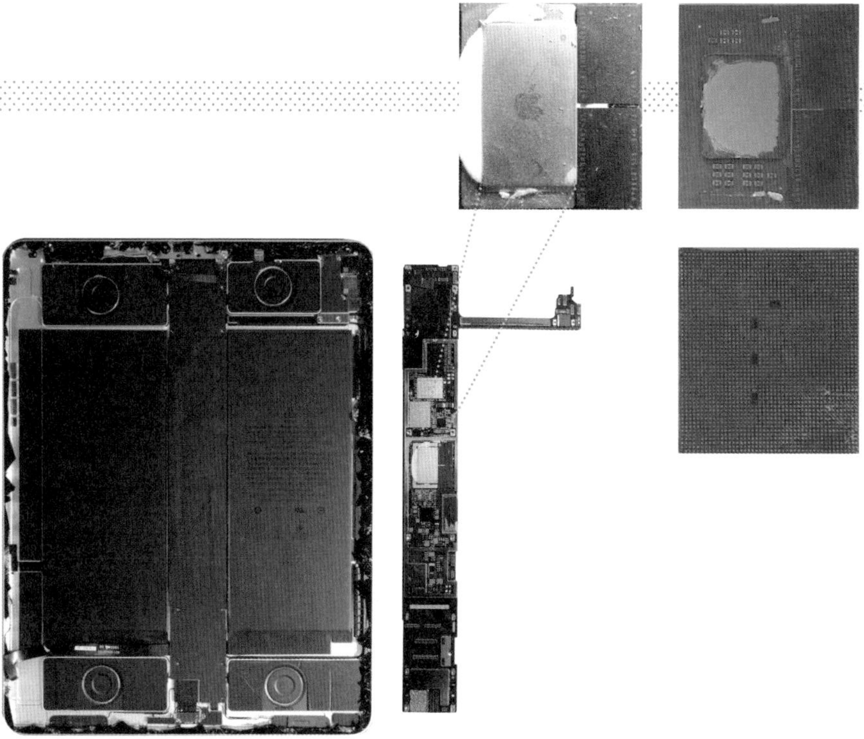

図2-13 iPad Pro Apple A12Zプロセッサ搭載

イを取り外した内部の様子です。コンピュータ基板（実際に開封した時には電磁波対策用のフィルムや放熱対策の塗布材、金属シールドなどに覆われています）を跨いで左右に巨大な電池が2基並びます。電池の上下に計4個スピーカーが設置されています。カメラやLiDARの情報を基板のほぼ中央に位置するA12Zプロセッサで処理します。カメラからのデータはA12Zプロセッサ内のISP（Image Signal Processing）でレンズの歪み補正やノイズ除去など処理を行い、さまざまなアプリケーションに活用されていくことになります。

A12Zはこれまでのようにパッケージの左半分が金属LIDで覆われ、右半分には2個のメモリチップが隙間なく配置されています。1つのパッケージの上に複数のチップを搭載することをSIP（System in Package）

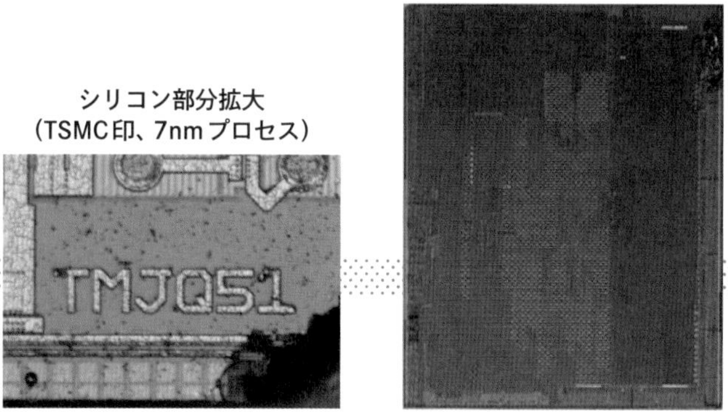

図2-14　TSMC 7nm（10.27mm × 12.67mm）

図2-15　トランジスタ数100億個、TSMC製7nmプロセス

CPU ARM V8 6コア：高性能コア×4、高効率コア×4
GPUアップルオリジナル：8コア

と呼びます（Silicon in Packageの略の場合もある）。Appleは今やSIPでは世界No.1の実績を持っています。A12Zの金属LIDを取り外すとその下にプロセッサが現れます（図2-14）。

プロセッサを開封して調べると、iPad Pro 11のプロセッサであるA12XとA12Zのシリコンは同じであることがわかりました（図2-15）。A12XはCPUが7コアです。その翌年にA12ZはCPU8コアでリリースされました。1年目は7コア、2年目は8コアにして性能を向上させるということは、半導体業界ではよく行われています。

iPad用プロセッサはGPUの機能強化がカギ

表2-1で示すように、iPadに搭載された専用プロセッサは、A5XからA6へ、さらにA12Zへと進化を続けてきました。iPad用プロセッサは、iPhone用のプロセッサと比較するとGPU機能の強化に注力しているのがわかります。

表2-1　iPadに搭載されたプロセッサ概要

A5X	A6X	A8X	A9X	A10X	A12X	A12Z
						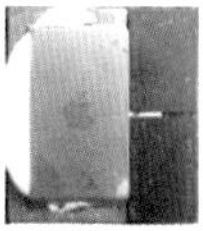
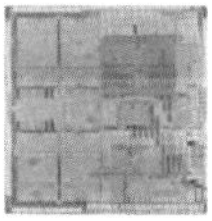	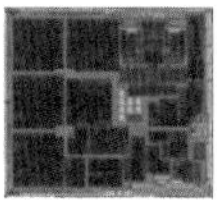	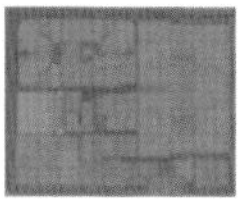			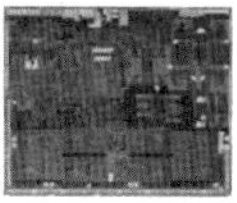	
Samsung 45nm	Samsung 32nm	TSMC 20nm	TSMC 16nm	TSMC 10nm	TSMC 7nm	TSMC 7nm
164.9mm^2	123.8mm^2	128.0mm^2	146.9mm^2	96.5mm^2	130.1mm^2	130.1mm^2
CPU x 2 GPU x 4	CPU x 4 GPU x 4	CPU x 6 GPU x 4	CPU x 4 GPU x 12	CPU x 6 GPU x 12	CPU x 6 GPU x 7 NPU x 8	CPU x 6 GPU x 8 NPU x 8

2-4 iPad Pro (2021)

図2-16　2021年リリース、iPad Pro外箱

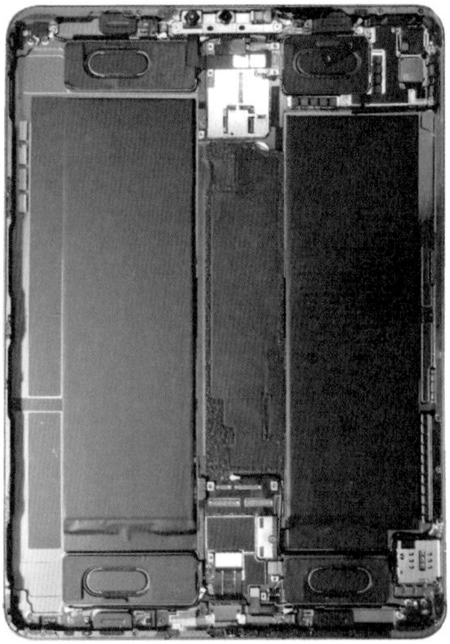

図2-17　iPad Pro Apple M1採用

iPad Proでの M1プロセッサの採用

2021年版のiPad Proの大きな変化は、Apple M1の採用です。ついにMacBookとiPadで同じCPUが搭載されるようになりました（図2-17）。iPadOSもmacOSと次第に統合されていくであろうことががわかります。

Apple M1

2010年に発売開始されたiPadは、その後性能差やサイズ差によってmini、Air、Proと枝分かれの進化を続けてきました。いずれもスマートフォンであるiPhoneと共通のAシリーズプロセッサが活用されてきました。ところが従来Macに採用してきたIntelプロセッサからの

図2-18 iPad Pro Apple M1
パッケージサイズ23.2mm × 27.8mm

置き換えが起きましたので、必然としてiPadにもM1が使われたわけです。iPhone用のAシリーズ＜iPad Pro M1＜MacBook M1という関係が成されたことになります。

図2-18にApple M1の形状を示します。A12Xのように金属LIDの下にプロセッサがあり、そのすぐとなりにDRAMメモリが配置されたSIP構造です。つまり、A12XやA12Zで培われたパッケージ構造をそのまま利用したのが、Apple M1だと言えます。

図2-19は、5nmプロセス技術によるM1のモールド剥離と開封、そしてシリコン上のシリコン型名を示したものです。図2-20はGPUとCPUコアの場所を示しました。

Appleは3年から5年をかけてM1を生み出しているのでしょう。まず、A12で、それからA12Xで、さらにA12Zで熟成させて、M1とい

図2-19　TSMC 5nm（11.35mm × 10.87mm）

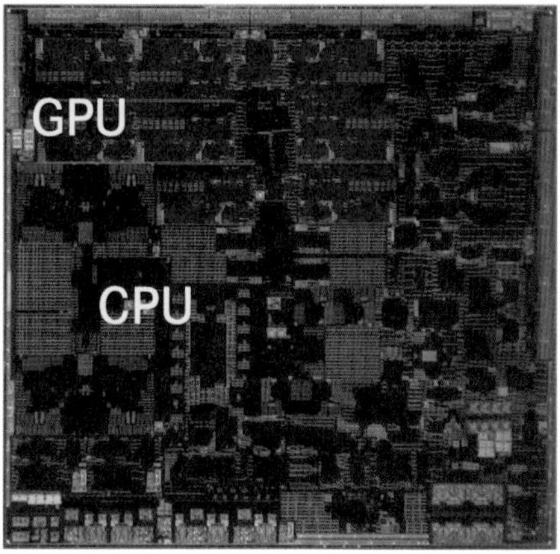

図2-20　トランジスタ数160億個、TSMC製5nmプロセス
CPU ARM V8 8コア：高性能コア×4、高効率コア×4
GPUアップルオリジナル：8コア

うゴールに到達しています。

2020モデルと2021モデルの比較

図2-21と図2-22にiPadの2020年モデルと2021年モデルの比較を示します。iPadの内部構造が変化したのがわかります。iPad Proの中身が大きく入れ替わりました。2020年モデルはA12というiPad専用のプロセッサでした。しかし2021年からはiMacなどと共通のApple M1が使われるようになりました。また電源ICもDIALOG社（現

図2-21　APPLE iPad Pro 2020 vs. iPad Pro 2021（その1）

製品名	プロセッサ	電源管理IC 1	電源管理IC 2
iPad Pro 2020 	Apple A12Z Bionic 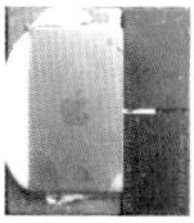	DIALOG 343S00326 	DIALOG 343S00327 
iPad Pro 2021 	Apple M1 	Apple 343S00480 	Apple 343S00482 

図2-22　APPLE iPad Pro 2020 vs. iPad Pro 2021（その2）

在はルネサスに買収）、2021年モデルでは電源ICまでAppleが自前で作るようになったのがわかります。

タブレットはスマートフォンとPCの谷間の製品と言えます。谷を埋め新たな大地（巨大用途）を作るには至っていないのが現状です。そのためAppleではタブレットが主体となったプロセッサは生まれていません（GPU拡張版は多数誕生していますが……）。

Chapter 3

Apple Watch

Chapter 3

Apple Watch

3-1 Apple Watch Series 5

図3-1　2019年リリース、Watch Series 5

Apple Watch Series 5の分解

2019年モデル第5世代のApple Watch Series 5を分解します。図3-1のようにディスプレイを取り外すと、その裏にさまざまな半導体が埋め込まれているのがわかります(図3-2)。ここには、NFCのチップが貼り付けられています。これにより各種センサーにApple Watchをかざすだけで買い物や電車賃の支払いができるようになっています。ディスプレイを押すことでさまざまな操作ができるようにするため、3Dタッチコントローラのチップも載っています。

図3-3のように、本体ケースを分解していくと、電池やプロセッサ基板などが出てきます。さらに身

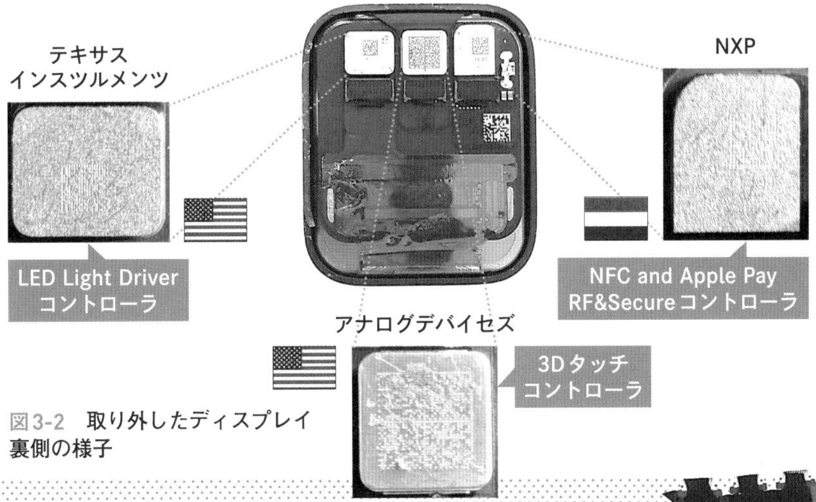

図3-2　取り外したディスプレイ裏側の様子

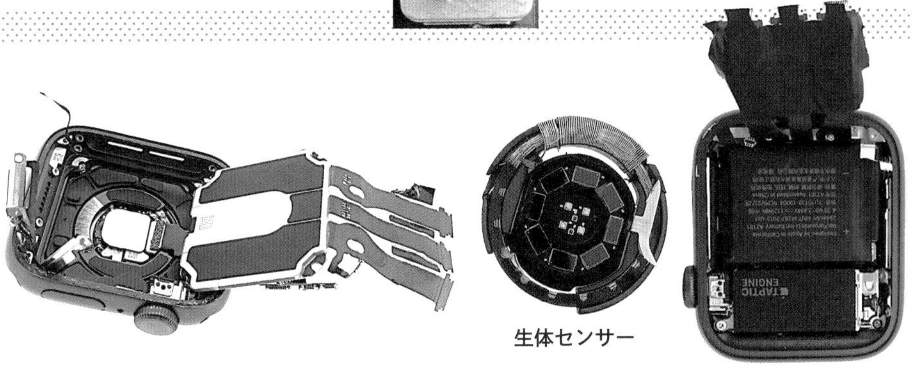

図3-3　Apple Watch 5 LTE Model 44mm GPS

体の健康状態を見るための生体センサーがあります。

図3-4はS5のマークが付いたSIP化された基板です（Apple Watchの最新版はS8まで進化しています）。

SIPとは何か？

1つのシリコンまたは数個のシリコンをパッケージに入れる従来方式から、1つのパッケージにシステム構築に必要なものをすべて入れるSIPという仕組みが増えています。SIPは従来はSilicon In Packageの略でしたが、現在はSystemに置き換わりつつあります。

S5 SIPの他片面には図3-5で示すように、加速度センサーや6軸モーションセンサーが搭載されています。これで人間の動作を検知できます。Apple Watchは外部通信（Wi-FiやBluetooth、LTE）を常に行っているので、それらを駆動するパワーアンプが載っています。

SIP S5は図3-4のように非常に大きなモールドになっています。これを全部取り外すと、中にシリコンがたくさん並んでるのがわかります。

S5プロセッサと通信プロセッサ

図3-6はApple S5プロセッサで

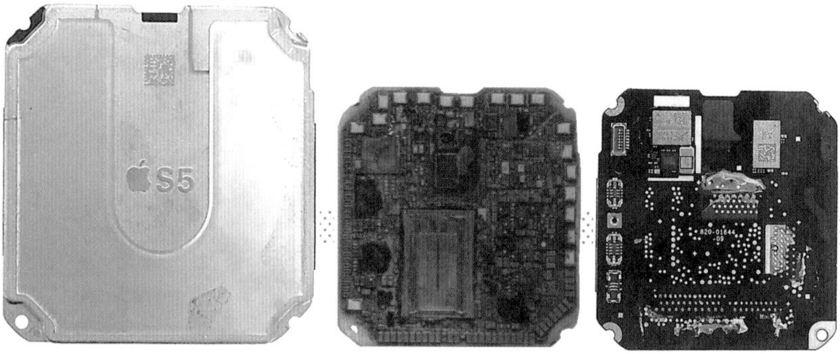

図3-4　Apple Watch 5 LTE Model 44mm内部構造

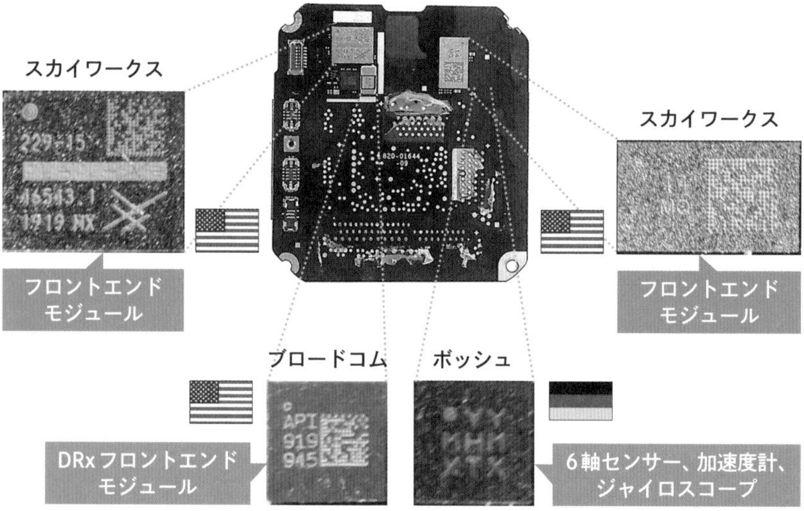

図3-5　Apple Watch 5 LTEモデル44mm基板解説

す。腕時計サイズといっても一昔前のスマートフォンくらいの機能があります。プロセッサには64bitデュアルコアのCPUが搭載されています。これはTSMC製で10nmプロセス技術で作られています。

さらに、外側とのデータ通信を行うためにTSMCの40nmプロセス技術で作られたApple独自のWi-Fiチップが搭載されています。

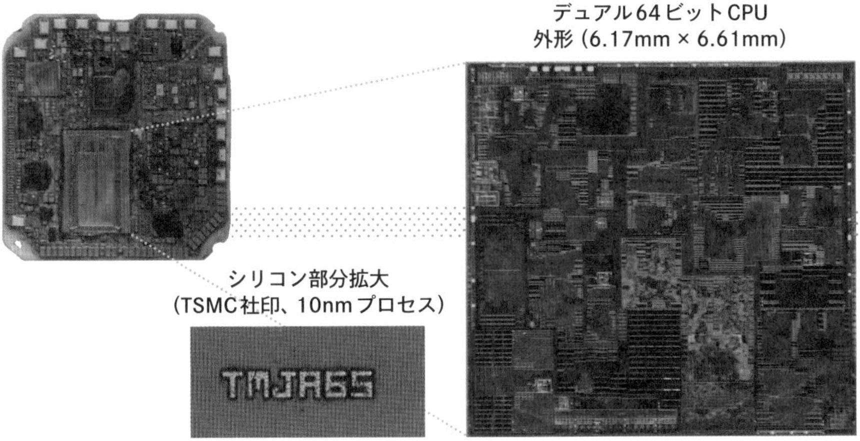

図3-6　Apple Watch 5　S5プロセッサ

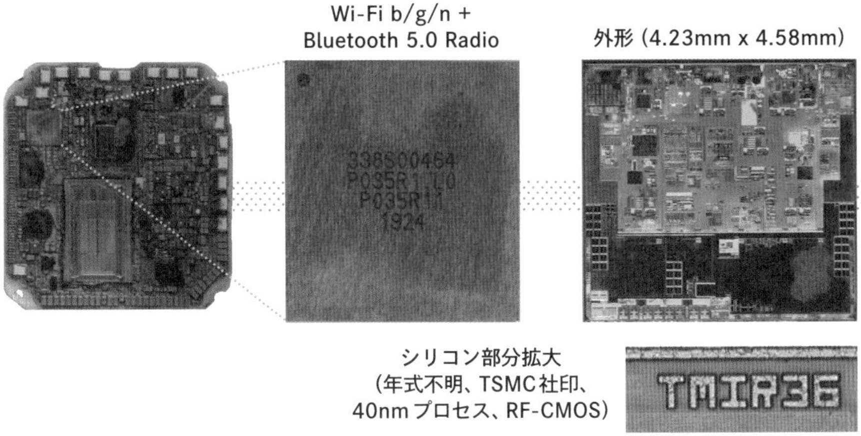

図3-7　Apple Watch 5　S5プロセッサ、Wi-Fi/Bluetooth W3

3-2 Apple Watch Series 6

図3-8　2020年リリース

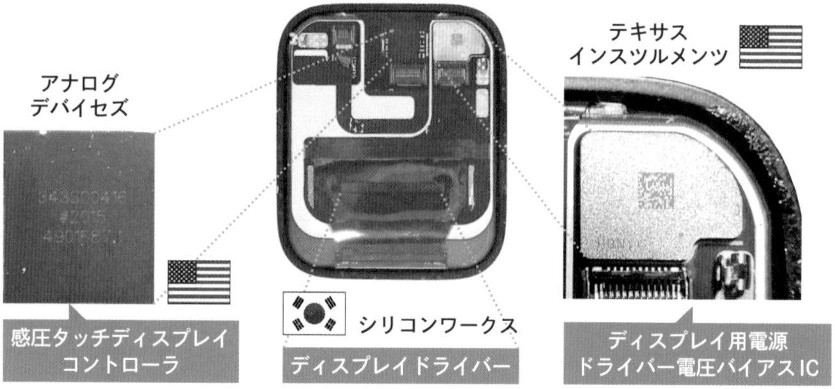

図3-9　Apple Watch Series 6セルラー版

ディスプレイの裏側の工夫

Apple Watch Series 6はWatch 5と同様にディスプレイの裏側に感圧ドライバーが搭載されていますが、NFCチップがディスプレイ側からメイン基板に移設されました。

図3-9はディスプレイ裏の様子です。ここには3個の半導体機能が搭載されています。1つはディスプレイを駆動させるドライバー、タッチでの操作用のコントローラ、そして電圧を制御するためのパワーコントローラです。図3-10では裏蓋を外しています。

通常、半導体チップを覆うパッケージは四角の形状ですが、Apple

図3-10　2020年リリースApple Watch Series 6セルラー版分解

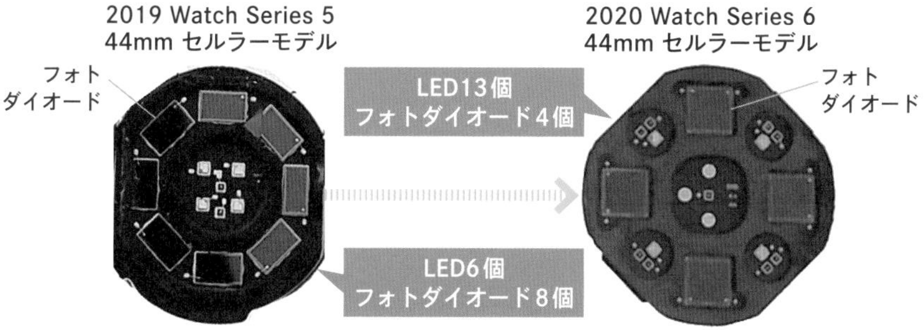

図3-11　2020 Watch 6 vs 2019 Watch 5センサー比較

Watchではディスプレイ裏には外側の形状にフィットしたパッケージが歴代で用いられています。手間のかかる開発になりますが、こうすることで腕時計はスマートフォンと違いむき出しで使うものですので、外部との衝突などで生じる応力を少しでも緩和しているものと思われます。

生体センサーの強化

図3-11では裏蓋側にある生体センサーの機能強化を示しています。Watch 5ではLED6個に対して8個の小さなフォトダイオードを使用していましたが、Watch 6ではLEDを13個に増加、さらに4個の大きなフォトダイオードに変更しました。LEDから発せられる光が皮膚を通して反射してくる血管の血流量を検知するのがその仕組みです。これらから得られるデータを用い、血中酸素濃度などを求めています。

S6 SIP

Apple Watch Series 6のパッケー

図3-12　2020 Watch 6 S6 SIP分解

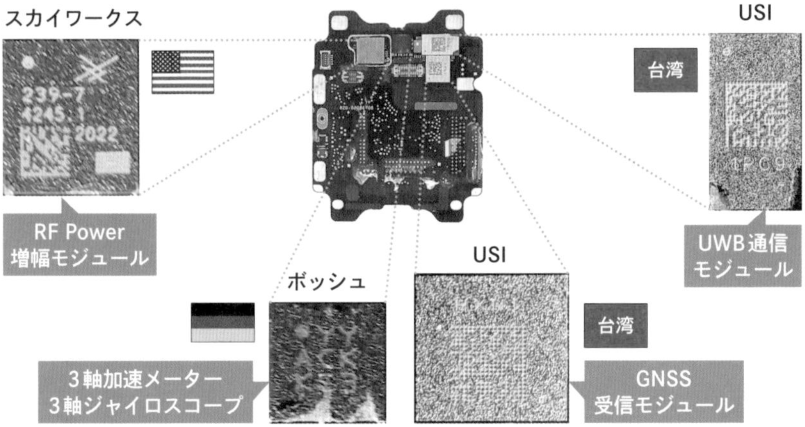

図3-13　2020 Watch 6 セルラーモデル S6 SIP

ジ形状は周囲がデコボコしています（図3-12）。図3-13では、GPSモジュール、UWB通信モジュールがあります。

S6にはLTEモデム、UWB通信、GPSレシーバー、モーションセンサー、充電用の回路（非接触制御とセキュリティ）に取り囲まれる中心にプロセッサが配置されています。ここには32GBという巨大なストレージメモリやDRAMとともに、S6というプロセッサが搭載されます。S6は生体センサーのデータを得て、生体や活動に関するさまざまな計算を行い、さらにディスプレイ処理、健康管理や音楽やSNSの処理などスマートフォンのプロセッサ並みの機能を行ってい

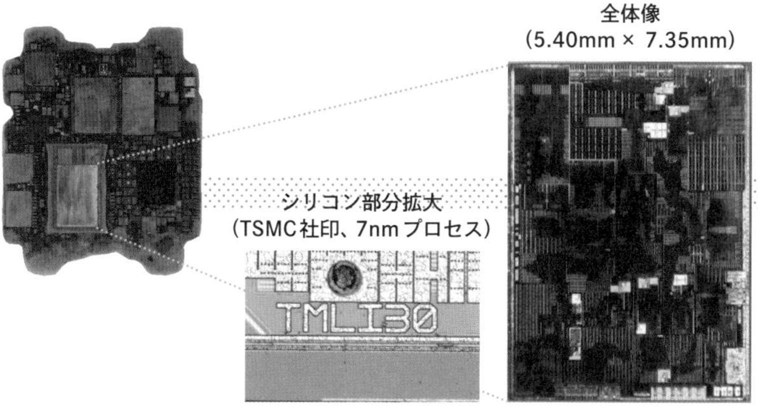

図3-14　Apple S6プロセッサ（モールド剥離）

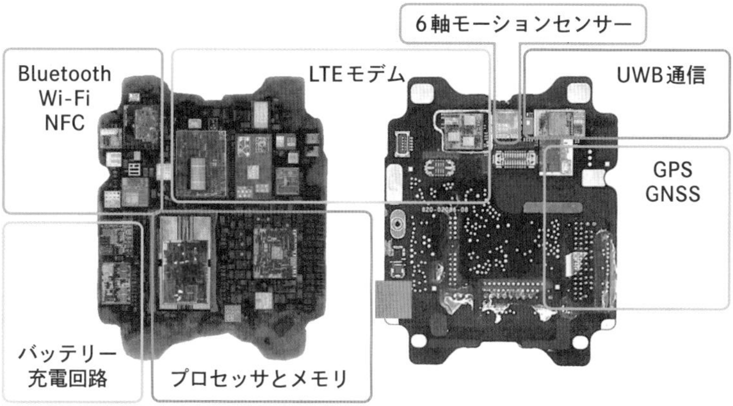

図3-15　Watch 6セルラーモデル S6 機能配置

ます。

Apple S6とSIP

図3-14は7nmプロセス技術で製作されているS6チップの様子です。シリコン型名があります。SIPから表面のモールドを除去します。チップはベースとなるS6にフリップ（反転）実装されており、裏面が何かわかりません。そこでS6からすべてのシリコンチップを取り外し、ひとつひとつチップの素性を明らかにします。顕微鏡やSEMを用いチップを観察しシリコン上の回路や型名を読み取り、中身を明確にしたものが、図3-15です。

図3-16　2021年リリース
Apple Watch 7

3-3 Apple Watch Series 7

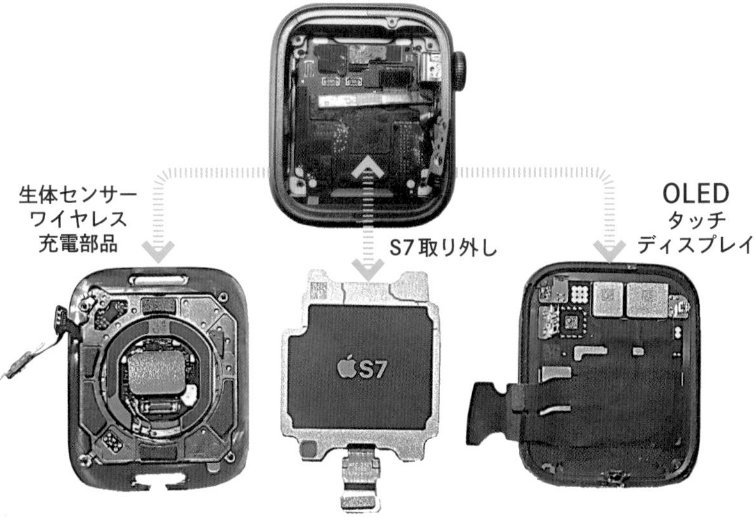

図3-17　Apple Watch Series 7 分解

Apple Watch Series 7の概要

2021年リリースされたWatch Series 7の内部にはS7 SIP基板が搭載されています。図3-16ではディスプレイを外しています。図3-17では、裏蓋も外し生体センサーやワイヤレス充電のための部品が見えています。S7と書かれたこの周囲が凸凹した異形のパッケージの内部には実に24個ものシリコンが埋め込まれています。3D、すなわち縦積みされたものもあればモ

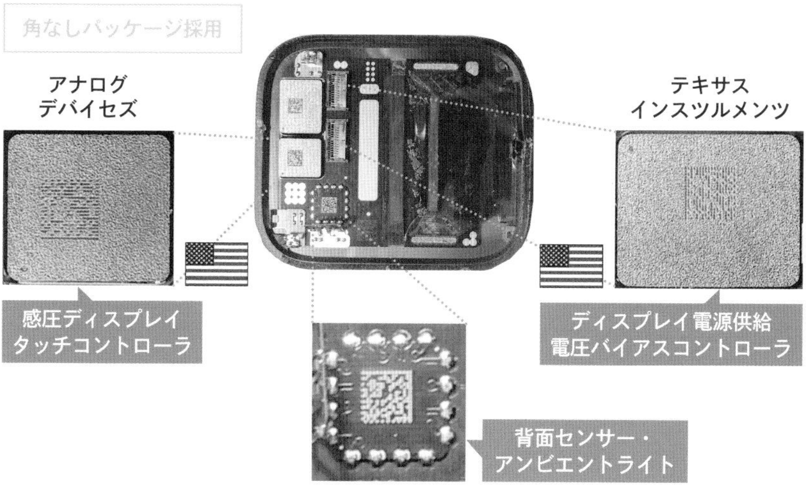

図3-18　Apple Watch Series 7ディスプレイ

図3-19　Apple Watch Series 7 SIP分解

ジュール化されているものもあります。多くの実装技術が500円玉サイズの中に使用されています。

図3-18はディスプレイの裏側の様子です。感圧タッチコントローラ、周囲の明るさでディスプレイの輝度を調整するアンビエントライトセンサーなどがあります。

S7 SIP

図3-19ではS7 SIPを分解したところです。

S7のサイズは最大部で測長し

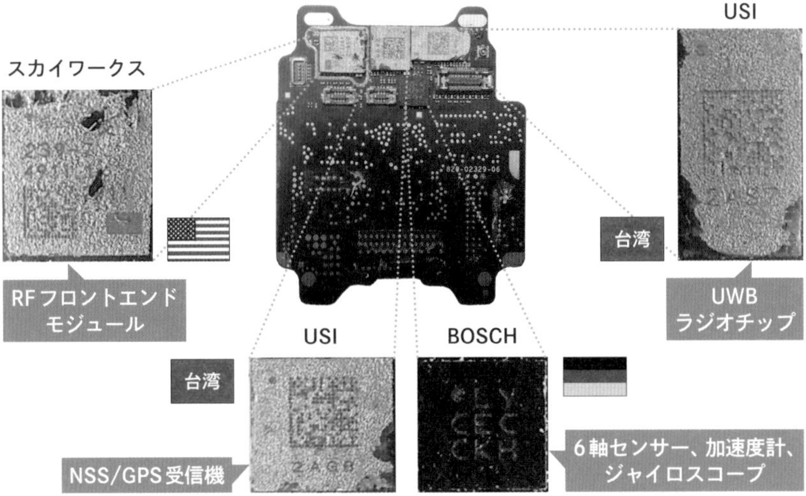

図3-20　Apple Watch Series 7基板解説

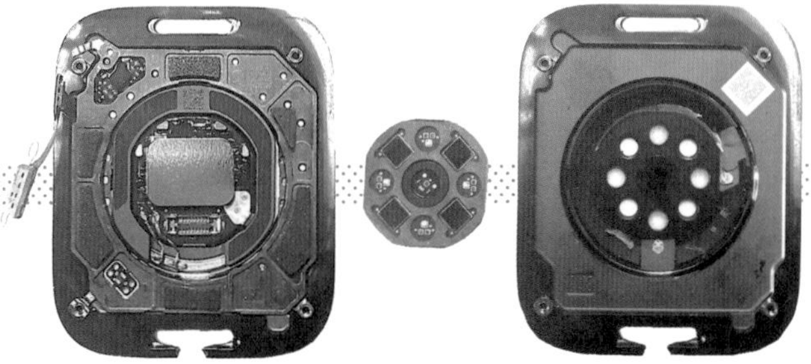

図3-21　Apple Watch Series 7ボディ分解、生体センサー部分取り外し

26mm × 31mm = 806ミリ平方メートルです（実際には凸凹があるので750mm^2程度）。24個の半導体シリコンの合計面積はおおよそ350mm^2。S7の中でシリコンの占める面積比率は45%となっています。驚異的に効率の高い数字です。

SIP基板解説

図3-20では、SIPの裏側にあるシリコンを特定しています。通信用フロントエンドモジュール、UWB通信、6軸加速センサー、GPSレシーバーなどが配置されていま

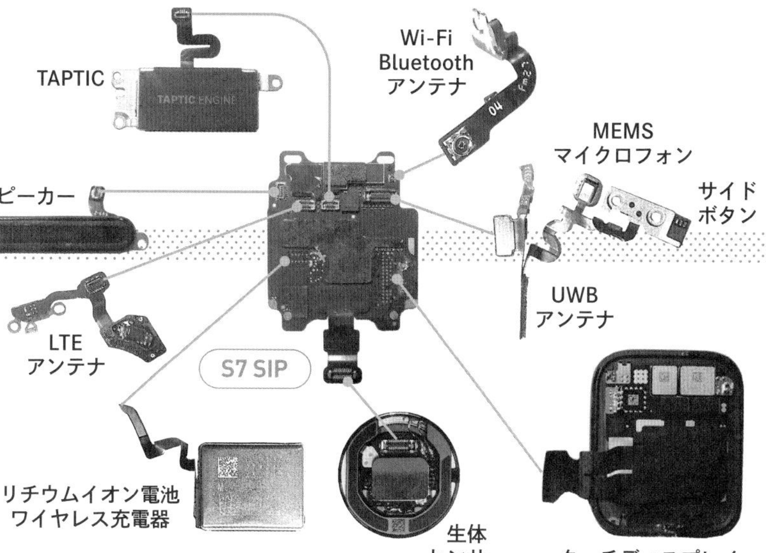

図3-22　Apple Watch Series 7　接続関係

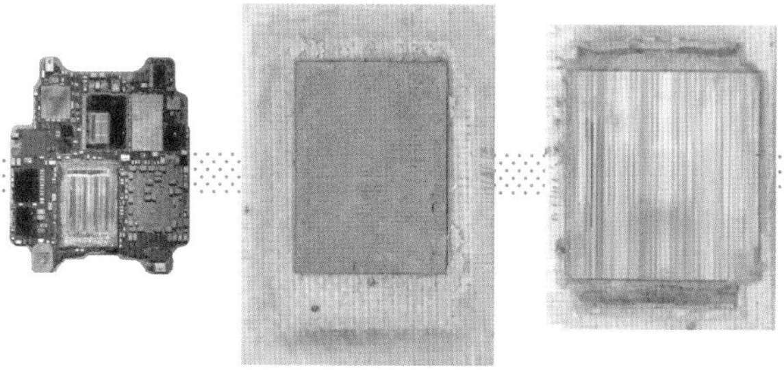

図3-23　Apple Watch Series 7とSeries 6は同じか？

す。裏蓋には、LEDとフォトダイオードを利用した生体センサーがあります（図3-21）。

周辺機器との接続関係

Apple Watch 7は理想的なSystem In Packageです。センサーとディスプレイ以外のすべてがS7内部に集積され、最短距離で接続され、LTE/Wi-Fi/Bluetooth/UWB/NFC/Battery Chargeの6種の通信機能も収まって集中管理がされています（図3-21）。TAPTICはバイブモーターです。スピーカー、LTEアンテナなどすべてSIPにつながっています。

3-4 Apple Watch機能の変遷

図3-24　Apple Watch Series1からSeries7へ毎年新機能が追加される

表3-1　Watch 1からWatch 7への生体センサー実装

2015 Apple Watch Series 1	2016 Apple Watch Series 2	2017 Apple Watch Series 3	2018 Apple Watch Series 4	2019 Apple Watch Series 5	2020 Apple Watch Series 6	2021 Apple Watch Series 7
BIO-Sensor Green LED x 2 Photodiode x 2 Op. Amplifier	BIO-Sensor Green LED x 2 Photodiode x 2 Op. Amplifier	BIO-Sensor Green LED x 2 Photodiode x 2 Op. Amplifier	BIO-Sensor IR LED x 2 Green LED x 4 Photodiode x 8 Op. Amplifier	BIO-Sensor IR LED x 2 Green LED x 4 Photodiode x 8 Op. Amplifier	BIO-Sensor IR LED x 1 Red LED x 4 Blue LED x 4 Green LED x 4 Photodiode x 4 Op. Amplifier	BIO-Sensor IR LED x 1 Red LED x 4 Blue LED x 4 Green LED x 4 Photodiode x 4 Op. Amplifier

表3-2　Watch 1 からWatch 7へのディスプレイ機能の進化

2015 Apple Watch Series 1	2016 Apple Watch Series 2	2017 Apple Watch Series 3	2018 Apple Watch Series 4	2019 Apple Watch Series 5	2020 Apple Watch Series 6	2021 Apple Watch Series 7

Display Back 2 CHIP Touch Controller Display Driver	Display Back 5 CHIP Touch Controller NFC Controller Power Amplifier DC/DC Converter Display Driver	Display Back 3 CHIP Touch Controller NFC Controller Display Driver	Display Back 4 CHIP Touch Controller NFC Controller Precision Amplifier Display Driver	Display Back 4 CHIP Touch Controller NFC Controller Precision Amplifier Display Driver	Display Back 3 CHIP Touch Controller Voltage Bias IC Display Driver	Display Back 3 CHIP Touch Controller Voltage Bias IC Display Driver

表3-3　Watch 1 からWatch 7へのSIPの進化

2015 Apple Watch Series 1	2016 Apple Watch Series 2	2017 Apple Watch Series 3	2018 Apple Watch Series 4	2019 Apple Watch Series 5	2020 Apple Watch Series 6	2021 Apple Watch Series 7
SIP S1 	SIP S2 	SIP S3 	SIP S4 	SIP S5 	SIP S6 	SIP S7 
 SIP Back NO CHIP	 SIP Back 3 CHIP GPS Module 6-Axis Sensor	 SIP Back 6 CHIP RF PA Secure 6-Axis Sensor	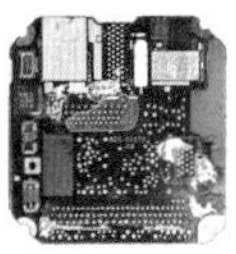 SIP Back 4 CHIP GPS Secure 6-Axis Sensor	 SIP Back 4 CHIP GPS RF PA 6-Axis Sensor	 SIP Back 4 CHIP GPS UWB PA 6-Axis Sensor	 SIP Back 4 CHIP GPS UWB PA 6-Axis Sensor

表3-4　Watch S1 から Watch S7 へのプロセッサと DRAM の変遷

2015 Watch Series 1	2016 Watch Series 2	2017 Watch Series 3	2018 Watch Series 4	2019 Watch Series 5	2020 Watch Series 6	2021 Watch Series 7
Apple S1 28nm	Apple S2 16nm	Apple S3 16nm	Apple S4 10nm	Apple S4 10nm	Apple S6 7nm	Apple S6 7nm

Silicon Name APL0778	Silicon Name TMGK97	Silicon Name TMHU50	Silicon Name TMJR65	Silicon Name TMJR65	Silicon Name TMLI30	Silicon Name TMLI30

512MB LPDDR3	512MB LPDDR4	512MB LPDDR4	1GB LPDDR4X	1GB LPDDR4X	2GB LPDDR4X	2GB LPDDR4X
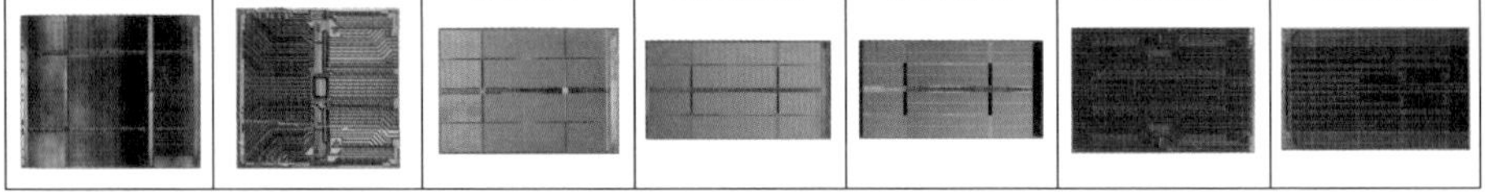						

表3-5　Watch S1 から Watch S7 へのストレージ容量と Wi-Fi と LTE の変遷

2015 Watch Series 1	2016 Watch Series 2	2017 Watch Series 3	2018 Watch Series 4	2019 Watch Series 5	2020 Watch Series 6	2021 Watch Series 7
4GB NAND Flash Memory	8GB NAND Flash Memory	16GB NAND Flash Memory	16GB NAND Flash Memory	32GB NAND Flash Memory	32GB NAND Flash Memory	32GB NAND Flash Memory
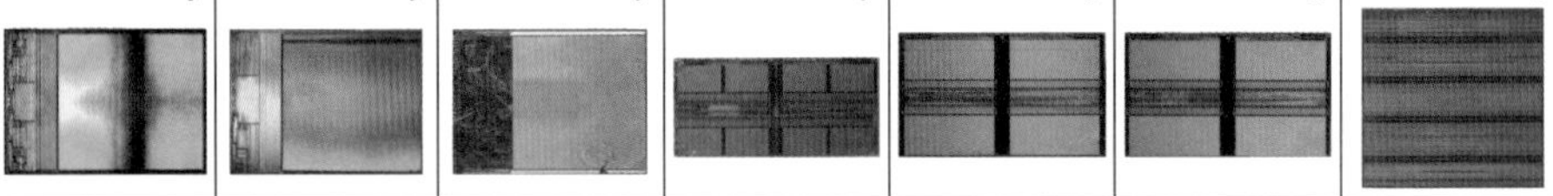						
BROADCOM Wi-Fi Bluetooth BCM4334	BROADCOM Wi-Fi Bluetooth BCM4343	Appel Wi-Fi Bluetooth W2	Apple Wi-Fi Bluetooth W3	Apple Wi-Fi Bluetooth W3	Apple Wi-Fi Bluetooth W3	Apple Wi-Fi Bluetooth W3

NO GPS LTE	BROADCOM GPS BCM4773	QUALCOMM LTE Cat.6 GPS MDM9635	INTEL LTE Cat.12 GPS XG742	INTEL LTE Cat.12 GPS XG742	APPLE LTE Cat.12 GPS XG742	APPLE LTE Cat.12 GPS XG742
	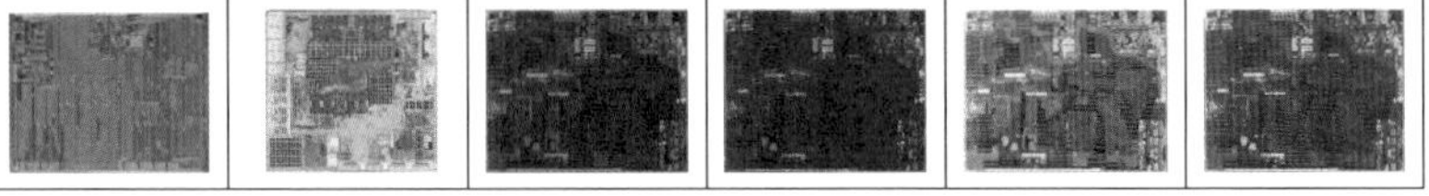					

Chapter 4

AirPods

Chapter 4

AirPods

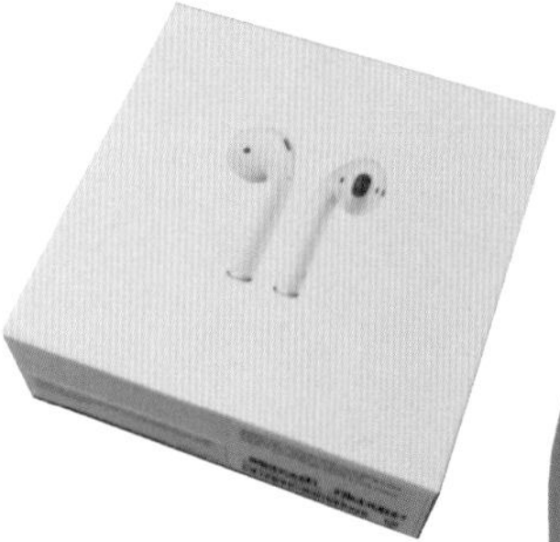

図4-1　2017年リリース、AirPods

4-1 AirPods

図4-2　AirPodsの分解

AirPodSリリースのインパクト

2017年にAppleはまったく新しいイヤフォンAirPodsのリリースをしました（図4-1）。当初、その特異な形状が注目を浴びました。細長い部分は図4-2で分解したところ見ると、細長い部分の中には充電池が入っているのがわかります。AirPodsをエンジニア目線で見ると、一番興味が惹かれるのはBluetooth Audioチップでした。スマートフォンとイヤフォンを接続するにはBluetooth通信が必要だからです。Appleはこのチップを外部メーカーから調達するのではなく、自前で開発しました。AppleオリジナルのBluetooth AudioチップがW1チップです。W1がイヤフォンの中に組み込まれています。図4-3の中央のチップです。

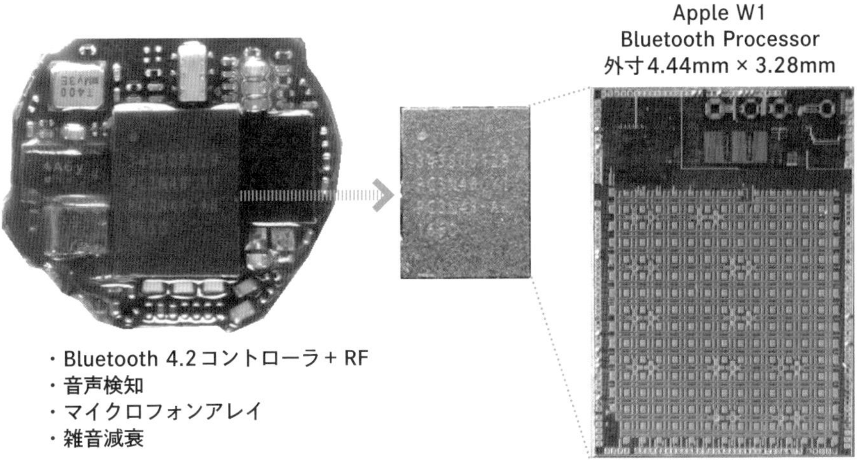

図4-3　AirPods基板と搭載チップ（Apple W1）

図4-4　Apple W1（Radio Frequency-相補型MOS、TSMC製65nmプロセス）

Bluetooth Audioチップ

このBluetooth AudioチップはRF-CMOSというテクノロジーを使っています（図4-4）。AirPodsはAppleにとって初めてのイヤフォン製品なので、とにかく作ってみたという印象がする製品です。

4-2 AirPods（第2世代）

図4-5　2019年リリース、AirPods 2

AppleがAirPodsを作る際に、自前の開発チップを使用したことが重要です。初代のAirPodsから翌々年の2019年に改良版のAirPods 2をリリースします。つまり、自前で開発することで、チップ本体の中身の設計まで全部ガラッと変えて、新しいチップを作るようになります。その結果、Bluetoothの接続性がさらに改善され、低消費電力にもなるという改良がAirPods（第2世代）には実現されました。

図4-6、図4-7はAirPods 2（第2世代）の分解の様子です。初代をベースに改良が加えられているのがわかります。

図4-8は、Bluetooth AudioのH1チップが搭載された基板の様子です。Bluetooth 5.0 RFにバージョンアップし、Siriのボイスコントロールにも対応します。

図4-6　AirPods（第2世代）の分解①

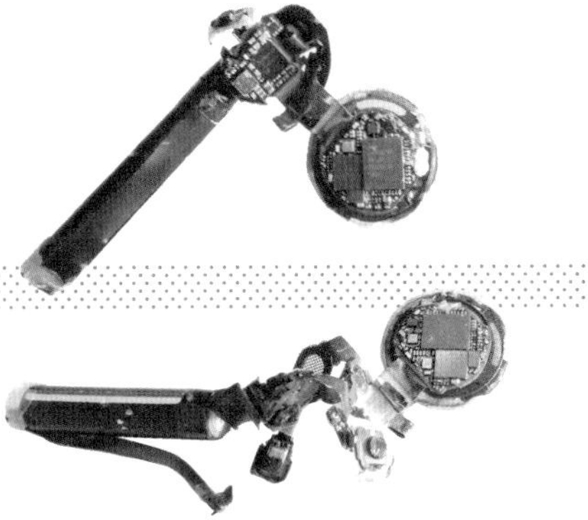

図4-7　AirPods（第2世代）の分解②

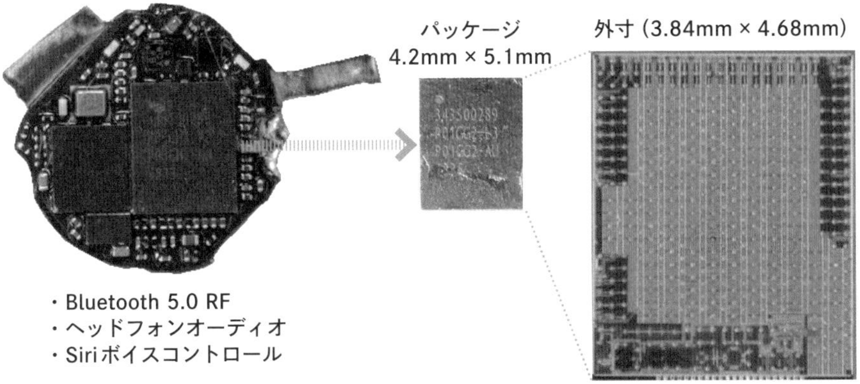

図4-8　AirPods（第2世代）

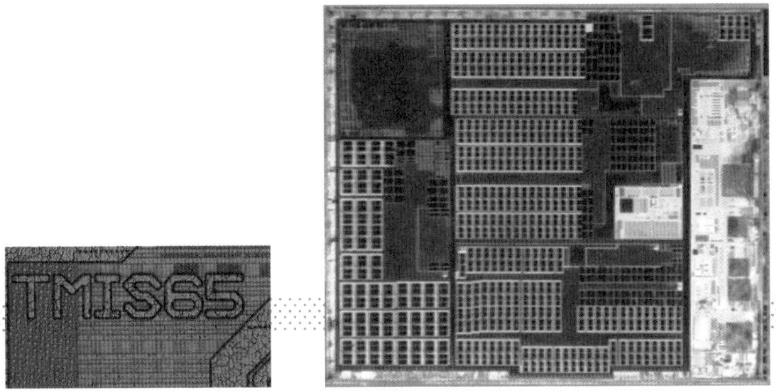

図4-9　Apple H1（RF-CMOS、TSMC社、40nmプロセス）

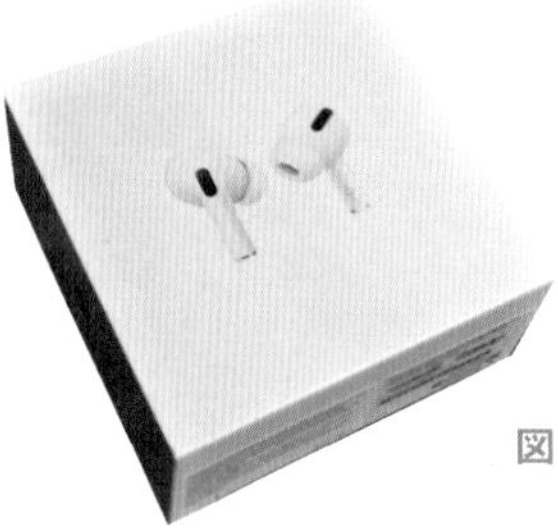

図4-10　2019年リリース、AirPodsPro

4-3 AirPods Pro

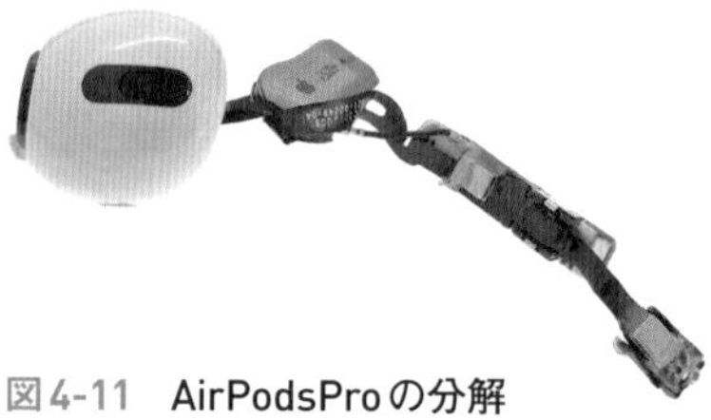

図4-11　AirPodsProの分解

AirPods Proの驚くべき性能

2019年10月30日に発売開始されたAirPods Proの分解および内部の構造です（図4-10）。アクティブノイズキャンセル機能やタッチ操作でのコントロールなども話題になりました。他社製品と一番の差はネジの有無です。いっさいネジが使われていません。分解はわずかな接合場所を探して、薄いヘラなどを挿し込み分離していきます。AirPods Proの場合はスピーカー部と信号処理部の間に噛み合わせがあるので、ここから分解を行います。図4-11のように内部にはさまざまな部品が入っています。

AirPods Proの内部一式取り出し

図4-12は内部一式を取り出した様子です。内部は大きく4つの部位で構成されています。音を出すスピーカードライバー部、電池部、通信およびオーディオ処理を行うプロセッサ部、操作を行うコントローラ部（コントローラ部は通信用アンテナも兼ねる）。スピーカー部、プロセッサ部、アンテナ端の3カ

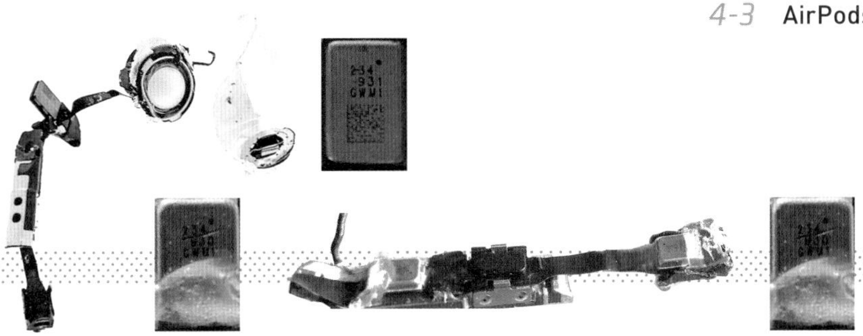

図4-12　AirPodsProのチップ（MEMSマクロフォン）

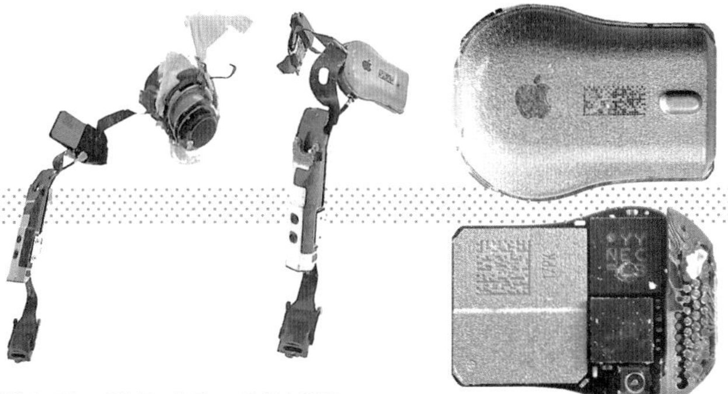

図4-13　AirPodsProのH1 SIP

所にはそれぞれMEMSのマイクロフォンが装着されています（黄銅色のチップ）。これらのマイクロフォンは外部のノイズを収集するもの、オーディオ再生用スピーカーの内部の音声を収集するという2つの異なる機能に使われています。1つは外部の音声を収集しデジタル化し、もう1つはスピーカーの音声をマイクロフォンで収集しデジタル化します。2つのデータを使いノイズを消しています。スピーカーの音をABとすると外部音Bを引くとAだけになるという処理を行っています。Bの逆相の音を出して消すという方法をデジタル処理によって実現するというのはAirPods Proだけでなく、多くのノイズキャンセル機能を持った機器に古くから使われている技術です。AirPods Proの場合は外部音用マイクロフォンが2基、内部音用マイクロフォンが1基の計3基となっています。

図4-13の右側はApple独自のプロセッサ処理部H1 SIP（System In Package）です。この中に多数の半導体が入っています。裏面には4個の半導体チップが隙間なくビッシリと並んでいます。これらはモールドで封じられています。

図4-14　AirPodsProのドライバー

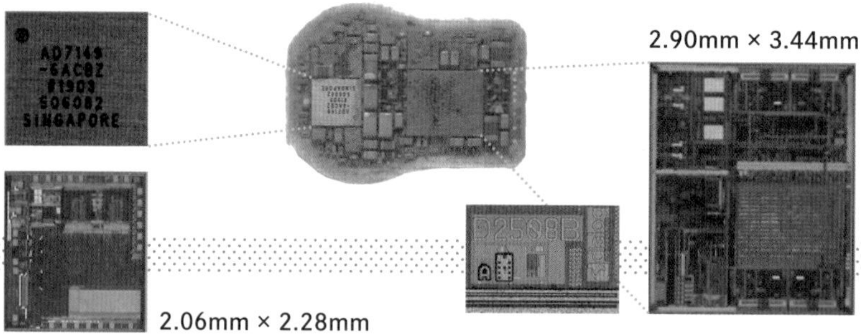

図4-15　ドライバー分解

図4-16　SIP分解

H1 SIPを分解

図4-14、図4-15はSIPを分解した様子です。モーションセンサーチップは開封写真を省略していますが、このサイドは全部で8個のシリコンで構成されています。Apple自らが開発したH1プロセッサ（Bluetooth 5.0通信とオーディオ処理、タッチ処理、ノイズリダクション処理などを行っている）、通信で取り込んだ音声データを一時保持するためのフラッシュメモリがパッケージに入っています。

図4-16は、H1 SIPのAppleロゴ側のモールドを薬品で取り除いた内部の様子です。モールドの下にはビッシリと半導体が並んでいます。モールドの下には電池の寿命

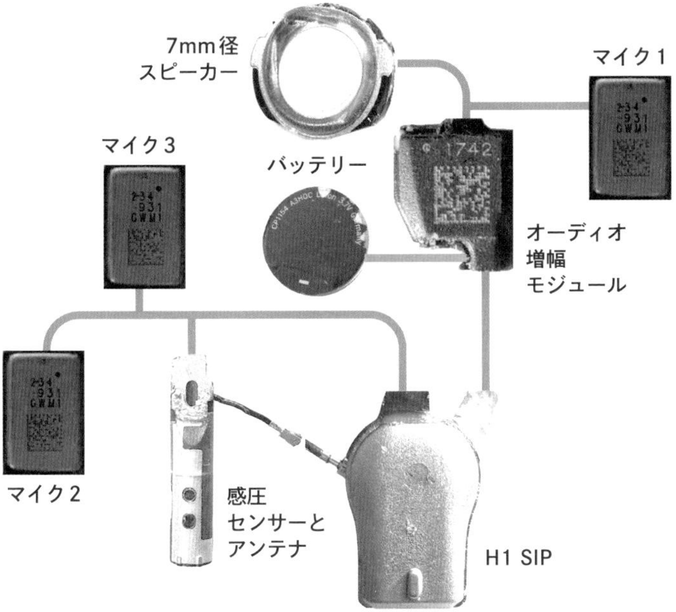

図4-17　SIP分解AirPods Pro部品接続関係

を最適化するための電源管理ICやタッチコントロールIC、バッテリー充電用ICなどが並んでおり一部省略していますが6チップが搭載されています。H1 SIPには裏表合わせて14チップが存在しています。

各パーツとの接続関係

図4-17のマイク1〜3がMEMSマイクロフォンです。MEMS半導体とMEMSのデータをデジタルに変換するアナログ―デジタルコンバータの2チップが載っているので、3個のマイクロフォンでは計6チップが存在します。AirPods Proの中にはこれ以外にもスピーカーを駆動するためのパワーアンプなどが別の場所（電池の横）に設置されており、ここには4チップ存在します。AirPods Proはトータルで片耳に24個ものチップが入っていることがわかりました。H1 SIPはなぜこのような形（前方後円墳のような）なのか考えます。耳の穴から円形が決まり、円形の中にチップ群が収まるように電池の脇にH1 SIPは配置され、円墳部分が筐体の丸みに完全に一致しています。まさにトータル設計が成されている結果です。

図4-18　2020年リリース、AirPodsMax

4-4 AirPods Max

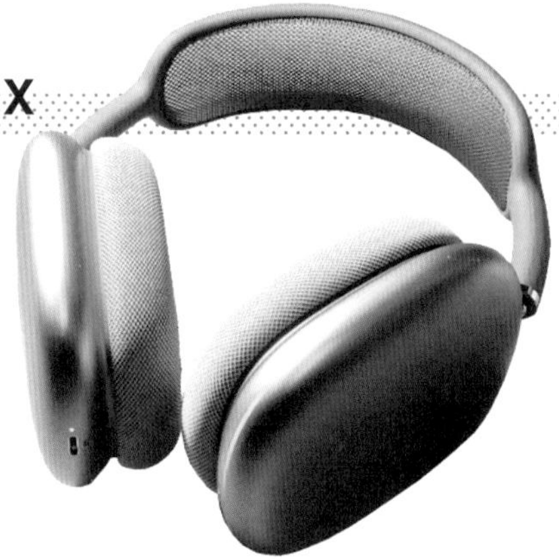

ハイエンドヘッドフォンの特徴

Appleは2020年12月、かねてから噂のあったオーバーヘッド型ワイヤレスヘッドフォンAirPods Maxをリリースしました。筐体はアルミで製です（図4-18）。アクティブノイズキャンセル、空間オーディオといった先進的な特徴は、イヤホンタイプのAir Pods Proと同機能です。大きな違いとしてデジタルクラウン（操作スクリュー）が付いていることが挙げられます。これを回転させると音量が変えたり、押し込む回数で各種操作ができます。指先だけで音量変化や、音楽の再生、曲の前後送り、電話応対、Siri起動などができます。

内部構造の特徴

図4-19は分解した様子です。MEMSマイクロフォンを用いたマイクロフォンアレー（合計9基）があり、内部はAppleが独自に開発した専用チップApple H2がBluetooth 5.0通信およびオーディオデコード

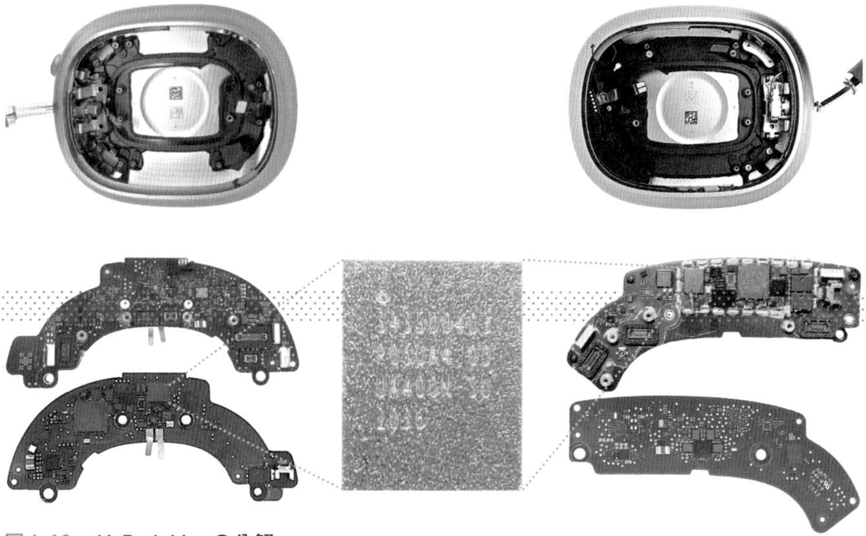

図4-19 AirPodsMaxの分解

用として搭載されています。それぞれ独立した対称構造を持っており、Bluetoothもオーディオプロセッサも左右に搭載されています。

本チップは第2世代のAirPods/AirPods Pro、過去2製品に採用されたものです。まさにAppleのコモディティチップとして広く活用された1つのケースと言えます。Appleは1つのチップを作って、1製品だけに使用するのではなく、1つのチップを多くの製品に展開し、開発費を回収するのです。ソフトウェアの共通性も含めて「ストーリー」が作られています。イヤフォン型のAirPods/AirPods ProとMaxの中身の骨格はまったく同じです。差はフラッシュメモリの容量とドライバーのサイズだけです。

Apple製品はほとんどがアルミ筐体でできているのは、高級感やプラスティックに比べ傷がつきにくさのためです。一方でApple TVやスマートスピーカーは一度設置すると移動がない製品のため、硬化プラスティックが活用されています。AirPods Maxは屋外での使用を考慮しアルミ筐体を用いています。

4-5 AirPods（第3世代）

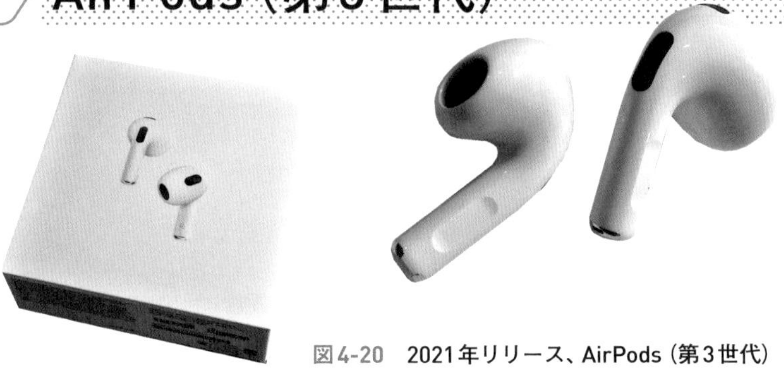

図4-20　2021年リリース、AirPods（第3世代）

AirPodsを完全リニューアル

2021年10月に発売開始したApple AirPods（第3世代）を分解します（図4-20）。Apple Bluetooth Audio H1プロセッサを搭載し、空間オーディオ機能、ダイナミックヘッドトラッキング（頭の位置に合わせて音の向きを変える）、アダプティブイコライゼーション（耳に合わせて音を自動的に調整する）、ダイナミックレンジパワーアンプ（よりクリアなサウンド再生）、タッチコントロールシステム（感圧センサーの機能向上）が特徴です。AirPods Proのようなノイズキャンセリング機能はありませんが、従来のAirPodsよりさまざま点で性能が向上しています。

図4-21では、従来のAirPodsで行ってきたように、隙間にヘラを挿し入れ分解していきます。ドライバーカバーを取り外すと、MEMマイクロフォン（背面用）が出てきます。丸い部品がリチウムイオン電池です。棒状の部分にプロセッサ（H1 SIP）が収納されています（図4-22、図4-23）。

H1 SIPの構造と進化

AppleはWatch Seriesと同様のSIP技術を用いた高密度実装をiPhoneの基板やワイヤレスイヤホンAirPodsにも用いています（図

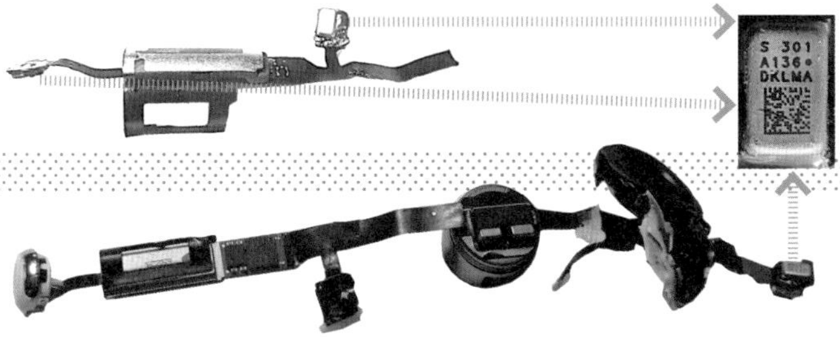

図4-21　AirPods（第3世代）の分解

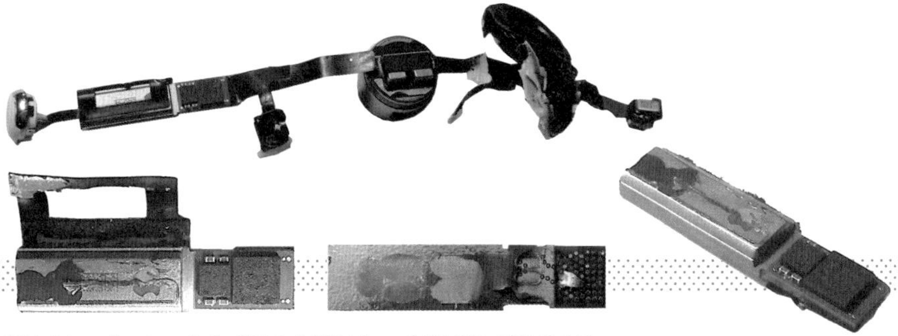

図4-22　プロセッササイドの分解によってH1 SIPが出てくる

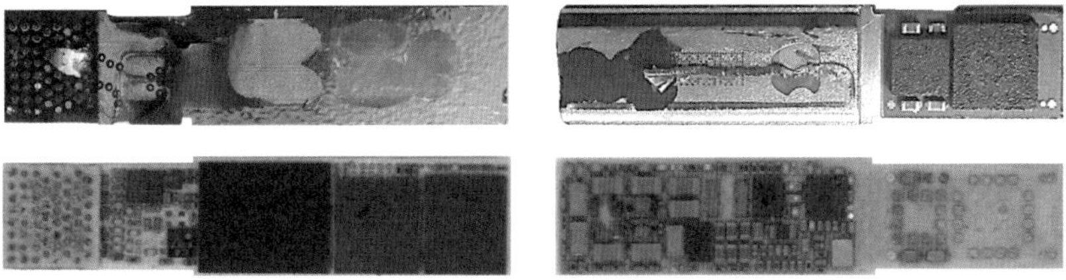

図4-23　AirPods（第3世代）のH1 SIPの表と裏の様子

4-24）。AirPods（第3世代）では片耳におよそ21個ものシリコンチップを搭載しています。AirPods（第3世代）のメイン基板の面積は82.8mm^2、内部のシリコン総面積は60.3mm^2です。基板面積に対するシリコン面積比率は72.8%とApple Watchよりも、さらに高くなっています。シリコン同士を隣接配置したり、縦積みにする、最小距離化が成されています。このようなシリコンチップの高密度な組み合わせを、いわゆるシリコンパズルと呼びます。Apple製品ではあら

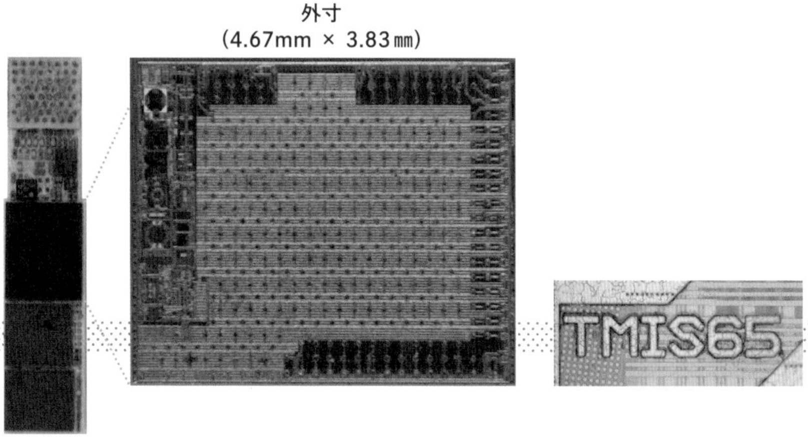

図4-24　Apple H1 Bluetooth + Audio Processor

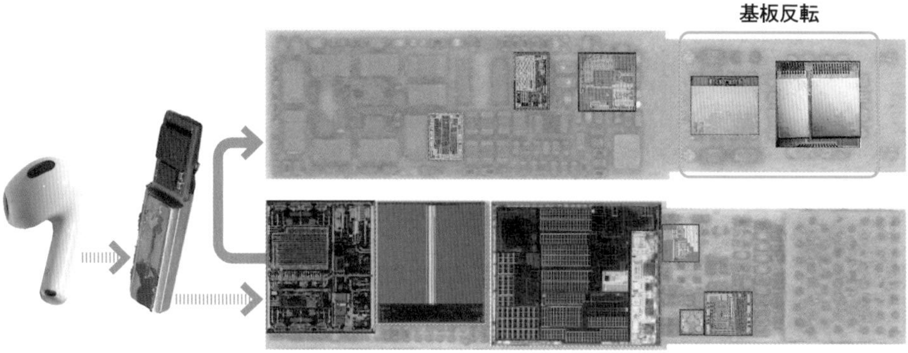

図4-25　H1 SIPの分解

ゆる場所にこのシリコンパズルがなされています。電池基板、USB端子なども例外ではありません。

AirPods（第3世代）は図4-25のようにBluetooth Audio、Flash Memory、電源ICなどをSiliconベースでエポキシガラスの上に並べて構成するシリコンパズルになっています。

モーションセンサーとしてBOSCHの市販チップがそのまま使用されています。モーションセンサーはそれ自体で特性が調整されているのでシリコンパズル方式で組み込んでしまうと、性能保証が難しいせいではないかと推測されます。

Chapter 5

M1搭載の Mac製品

Chapter 5

M1搭載のMac製品

図5-1　2020 MacBook Pro、MacBook Air Mac miniの外箱

5-1 MacBook Pro 2020

MacBook Pro 2020

MacBookは、もともとIntelのCPUが使われていた時代もあれば、MotorolaのCPUが使われていた時代もありました。まさにAppleを語るうえでは、Appleの成長を表した歴史と言えます。2020年以降に発売されたApple独自プロセッサであるM1を中心にさまざまな製品の分解と解説をします。

2020年にAppleはIntelやAMDのプロセッサの使用をやめ、自社開発のM1プロセッサを搭載したMacBook Proを発売しました。Mシリーズプロセッサの始まりです。

図5-2に分解した様子を示します。本製品の特徴は、Appleの作ったPMIC（電源管理IC）とM1プロセッサの組み合わせで設計されたことです（図5-3）。これは前章でも紹介したiPad Proの流れと同じです。

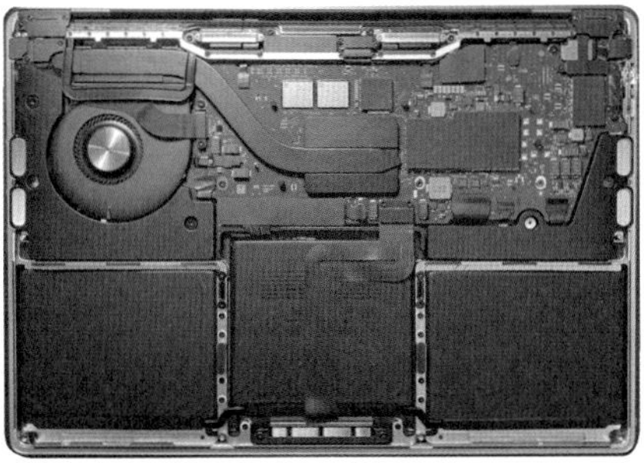

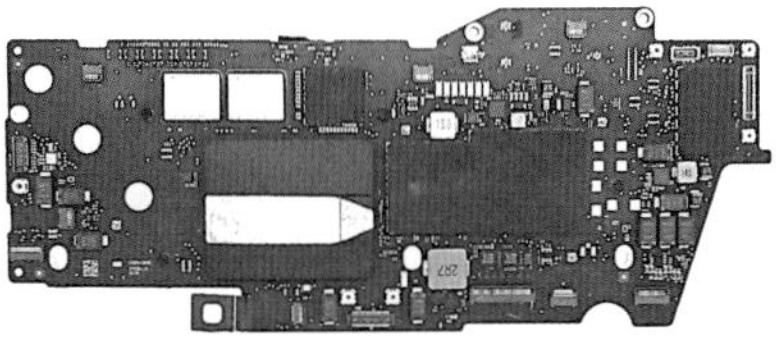

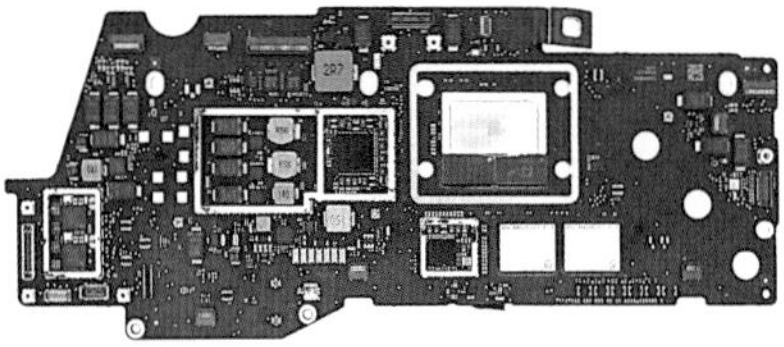

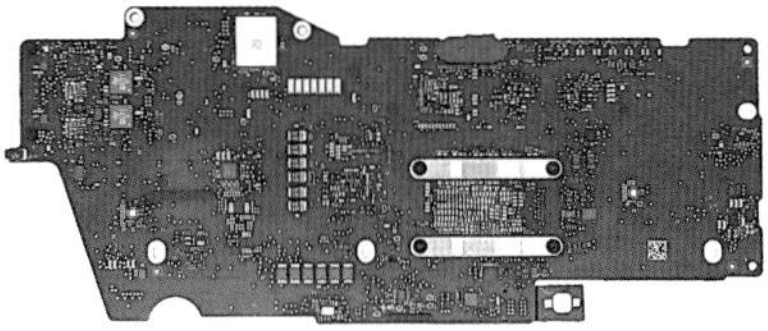

図5-2　MacBook Pro 2020の分解

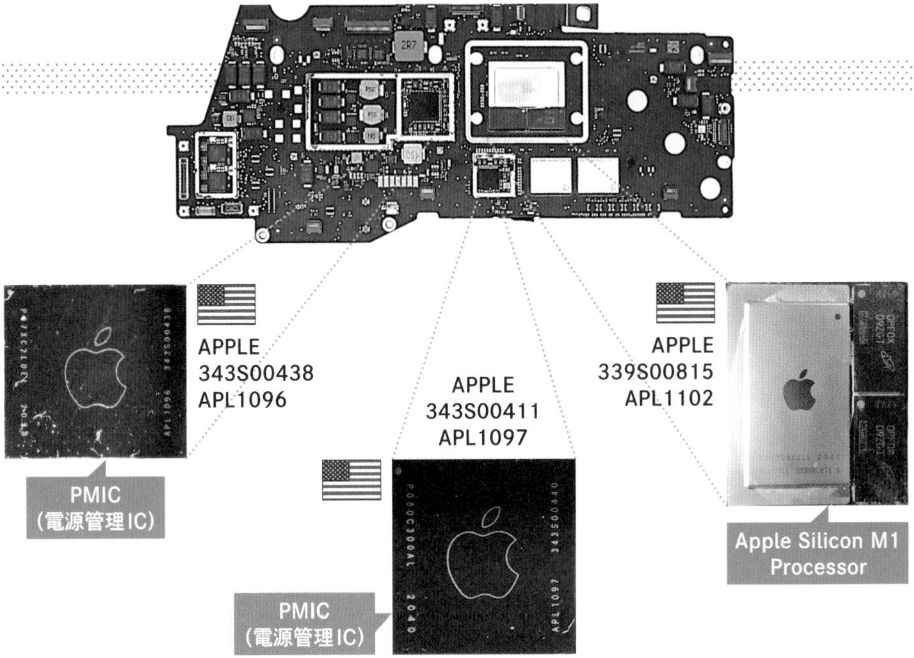

図5-3　MacBook Pro 2020の基板

5-2 Mac mini (2020)

図5-4 Apple Mac mini

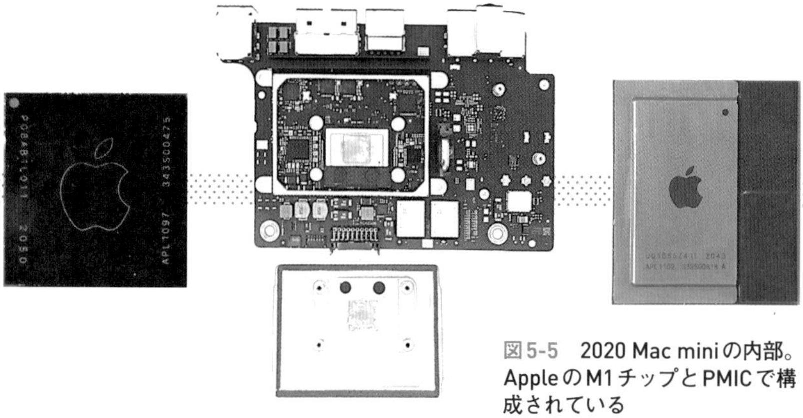

図5-5 2020 Mac miniの内部。AppleのM1チップとPMICで構成されている

Mac mini 2020

Mac miniも、MacBook Proと同じくIntelプロセッサからM1になりました。Apple M1は4つの高性能コアと4つの高効率コアを搭載した8コアCPUです。GPUは8コア、16コアのニューラルエンジンを搭載しています。PMICもアップル独自のものを採用しています。

図5-4では外箱と筐体を開けた様子です。大きな冷却ファンとApple M1のCPUクーラーが見えます。図5-5は基板とPMICの場所を示しています。Mac miniもついにM1の時代になりました。

図5-6 MacBook Airの外箱

5-3 MacBook Air 2020

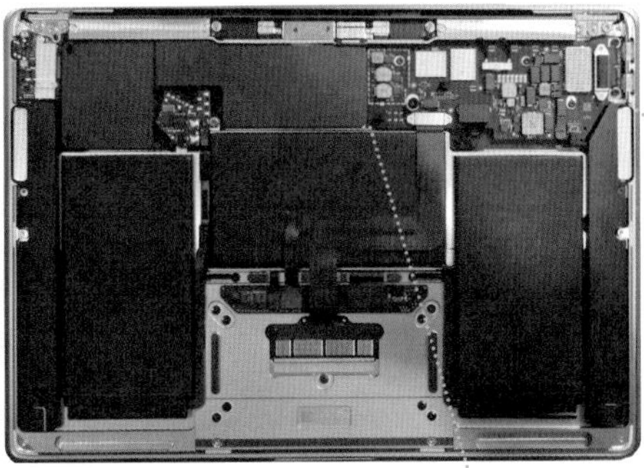

図5-7 MacBook Airの分解

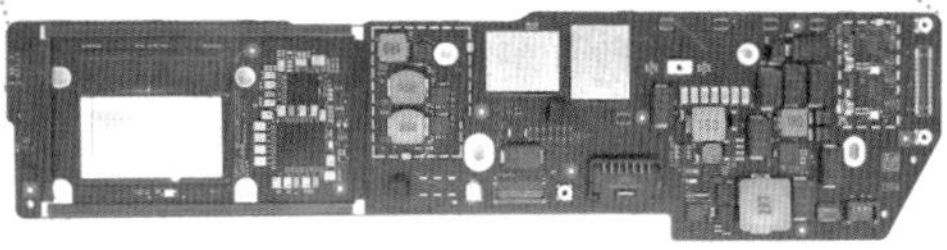

Macbook Air 2020

前述のMac miniと同様に、M1プロセッサとApple独自PMICの組み合わせでMacbook Airも設計されています。図5-7は筐体を開けたものですが、3セルのバッテリーの組み合わせの上方にマザーボードが設置されています。図5-8はマザーボード上のCPUやPMIC（電源管理IC）のレイアウトです。PMICの機能はCPUへの電源・電圧の調整を行います。処理速度が必要な処理の場合、電圧を上昇させます。大きな負荷がかかるプロセスが始まると、電圧を上げます。そうした一連の処理を回路内でフィードバック制御しています。

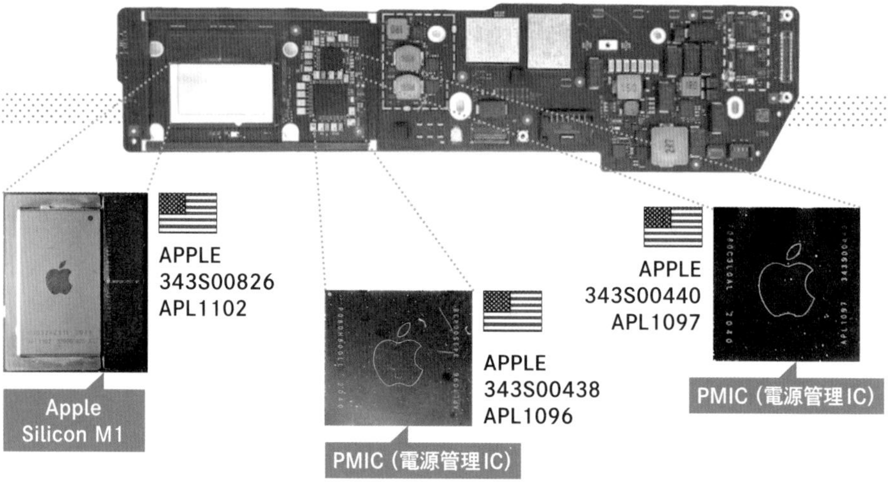

図5-8　MacBook Airの基板

Apple M1プロセッサの使用状況

2020年に突如デビューしたApple M1チップですが、表5-1に製品比較をまとめました。表5-2は、2020年当時に市場に出ていたCPUとGPUがワンセットになったプロセッサを比較したものです。Intelは10nmプロセス技術、AMDのRYZEN 4800H、Microsoft SQ1はTSMCの7nmプロセス技術です。Apple M1は既存のメーカーに引けを取らないポジションにいることがわかります。

Apple M1の開封

図5-9では、プロセッサのパッケージを開封しました。AppleマークのLID（リッド）を取り除くと、11mm × 11mmのCPUが出てきます。図5-10は配線層を剥がしたものです。

さてこれから重要です。図5-11です。Apple A14 BionicとApple M1を比較しています。面積比やその規模は1.5倍くらいですが、それぞれのCPU部分の形状がまったく同じなのがわかります。つまり、iPhone用のA14とM1は、基本的にはGPUのコア数が違うだけで同じCPUなのです。図5-12は、CPU部分を拡大したものです。つまりApple M1プロセッサは、iPhoneで使用されているAシリーズのGPU拡張版です。

図5-13で解説しているのは、

表5-1　Apple Silicon M1を使用した3製品比較

製品名	メイン基板サイズ	M1プロセッサ名	電源管理IC
MacBook Pro 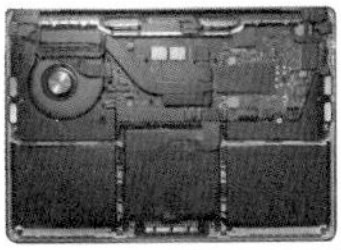	202mm×82mm 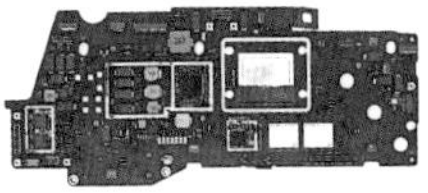	APL1102 339S00815 	APL1096 343S00438 APL1097 343S00440  
MacBook Air 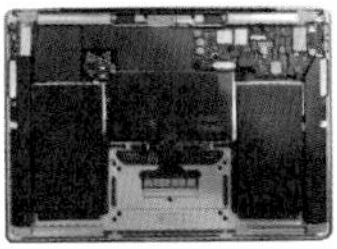	187mm×45mm 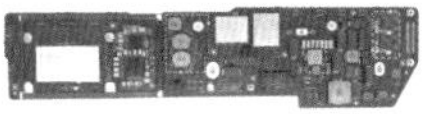	APL1102 339S00826 	APL1096 343S00438 APL1097 343S00440 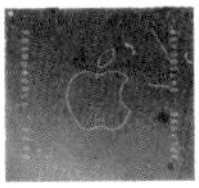 
Mac mini 	147mm×98mm 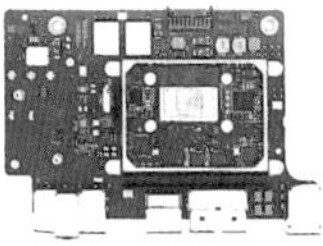	APL1102 339S00818 	APL1096 343S00439 APL1097 343S00441  

表5-2　4つ巴の戦国時代に突入したPC Platform 2020

Intel	AMD	Qualcomm Microsoft	Apple
10th 11th Platform 	RYZEN7 4800H 	Microsoft SQ1 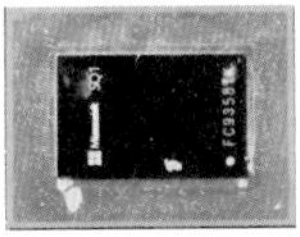	Apple Silicon M1 
Intel 10nm 	TSMC 7nm 	TSMC 7nm 	TSMC 5nm 
CPU X86 4Core/8Thread 3.9GHz L2 = 8MB GPU Iris Plus GT	CPU X86 8Core/16Thread 4.2GHz L3 = 8MB GPU Radeon 7Core	CPU Arm Based 8Core/8Thread 3.0GHz L3 = 4MB GPU Adreno630	CPU Arm Based 8Core/8Thread 3.2GHz L2 = 16MB GPU Apple 8Core

A12ZとA14を組み合わせるとApple M1になることを示したものです。iPhoneと比較するとMacBook Proはディスプレイサイズが違います。Appleはコアを再利用したエコロジー開発をしているのです。同じ

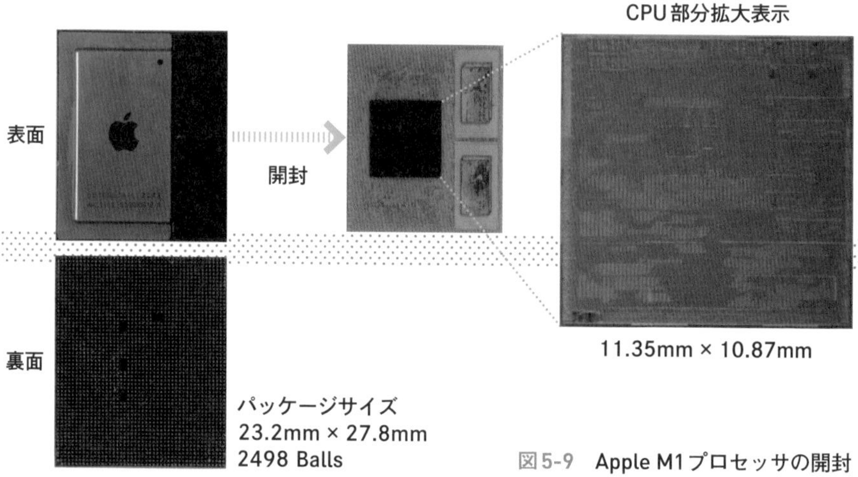

図5-9　Apple M1プロセッサの開封

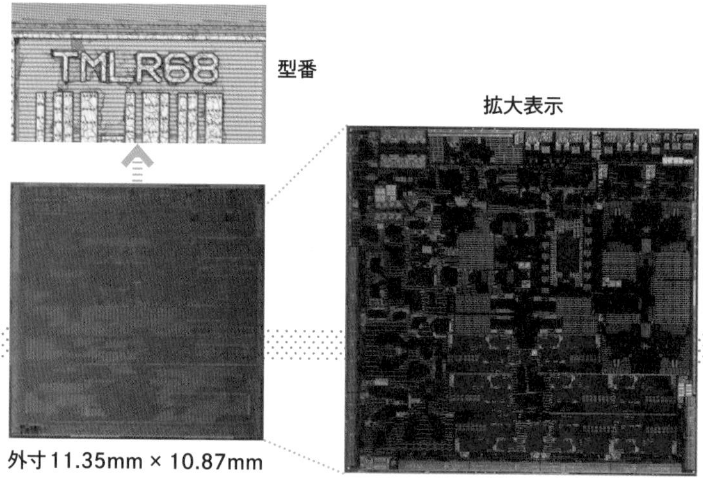

図5-10　Apple M1プロセッサ詳細

シリコンをゼロからスクラッチで作るのではなく、Aシリーズで培ったCPUを再利用したのです。あとはMacBookのためにGPUコア数を増やすという再設計するという方針です。iPadで使ったA12パッケージの作り方がM1に引き継がれたのです。そしてApple T2セキュリティチップを吸収し1シリコンに収めています。これもAppleは自

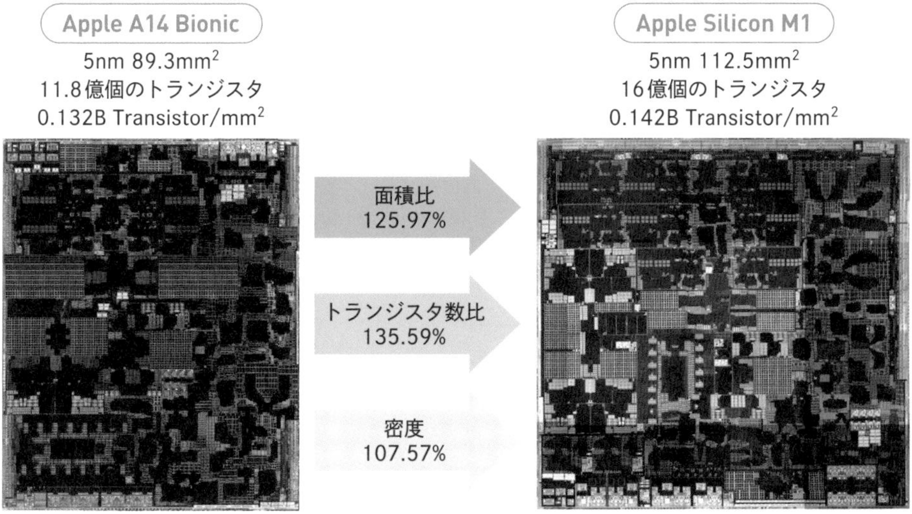

図5-11 Apple A14 Bionic vs Apple Silicon M1

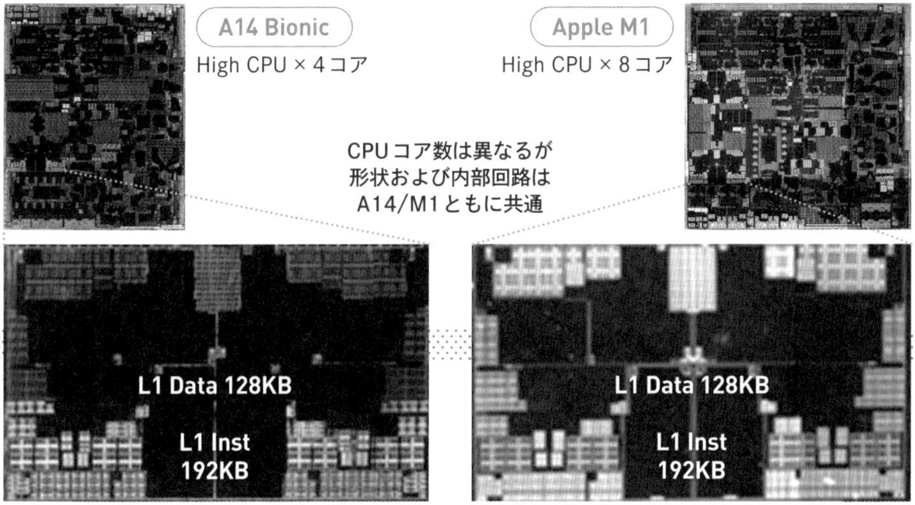

図5-12 Apple Silicon M1とA14 Bionic CPU比較

前で開発しました。同世代のiMacやMacBook、MacBook Proなどに対しては、M1プロセッサの中に周辺チップもすべて組み込んでいます。Apple T2は、SSD内部のデータやTouch IDのデータセキュリティなど管理しています。図5-14は、M1シリコンの断面です。一番上がパッケージのリッドです。多層構造になっています。

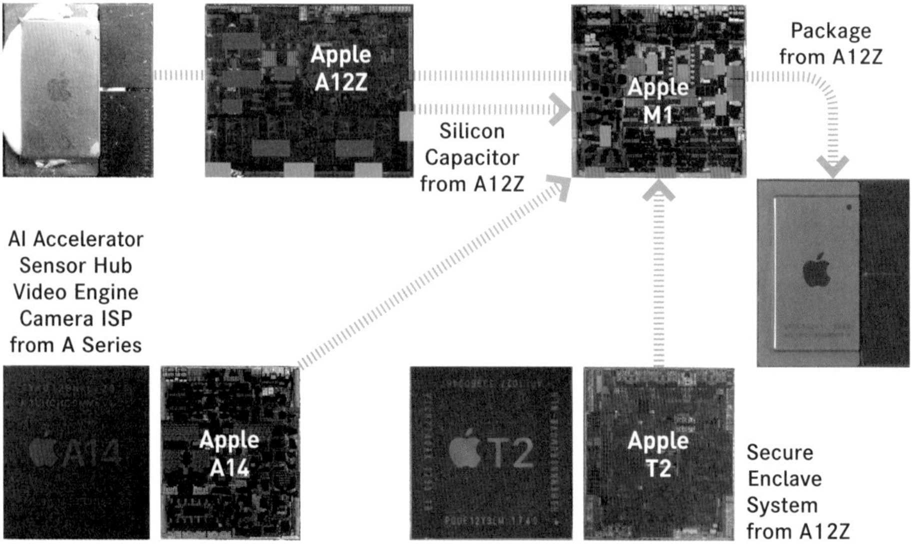

図5-13　T2＋A14×2＋A12Z ⇒ Apple Silicon M1

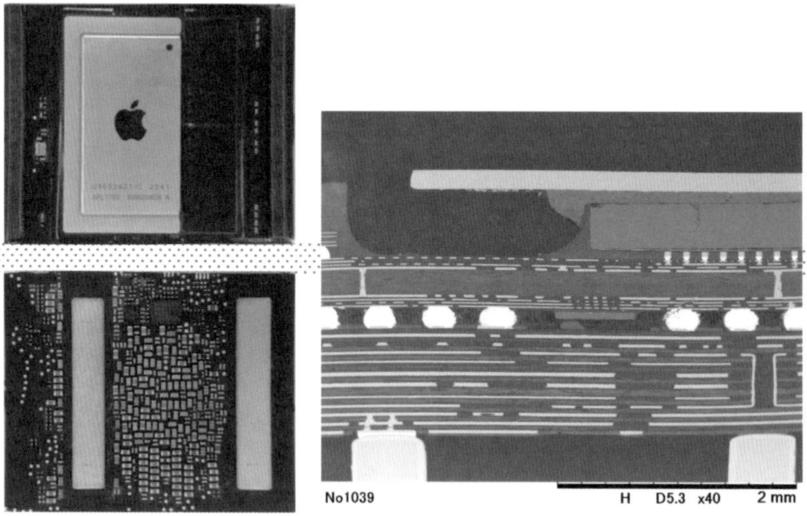

図5-14　Apple Silicon M1詳細（積層基板の構造がわかる）

図5-15　Apple 2021 iMac

5-4 iMac (2021)

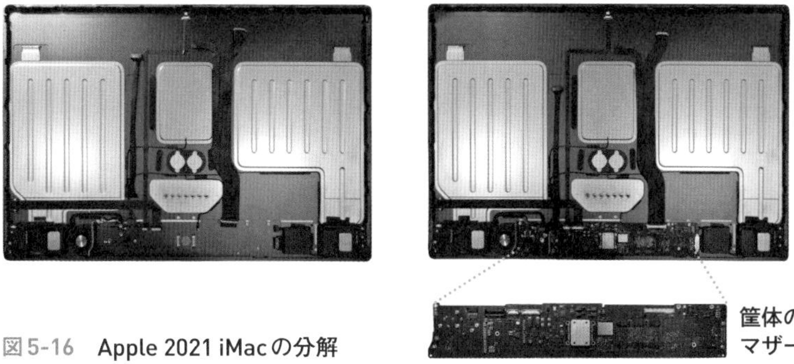

図5-16　Apple 2021 iMacの分解

iMac 2021

2021年5月に、ディスプレイ一体型iMac (24インチ、M1、2021) が発売されました (図5-15)。カラフルな筐体色が美しく、まさに24インチの大きなディスプレイは注目を集めました。図5-16でiMacを分解しました。マザーボードは筐体内に小さな基板としてレイアウトされています。この基板の中身は、これまで解説してきたiMacやMacBook ProやMac miniとほぼ同じです (図5-17)。

図5-18はApple M1が中央にあり、その両端にApple社製のPMICがレイアウトされていることを示しています。

表5-3は、iMacからMac miniまで使用されているプロセッサのバージョンとPMIC (電源管理IC) の番号をまとめたものです。

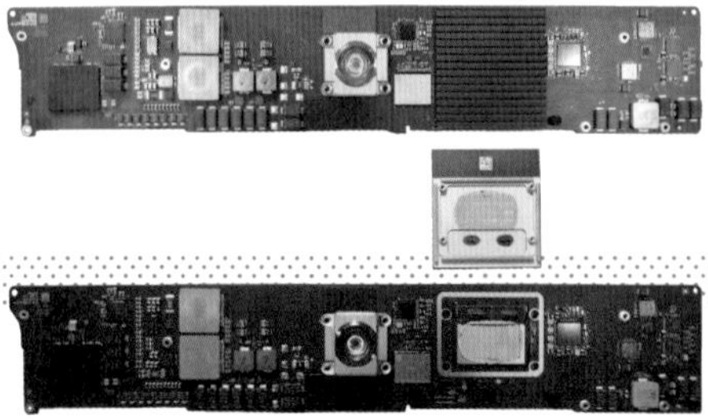
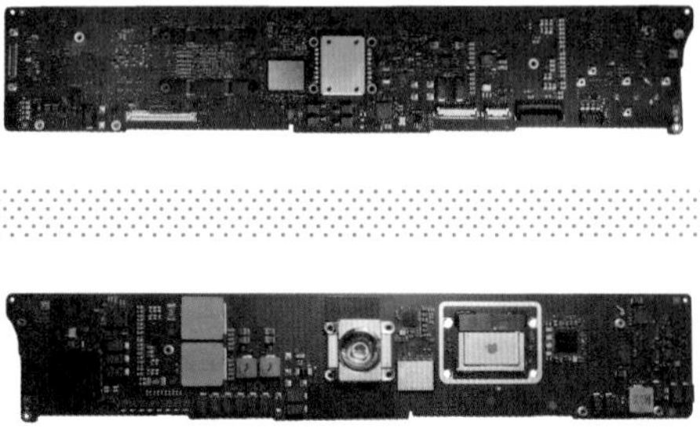

図5-17　Apple 2021 iMacの基板外観

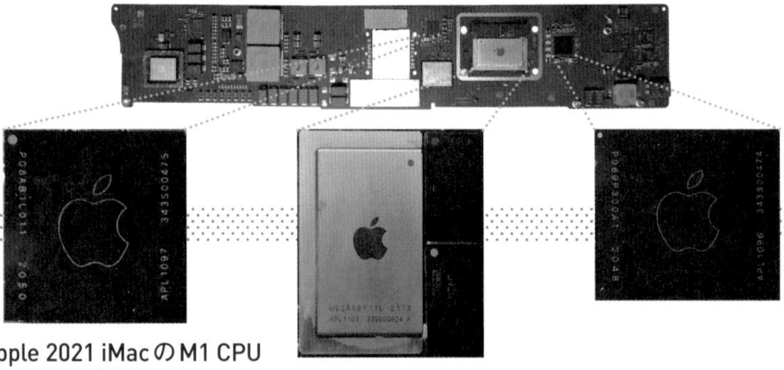

図5-18　Apple 2021 iMacのM1 CPU構成図とPMIC（電源管理IC）

表5-3　Apple M1 採用4機種のProcessor/電源管理IC一覧

Apple	iMac	MacBook Pro	MacBook Air	Mac mini
プロセッサとDRAM	339S00824 	339S00815 	339S00826 	339S00818 
電源管理IC	343S00475 	343S00411 	343S00440 	343S00411 
電源管理IC	343S00474 	343S00438 	343S00438 	343S00439 

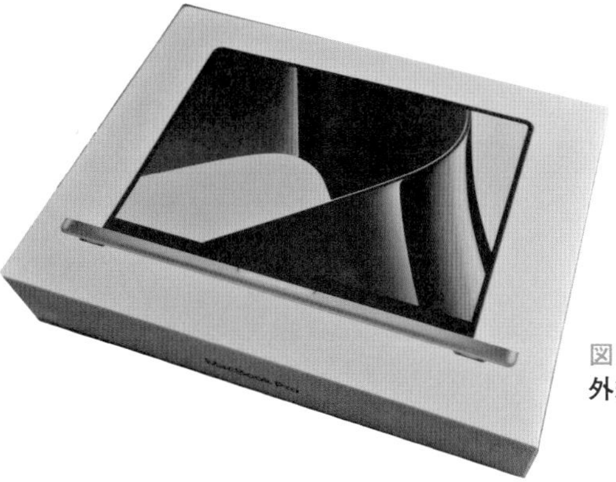

図5-19　2021 MacBook Pro 外箱

5-5 MacBook Pro (2021)

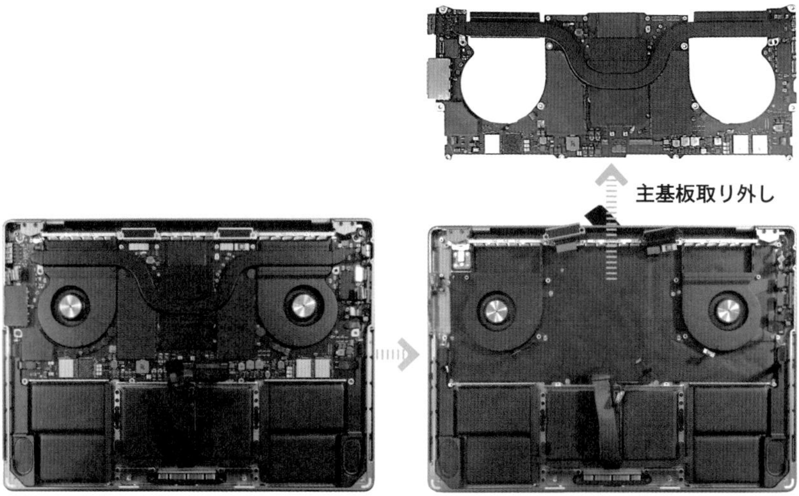

図5-20　2020 MacBook Proの分解

MacBook Pro 2021

2021年版MacBook Proです（図5-19）。搭載されているプロセッサがM1 ProもしくはM1 Maxを使用しています。そのためCPUとGPUのコア数が多いので大きな発熱が起きます。図5-29、図5-21に示すように、その対策としてMacBook Pro 2020ではファンが1個でしたが、MacBook Pro 2021ではCPUクーラーファンが2つ搭載されています。主基板に丸い穴を開

外寸 (297.0mm × 120.0mm)

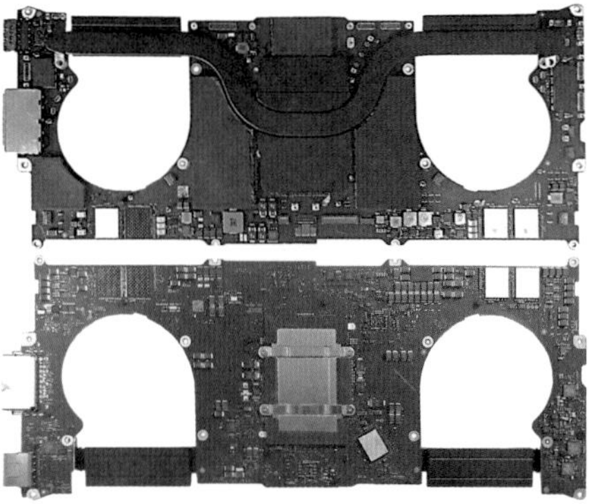

図5-21　2021 MacBook Proの基板解説

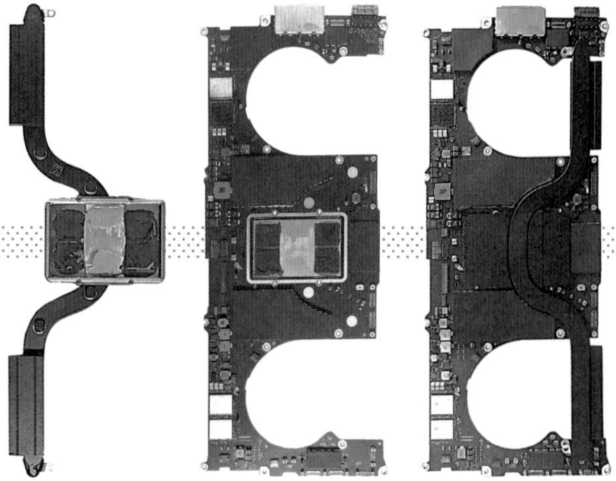

図5-22　2021 MacBook Proのヒートシンク取り外し

けてファンをレイアウトしました。図5-22のようにヒートシンクも熱対策で備えられています。

プロセッサ取り外し

図5-23では基板からプロセッサを取り外しています。このプロセッサを取り外した裏側にシリコンキャパシタがレイアウトされています（図5-24）。LIDを取り外すと、AppleのAPL 1028という型番がわかります。これは巨大なシリコンキャパシタです。このシリコンキャパ

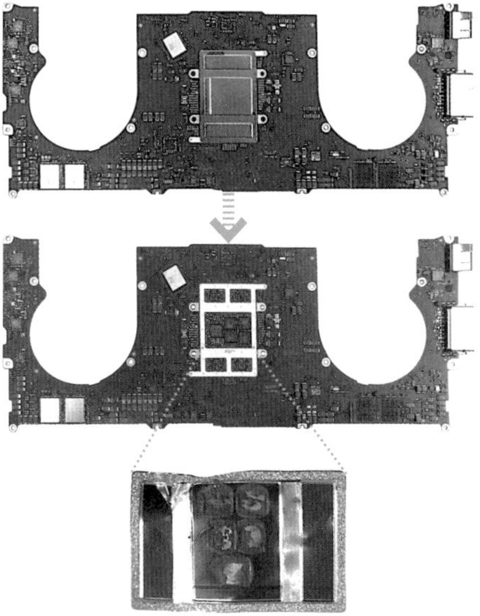

図5-23　2021 MacBook Pro CPU取り外し

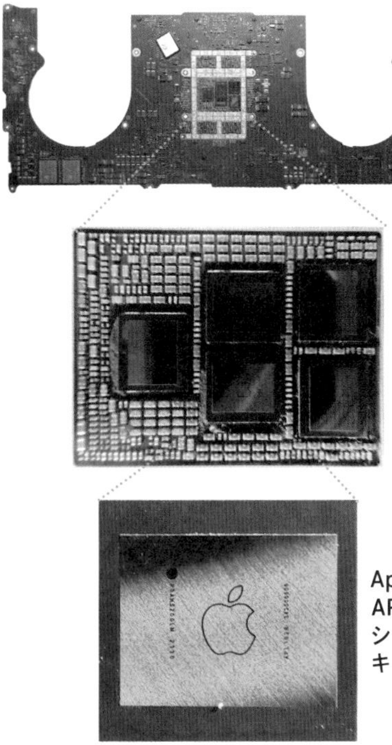

図5-24　2021 MacBook Proリッド取り外し

図5-25　2023 MacBook Pro　Apple M1 Max（8GB LPDDR5-6400 4個搭載、32GBメモリ）

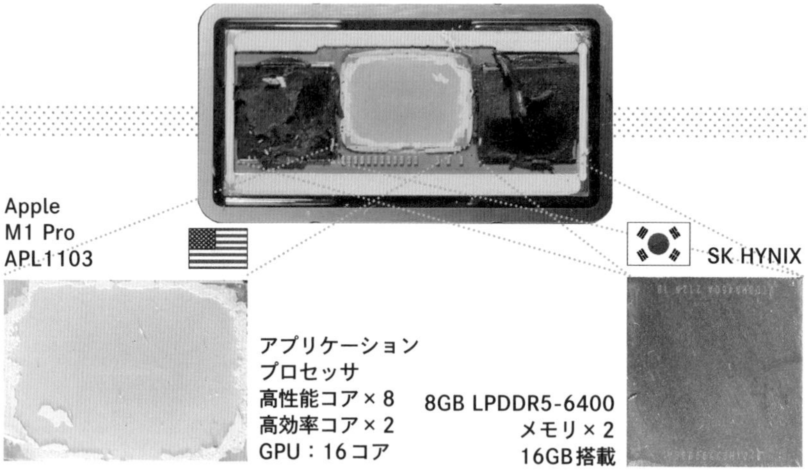

図5-26　2021 Apple MacBook Proに搭載されているM1 Proプロセッサ

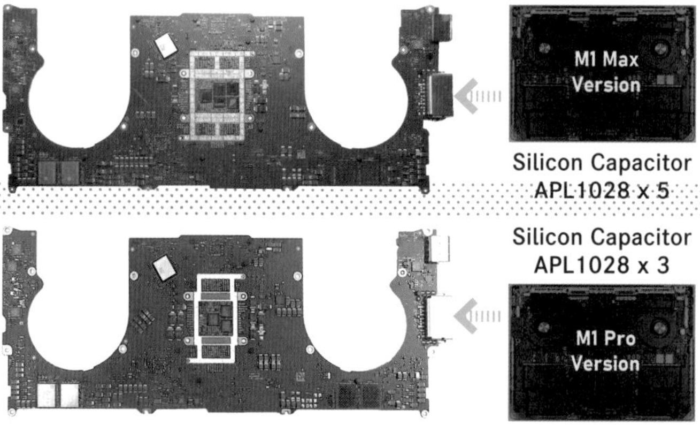

図5-27　MacBook Pro R0/R2 比較 ①シリコンキャパシタの個数比較

シタでプロセッサの裏側から電源を支えています。

図5-25はM1 Maxの方を解説しています。M1 MaxとAppleのPMICが2個、LPDDR5 DRAMが4つあり、PIMICは周囲に配置されています。

図5-26はM1 Proを開封したものです。SK HYNIX製のLPDDR5メモリが搭載されています。Mac Book ProのM1バージョンとProバージョンは基板の見た目にも違いがあります。

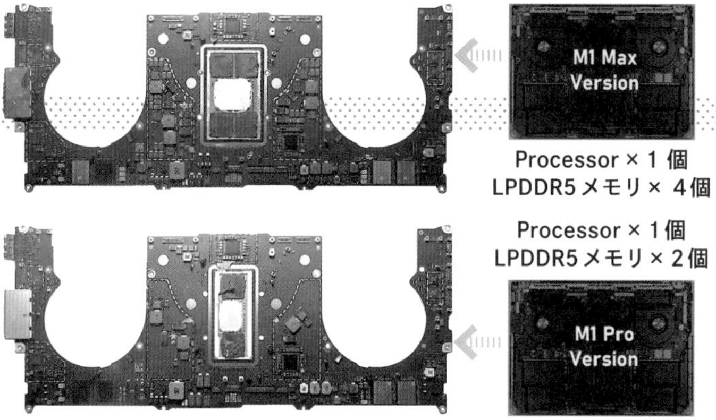

図5-28　MacBook Pro R0/R2 比較 ②

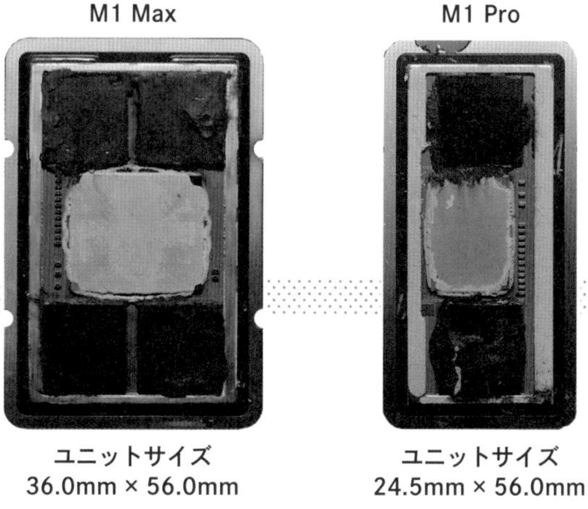

図5-29　MacBook Pro R0/R2 比較 ③

図5-27シリコンキャパシタ数もM1 Maxでは5個でProは3個です。図5-28では、プロセッサ部分も少し見た目が違います。M1 Maxではメモリが4個なのに対してM1 Proではメモリが2個です。図5-29はプロセッサを拡大表示したものです。

これらのデータを表5-4にまとめました。さらに表5-5では、2020年から2021年のCPU比較です。

表5-4　Apple MacBook Pro R0/R2 Processor部

製品名	プロセッサ	電源管理IC	キャパシタ
Model A2442 Part Z15G001R2 CPU 10 CORE GPU 32 CORE	M1 Max 	Apple APL1098×2 	APL1028×5 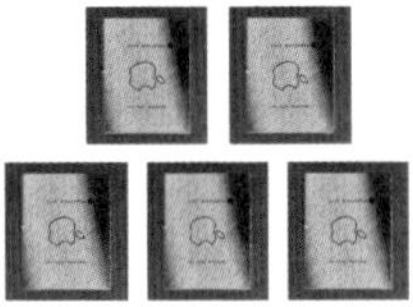
Model A2442 Part Z15G001R0 CPU 10 CORE GPU 16 CORE	M1 Pro 	Apple APL1098×2 	Apple APL1028×3 

表5-5　MacBook Pro 2020 → 2021比較

スペック	プロセッサ＋DRAMメモリ	電源管理IC
Apple M1 高性能コア×4＋ 高効率コア×4 GPU 8コア LPDDR4Xメモリ 8GB	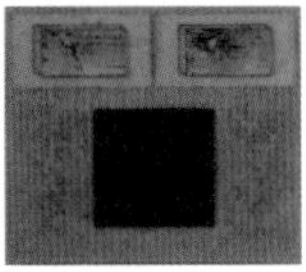 パッケージサイズ 27.8mm × 23.2mm	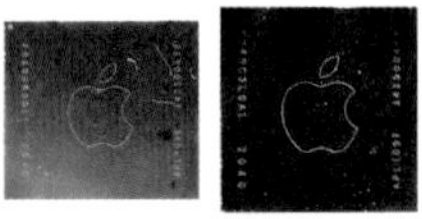 APL1096 APL1097
Apple M1 Pro 高性能コア×8＋ 高効率コア×2 GPU 16コア LPDDR5メモリ16〜32GB	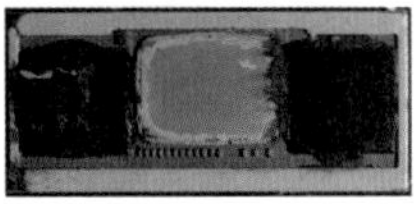 パッケージサイズ 56.0mm × 24.5mm	 APL1098 ×2個
Apple M1 Max 高性能コア×8＋ 高効率コア×2 GPU 32コア LPDDR5メモリ32〜64GB	 パッケージサイズ 56.0mm × 36.0mm	 APL1098 ×2個

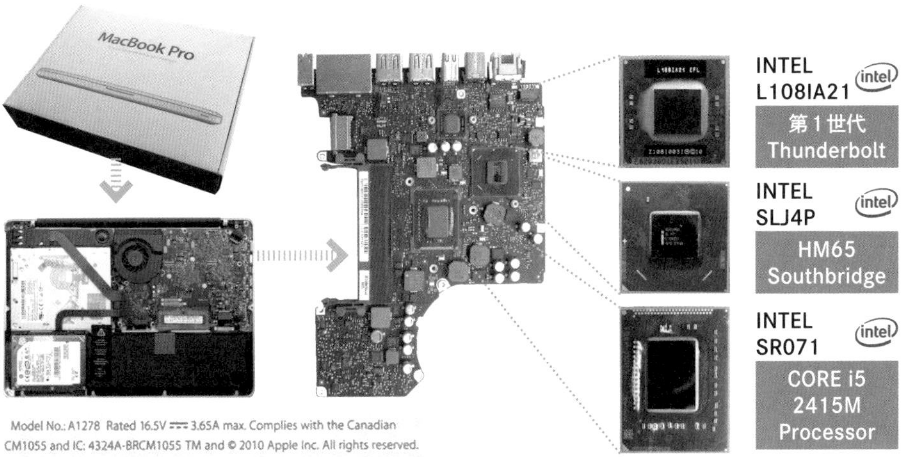

図5-30　10年前のMacBook Pro 2011年2月発売A1278

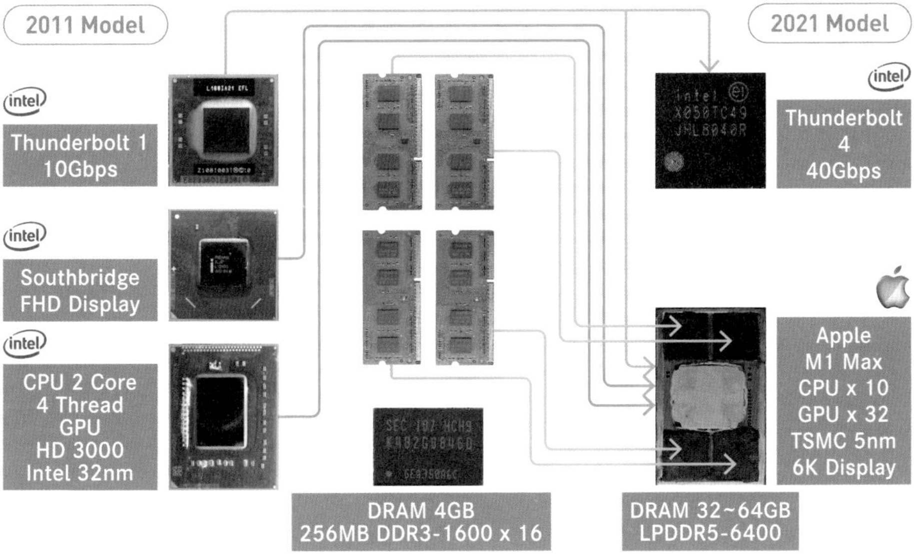

図5-31　2011年MacBook Pro ⇒ 2021年MacBook Pro

Intel世代のMacBook Proとの比較

およそ10年前もIntel世代のMacBook ProとM1 MacBook Proを比較してみます。図5-30は、Intelのチップだらけで作られてきたのがわかります。

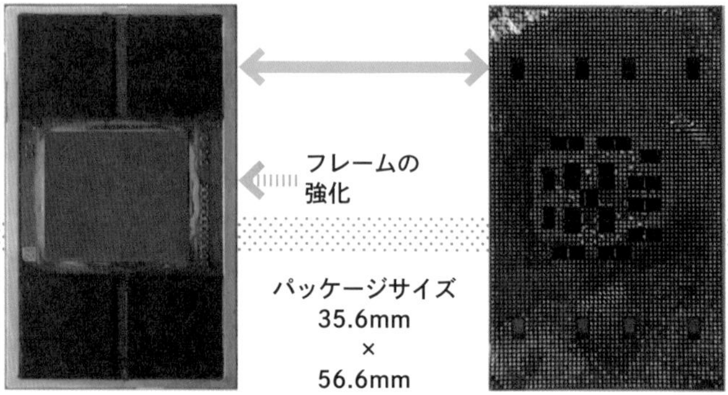

図5-32　Apple M1 Max Multi Chip Package

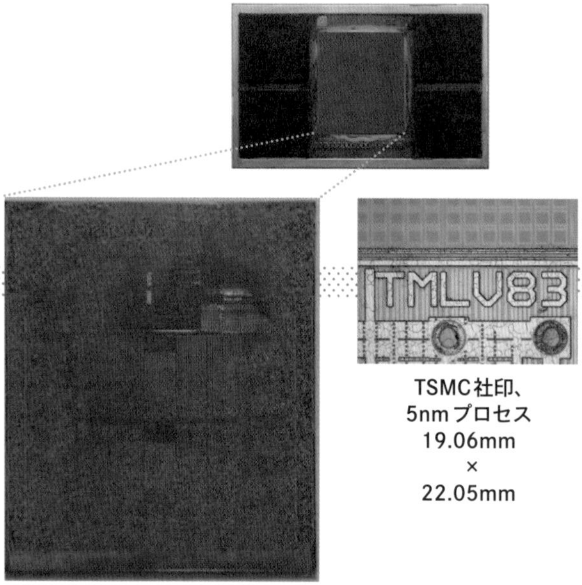

図5-33　Apple M1 Max（パッケージ剥離）

図5-31では、まずメモリがCPUに入ってしまい、他のチップも全部この1つのパッケージの中に全部集約されているのがわかります。図5-32はM1 Maxのパッケージサイズを示しています。

M1 MaxとM1 Pro開封

図5-33は、M1 Maxを開封した

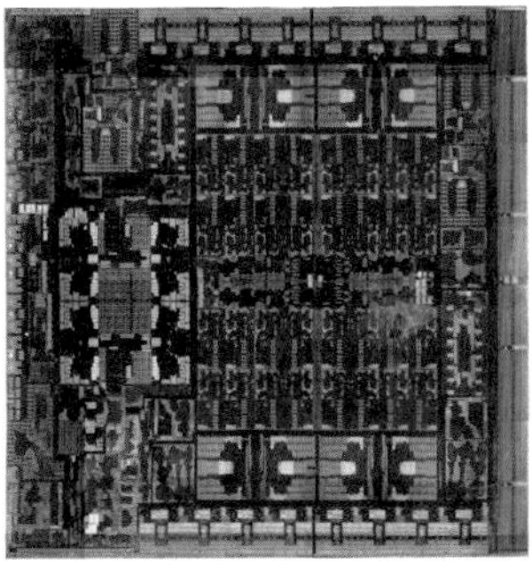

図5-34　**M1 Max**
M1 maxプロセッサのすべての配線を除去。
TSMC社5nmプロセス

パッケージサイズ（19.06㎜× 13.35mm）

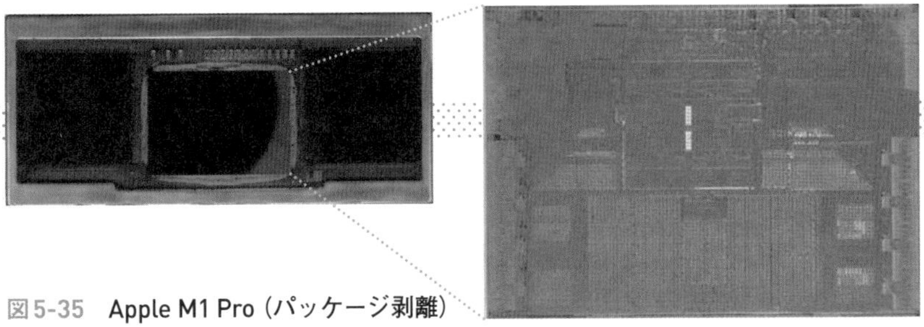

図5-35　**Apple M1 Pro（パッケージ剥離）**

TSMC社印、
5nmプロセス

図5-36　**Apple M1 Pro**
M1 Proプロセッサのすべての配線を除去。
TSMC社5nmプロセス

ものです。図5-34は、さらに配線を除去したものです。同様に図5-35、図5-36は、M1 Proを開封したものです。図5-37は右がM1 Maxで左がM1 Proですが設計の共通化を示しています。

同じく図5-38では、CPU部分を詳細に示しました。さらに図5-39ではGPU部分を示しています。

19.06mm × 13.35mm

Silicon Size (幅) は完全一致
M1 Max (右) の中央部赤矢印で
カットしたものがM1 Pro
設計共通化が成されている

19.06mm × 22.05mm

図5-37　M1 ProとM1 Maxのチップ全体比較

M1の秘密

図5-40の左側のチップ図は、Appleが当初発表したM1 Maxの模式図です。M1 Maxを実際に開封して調査したところ下の方に、インターフェース部分を発見しました。これが右の図です。このインターフェース部分を軸にして、線対称にチップをつなげると、M1 Ultraができます。並べて同じパターンのシリコンを2個並べて接続すればM1 Ultraになるのです。Mac Studioで使用されているプロセッサです。

Appleの目的は一体何なのか考えましょう。まさにスケーラブルコンピューティングなのです。CPUを1個作ると、それを2個使えばiPhone、4個使えばM1、さらに8個使えばM1 Proになるのです。これは半導体メーカーの永遠の課題を実現していると言えます。ローエンドからハイエンドまでどう作っていくのか、基本的に一番効率的なのは技術をコピー&ペーストしていくことです。Appleが得意とするコンピュータ技術を使って、コピー&ペーストで、繰り返せば繰り返えすほどスケールし優れた製品をどんどん生み出していくことができます。まさにスケーラブルコンピュータの世界を実現した――これがAppleのすごさだとわかります。

高性能コア×8＋高効率コア×2

CPU部はM1 Max/M1 Pro
完全一致したものとなっている
Performance Octa Core
Efficiency Dual Core

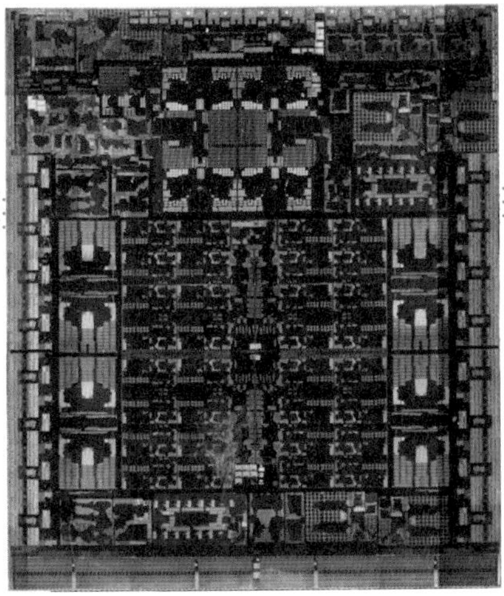

高性能コア×8＋高効率コア×2

図5-38　M1 ProとM1 Maxのチップ比較

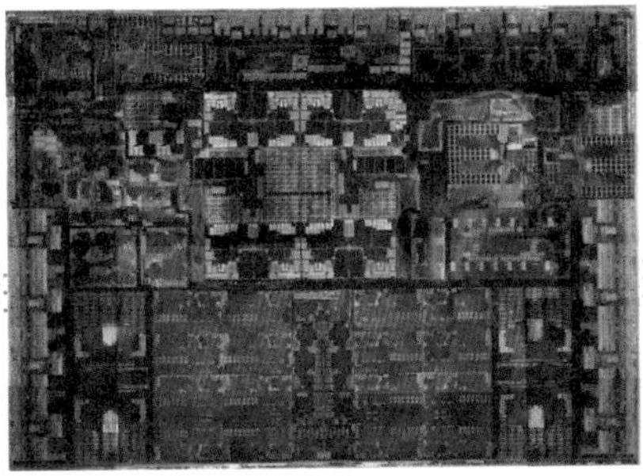

16CORE FP32 5.2TFLOPS

GPU部はM1 Max/M1 Proともに
同一コアをリピートする
M1 Max 32 Times Repeat
M1 Pro 16 Times Repeat

32CORE FP32 10.4TFLOPS

図5-39　M1 ProとM1 MaxのチップGPU部分の比較

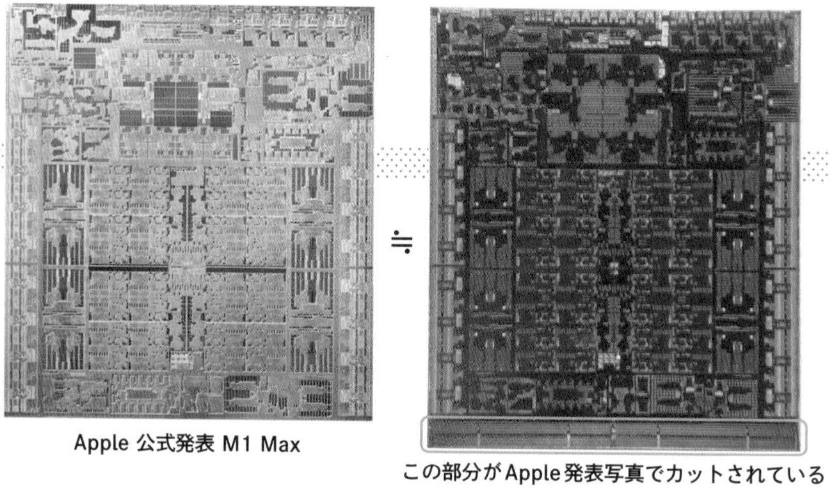

図5-40　Apple公開 M1 Max vs 実Silicon M1 Max

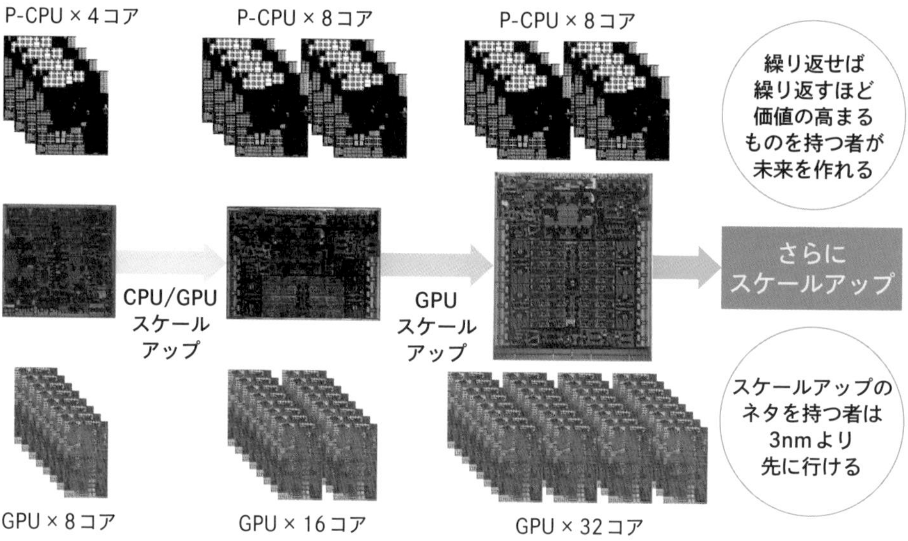

図5-41　Apple M1は教科書的なスケーラブルプロセッサ

Chapter 6

Apple TV & Home

Chapter 6

Apple TV & Home

6-1 Home Pod (2018)

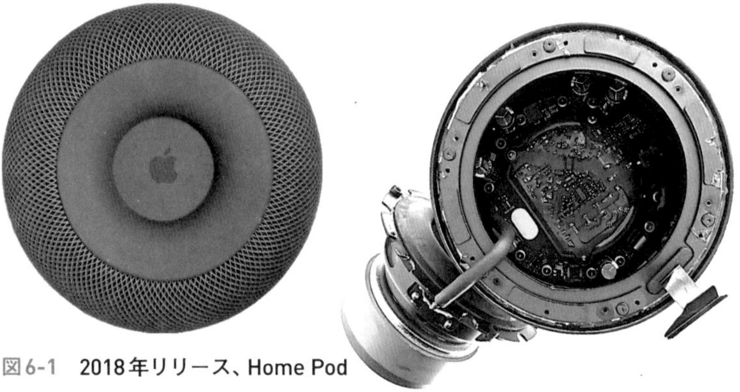

図6-1　2018年リリース、Home Pod

Home Pod 2018

2015年頃からAmazonのEchoシリーズがスマートスピーカー市場をリードする形で市場展開を始めました。Appleも追随し、Home Podを2018年にリリースしました（図6-1）。

最初に出したこのHome Podですが、ネットに接続する機能を有して、さらにスピーカーから音を鳴らすことができればいい、という体裁のものでした。

図6-2に本体を分解して基板を並べた様子です。基板を調べてい

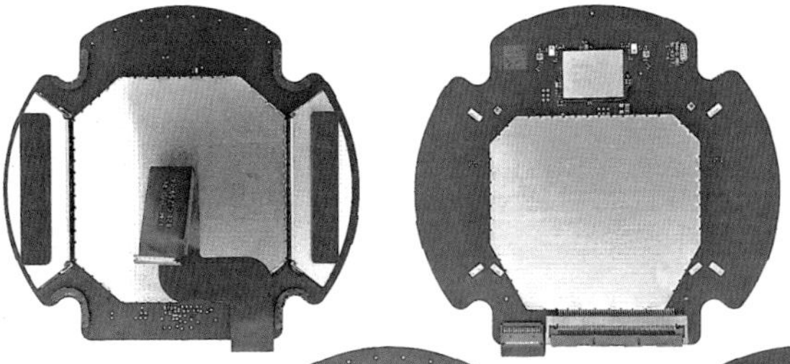
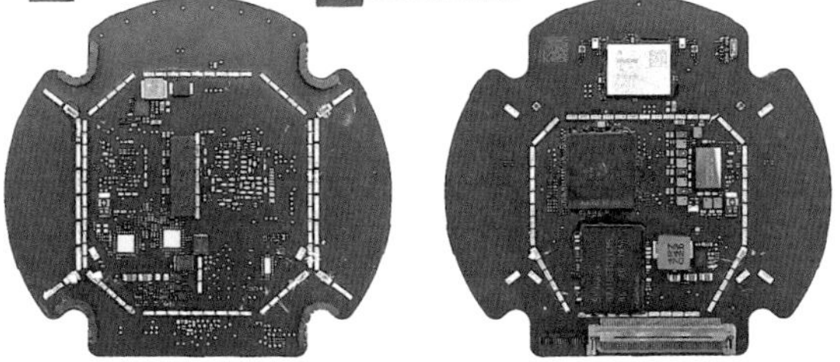

図6-2　Home Pod分解、各種基板紹介

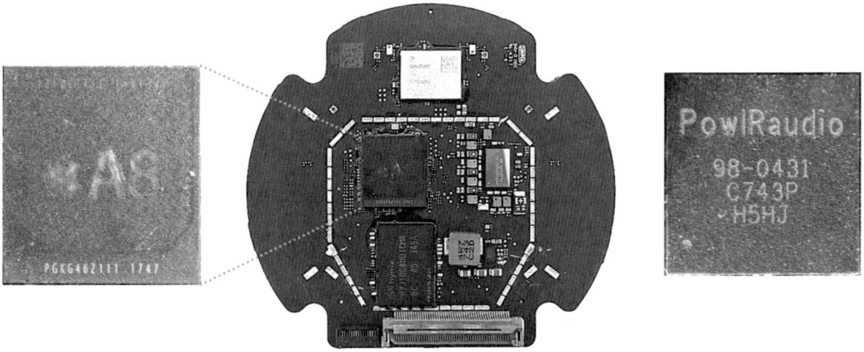

図6-3　Apple A8プロセッサが搭載されている基板

くと、プロセッサはApple A8だとわかります。2018年当時は、iPhone用にApple A14やA15プロセッサがリリースされていましたので、8年ほど前のプロセッサであるA8を利用したのがわかります。再利用と言ってもいいのかもしれません。

Home Pod 2018の非常に凝った構造

Home Pod 2018は、最初のスマートスピーカー製品なので、その意気込みが見えます。図6-4ではスピーカー群のレイアウトを示しています。小さなツイーターが全部

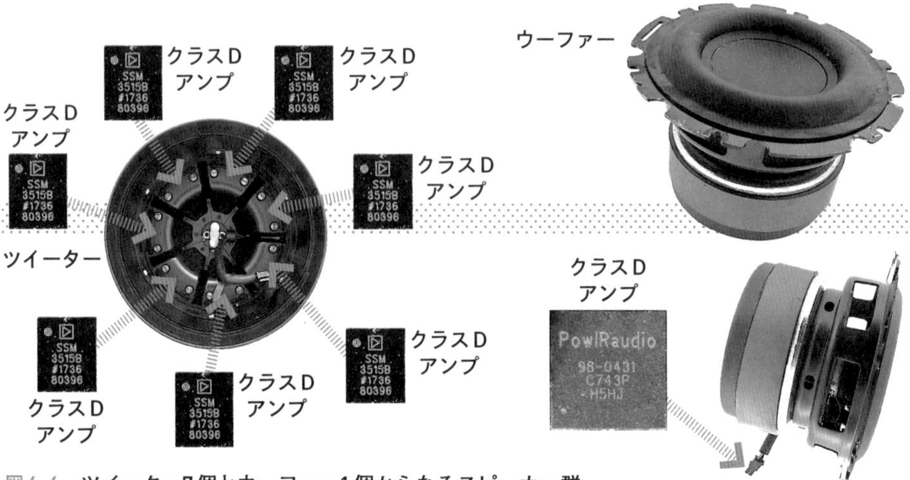

図6-4　ツイーター7個とウーファー1個からなるスピーカー群

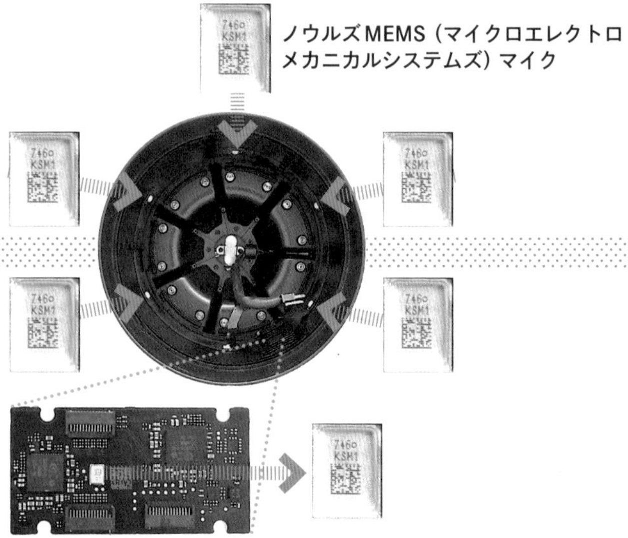

図6-5　6組のマイクロフォン

で7個搭載されています。それにウーファーが1つ搭載されています。ツイーター用に1個ずつクラスDのオーディオアンプが付属しています。ウーファーにはパワーアンプが専用に付加されており、全部で8個のスピーカーがあります。1つはアナログデバイセスのパワーアンプで、ウーファー用はドイツのInfineonです。

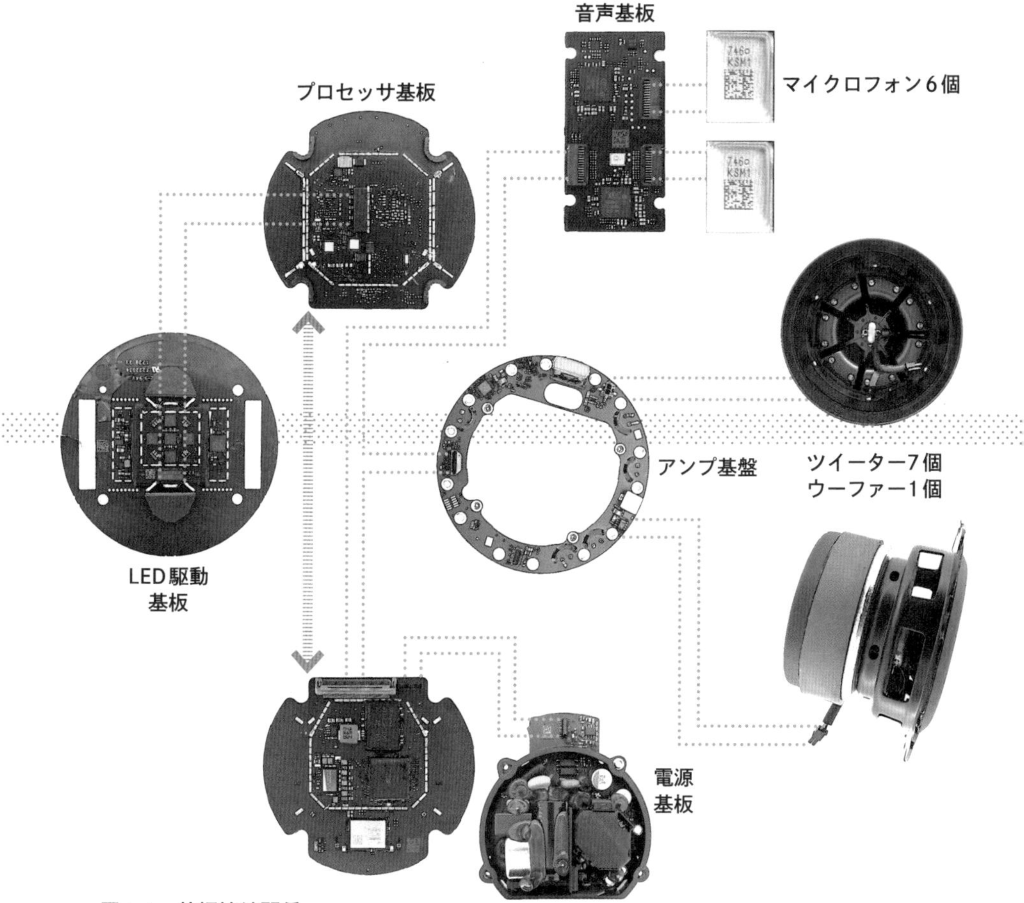

図6-6　基板接続関係

図6-5は、マイクロフォンの部分の詳細です。スマートスピーカーに向かって話しかけることで、さまざまな操作を行いますがマイクロフォンが6個レイアウトされています。

図6-6は、基板とマイクロフォンとスピーカーの接続状態です。このようにかなり手の込んだ製品をリリースしたのですが、セールス結果はあまり奮いませんでした。

図6-7　2018年リリース、Home Pod mini

6-2 Home Pod mini (2018)

図6-8　2018年リリース、Home Pod　mini

Home Pod mini（2018）

スマートスピーカーの市場拡大を狙い、Home Pod mini（2018）をリリースしました（図6-7）。今度は手の込んだ構造にせず、フルレンジのスピーカーを1個にして廉価版とも言えるスタイルです。Home Podよりも小型化して販売開始しました（図6-8）。

図6-9は、Home Pod miniを分解した様子です。中にはAppleのプロセッサが搭載されています（図

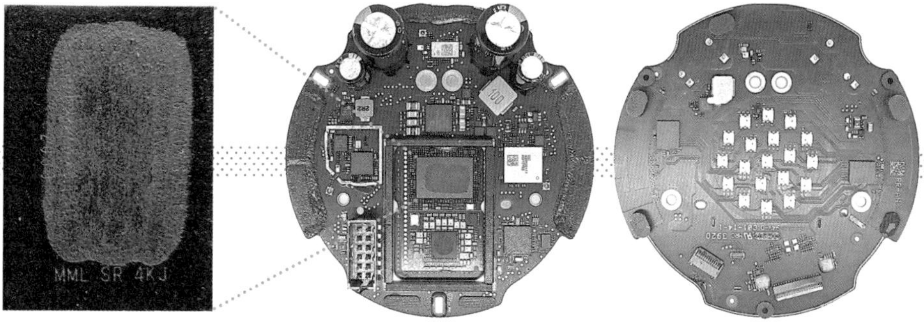

図6-9　Home Pod mini基板分解

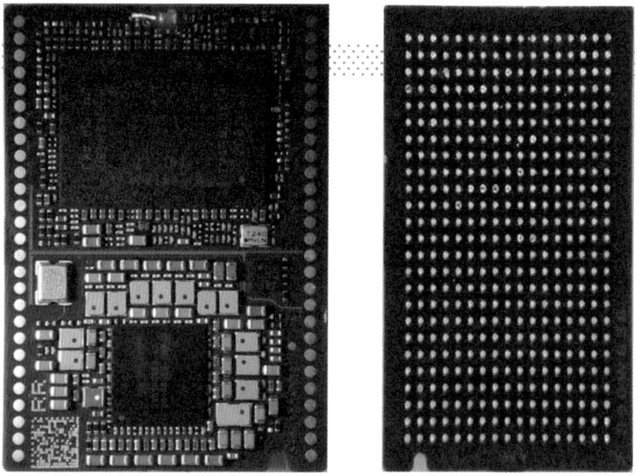

図6-10　Home Pod miniチップ

6-10)。このプロセッサは、Appleの独自に開発した、AppleWatchで使われているプロセッサがそのまま使用されていました。

Appleは、プロセッサの再利用をさまざまなところで行っているのがわかります。AppleはWatch向けプロセッサを異なるジャンルのHome Podに流用するという、自社製再利用という究極のエコシステムを行っています。とは言えWatchとHome Podは使用構造が異なるのでパッケージ構造やシリコンの実装方式の差はもちろんあります。

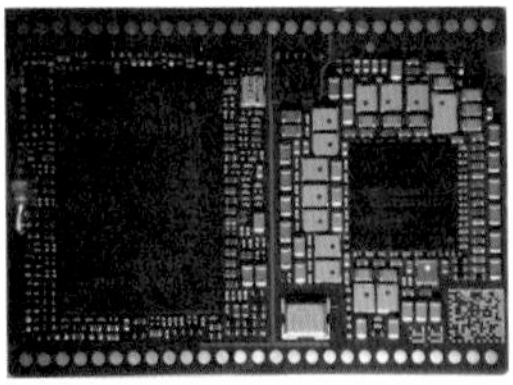

パッケージサイズ
12.9mm × 9.2mm

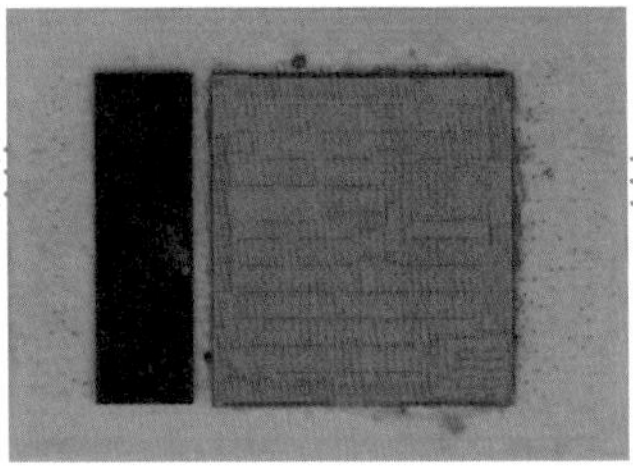

スマートスピーカーアプリプロセッサ
1GB LPDDR4 + 16GB NAND Flash

図6-11　Apple 339S00779チップ開封

5.67mm × 6.21mm

6.64mm × 1.98mm

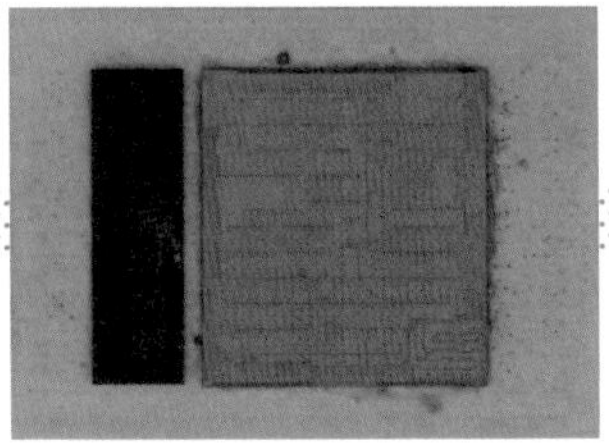

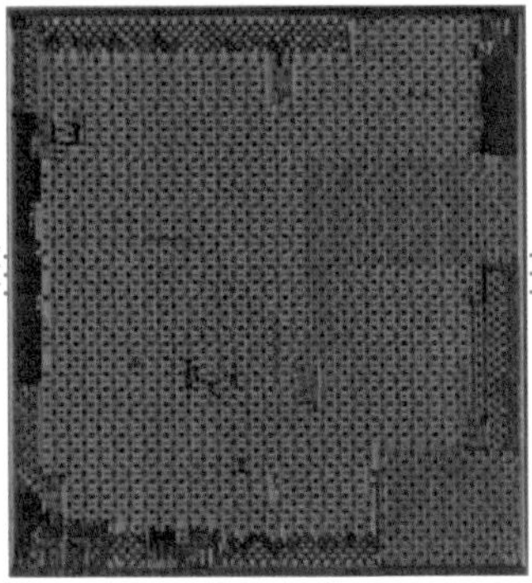

図6-12　Apple 339S00779チップ開封、シリコンサイズ詳細

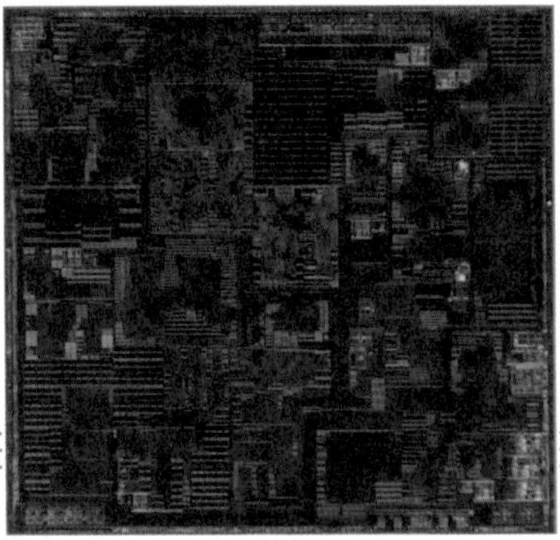

図6-13　Apple 339S00779チップ（TSMC製7nmプロセス）

図6-14 2021年4月30日発売開始AirTag

6-3 AirTag

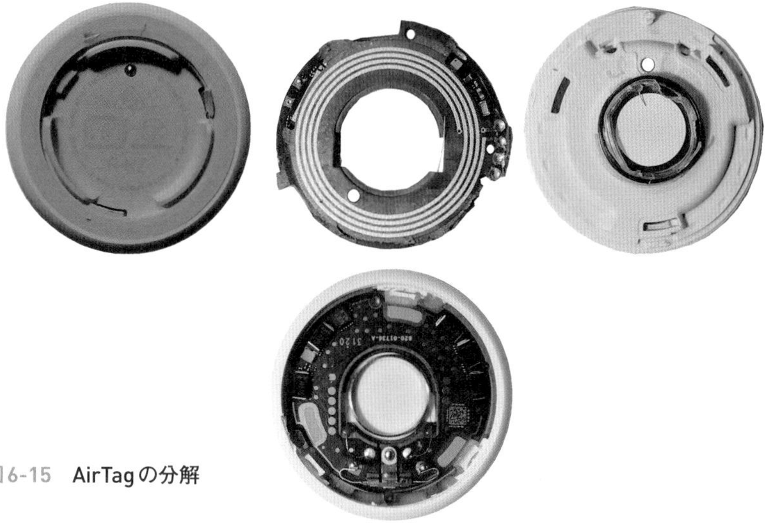

図6-15 AirTagの分解

AirTag

2021年4月にリリースされたAirTagは、通信機能を有する忘れ物トラッカーです（図6-14）。UWBとBluetooth通信を活用しセンチメートル単位での位置情報を検知できるものとなっています。図6-15に分解した様子を示します。真ん中

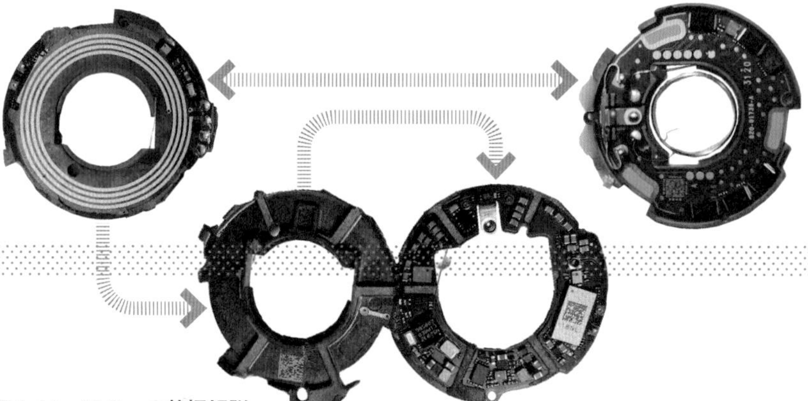

図6-16　AirTagの基板解説

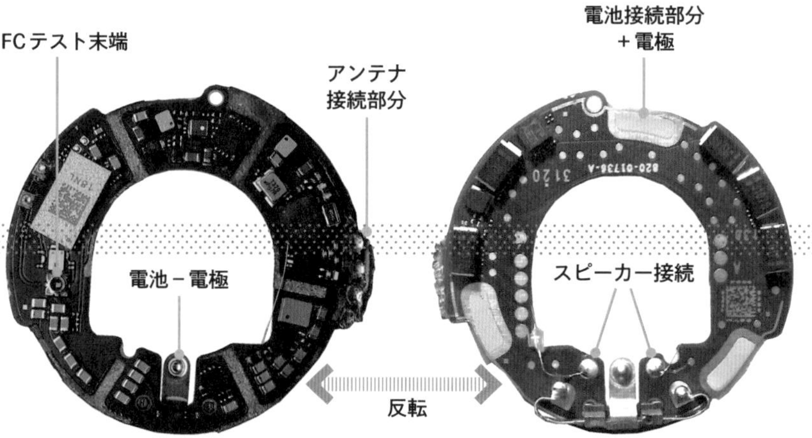

図6-17　AirTagの基板詳解

はNFC用のアンテナです。左のコイルはスピーカーです。シンプルな構造になっています。図6-16はAirTagの分解過程です。図6-17は基板の各部の解説です。基本的にはボタン電池を取り外した後は、通信基板があるだけです。図6-18はAirTagの断面形状です。

図6-19で注目するのは、UMB通信モジュールです。Bluetoothチェー

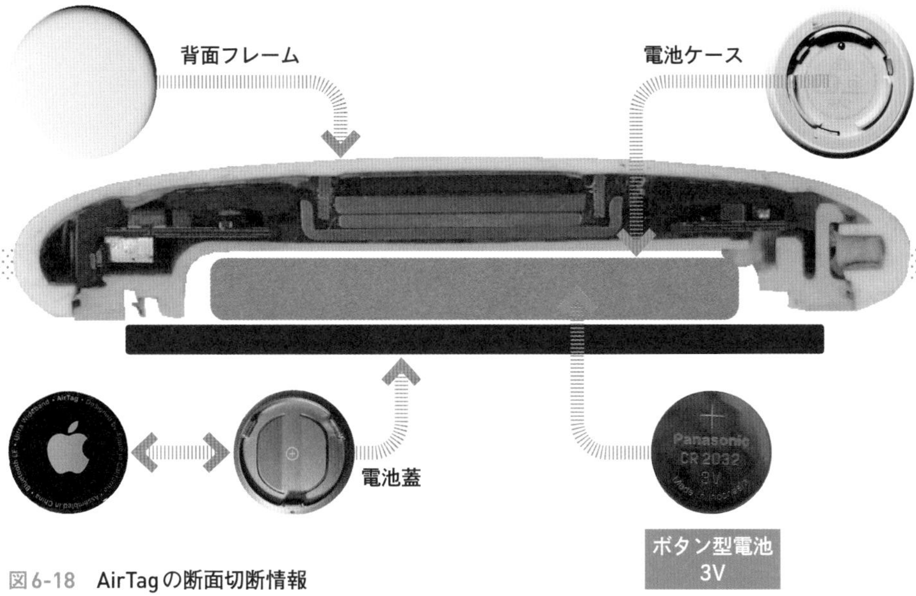

図6-18　AirTagの断面切断情報

図6-19　AirTagのチップ解説

パッケージサイズ
3.4mm × 6.3mm

図6-20　AirTagのチップ解説（Apple U1）

ンとUMBと組み合わせることで位置を確定する仕組みですが、UWBモジュールはAppleと台湾のUSI社が共同開発したものです。これにノルウェーのNordic社の実績あるBluetoothチップを組み合わせてAirTagを完成させています。

AirTagは、iPhoneやApple Watchとの連動を想定しいます。UWB通信を備えた機器は、Appleとしては3機種目です。2019年9月発売のiPhone11 ProおよびMaxに突如搭載されたUWBチップは、既存メーカーのチップではなく、Appleが独自に開発したApple U1です（図6-20、図6-21）。

自前製造の通信チップの威力

Appleに限らず多くのメーカーは「作ったもの」を多くの分野に共通で使います。開発とは共通項を探すことにあります。AppleはなぜUWBチップを自社開発したのでしょうか。まず1つは前述のように多くのApple製品に搭載することで数量を確保できることがあります。外部調達するよりもトータル

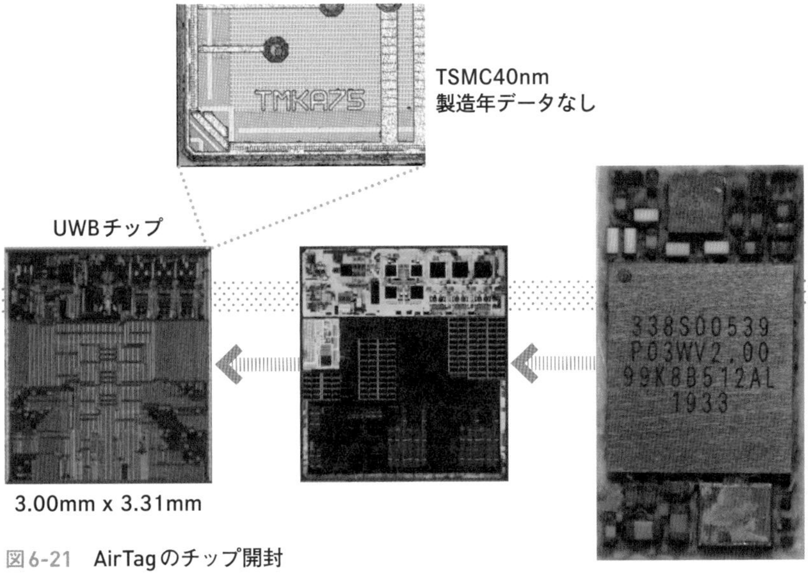

図6-21　AirTagのチップ開封

コストで安くなります。

半導体メーカー自身の利益、販社のマージン、在庫管理費などを販売製品は価格に上乗せします。しかし自前化すれば、メーカーの上乗せ分は不要になる。数量も自己管理できるという利点が大きいです。一般販売されるものであれば誰でも購入できるので「差別化」「優位化」ができなくなってしまうジレンマが常につきまといます。

しかし自前化では「差別化」「優位化」は容易に可能になります。プログラムに必要なメモリ容量も演算性能も自らコントロールできます。自前化することで外部半メーカーのいいなりになる心配もありません。Apple U1はまさにそうした位置づけのチップです。AppleはWi-Fi用チップ、Apple Wシリーズ（3種）、Bluetooth用チップApple Hシリーズを開発し、WatchやAir Podsに活用しています。Appleは今やWi-Fi/BluetoothからUWB通信まで自前化する「通信用半導体メーカー」でもあるのです。Appleは2019年にIntel（元独Infineon）から買収したLTE/5G部門も配下に持ちます。

6-4 Apple TV 4K

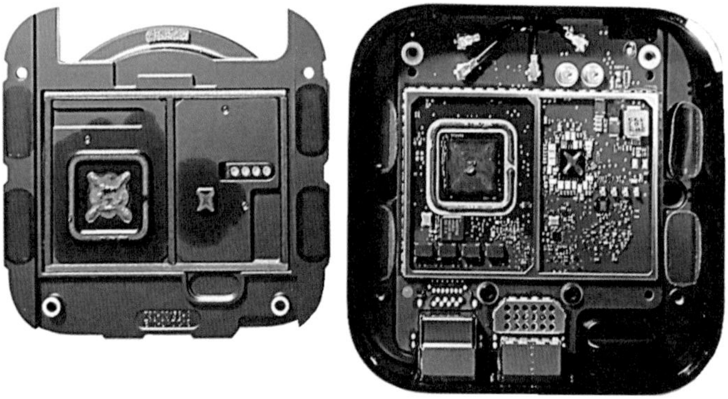

図6-22　2021年発売開始第2世代 4K対応 Apple TV 4K

Apple TV

Apple Home & TVシリーズのAppleTVを2017年モデルと2021年モデルの分解を行いました。図6-22がApple TV (2021) の分解の様子です。使用されているプロセッサの比較すると、Home Podシリーズと同様にプロセッサの再利用状況がわかりました。2017年モデルではiPadで使用されていたApple A10Xプロセッサが使用されていました。図6-23は2021年の最新モデルを分解したものですが、Apple A12はスマートフォンで

図6-23　Apple TV 4K内部構造

表6-1　Apple TV 4K 2017から2021への変化

メイン基板	プロセッサ	PMIC (電源管理IC)	I/F Convert	DRAM
TV 4K 1st 2017 	Apple A10X 	DIALOG 	MEGACHIPS 	DDR4 3GB 
TV 4K 2nd 2021 	Apple A12 	APPLE 	MEGACHIPS 	LPDDR4X 4GB 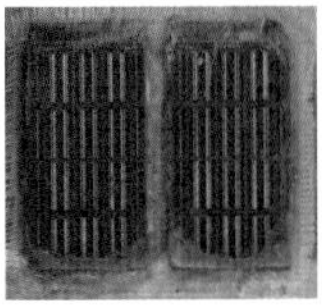

使用されていたプロセッサです。

表6-1にAppleTVを2017年モデルと2021年モデルの変化をまとめました。Apple TVで特徴的なのはHDMIつまり画像ディスプレイとのインターフェースコントローラです。これには日本のMega Chipsが採用されています。Appleからすると HDMIのビジネスにはあまり興味がなく、ブリッジチップは外部調達をしているのがわかります。

Chapter 7

iMac Pro、Mac Pro、Mac Studio

Chapter 7

iMac Pro、Mac Pro、Mac Studio

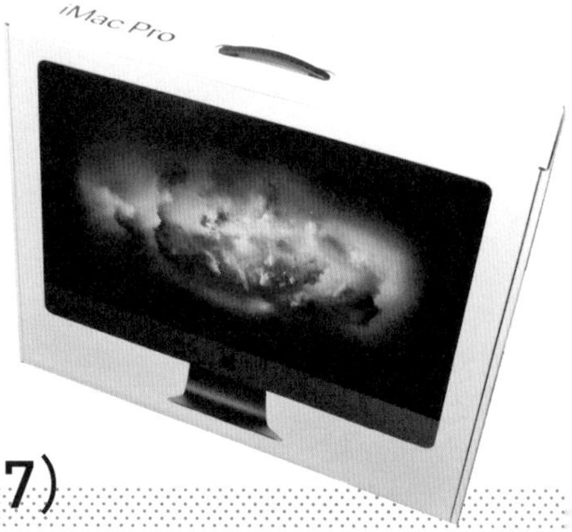

図7-1　iMac Pro

7-1 iMac Pro (2017)

図7-2　iMac Proフロントパネル外し

iMac Pro (2017)

図7-1、図7-2は、2017年発売のディスプレイ一体型のハイエンド機種iMac Proの分解の様子です。図7-3に示すように内部には巨大な空冷ファンが2個搭載され、基板につながっています。またCPU、GPUにはそれぞれヒートパイプが接続され放熱に寄与しています（図7-4）。CPUはIntel Xeonの18コア、GPUはAMD Radeonで、メモリと演算コアが一体となったものが使われています。このiMacは見てのとおり、1つの筐体の中に2017年当

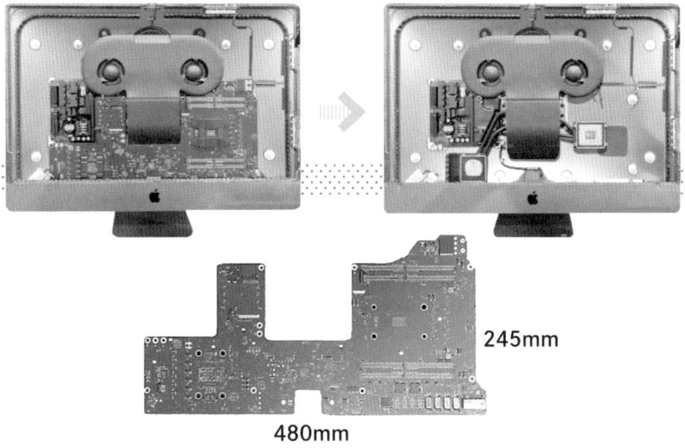

図7-3 iMac Proマザーボード外し

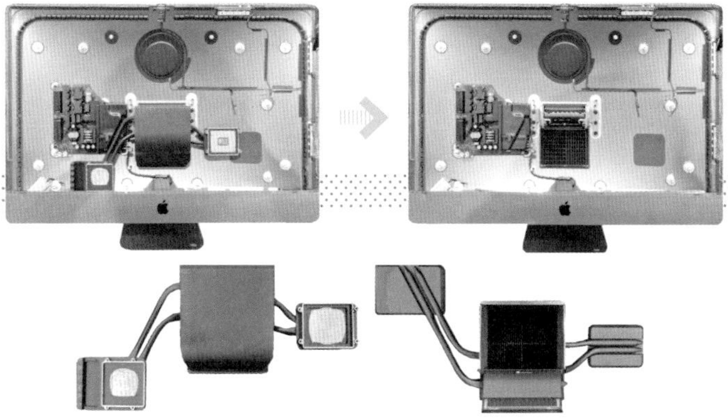

図7-4 iMac Proヒートパイプ外し

時の最高級のコンピュータが入っています。

iMac Proの部品構成

マザーボードには、Intel Xeon W-2191B (Skyalake) で18コアのサーバ用が載っています (図7-5)。さらにGPUとしてAMD Radeon VEGA 64が載っています (図7-6)。図7-7では、SSDメモリとこのストレージメモリのセキュリティを担保するために、セキュアエンジンとして、Apple T2セキュアエンジンが載っています。Apple T2セキュアエンジンは、メモリユニットの

図7-5 iMac Proマザーボード（Intel Xeonプロセッサが搭載）

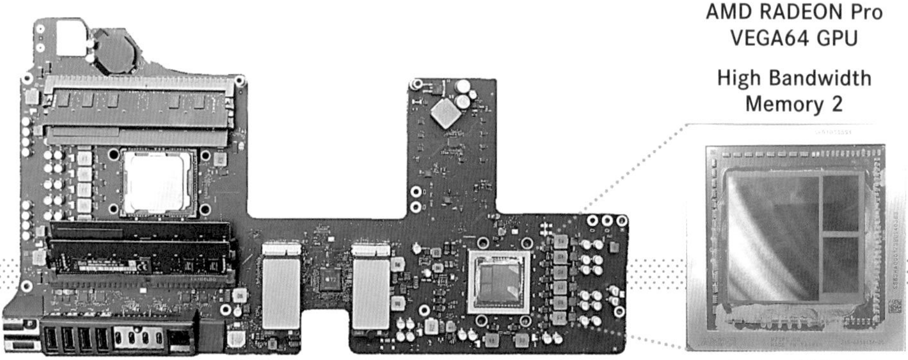

図7-6 iMac Pro（GPUとしてAMD RADEON Pro VEGA64 が搭載）

下にレイアウトされています。つまり、iMac Proは、IntelとAMDとAppleのセキュアコントローラが1つに組み合わさってできた製品だとわかります。

各プロセッサの中身

図7-8はIntel XEON W-2191Bのパッケージを外した状態です。図

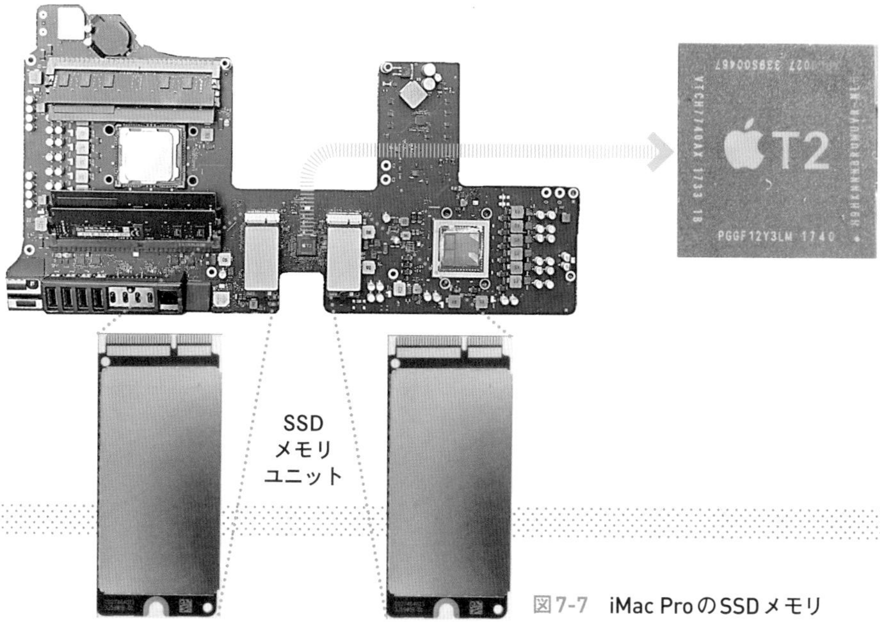

図7-7 iMac ProのSSDメモリ

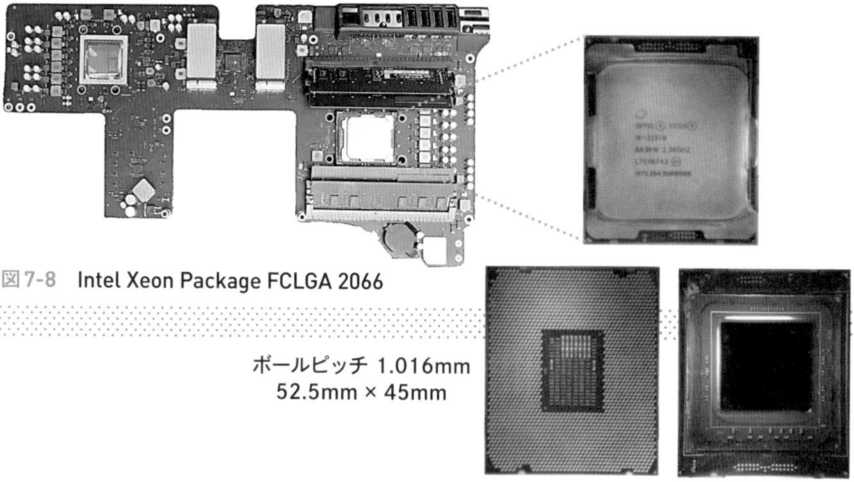

図7-8 Intel Xeon Package FCLGA 2066

7-9はさらにパッケージを剥離したものです。左の黒い長方形がキャパシタです。この長方形が18個というコア数をそのまま表します。

図7-10は、Xeonのコアの場所や各種インターフェースなど配置を示しています。

図7-11はAMD Radeon VEGA 64の基板上での場所とパッケージを取り除いた状態です。左の写真か

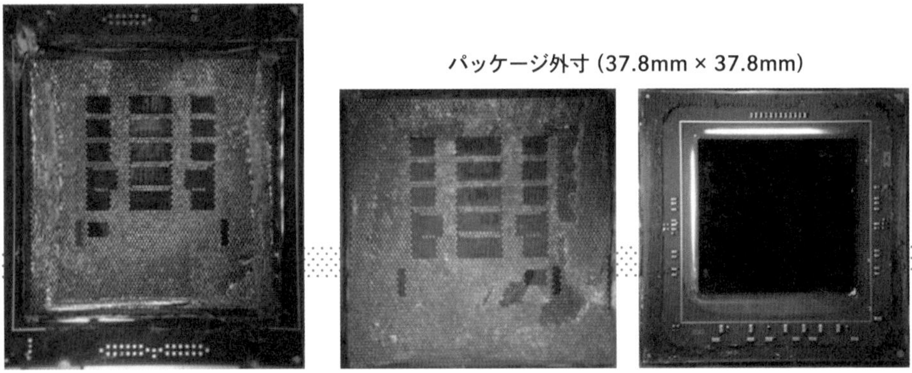

図7-9　2層パッケージ

CPUスカイレイク
- 64ビット
- 18コア
- 36スレッド
- 動作周波数2.3GHz（ターボ時4.3GHz）
- L1キャッシュメモリ32KB＋32KB×18
- L2キャッシュメモリ18MB
- L3キャッシュメモリ24.75MB
- DDR4 2666メモリ512GB
- PCIe 3.0：48レーン

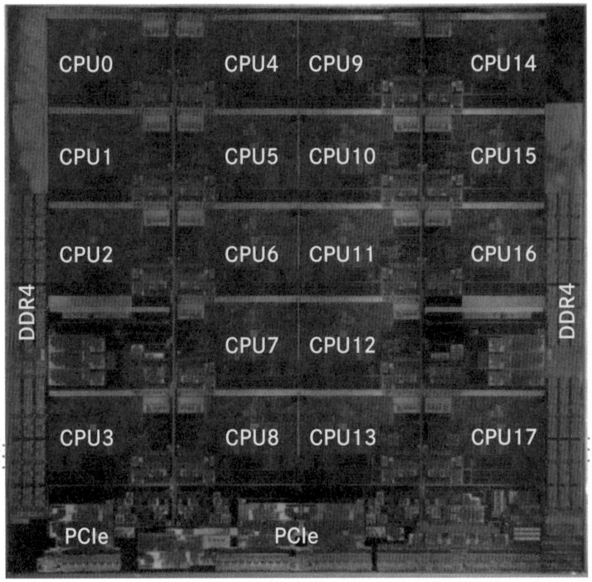

図7-10　Intel 14nmプロセスチップ

らは、プロセッサ部分とメモリ部分がわかります。図7-12はプロセッサ上のメモリインターフェースです。図7-13はAMD Radeon VEGA 64の演算部分の拡大図です。

図7-14はシリコンインターポーザーを使用してメモリの共有を示しています。ハイバンドウィズメ

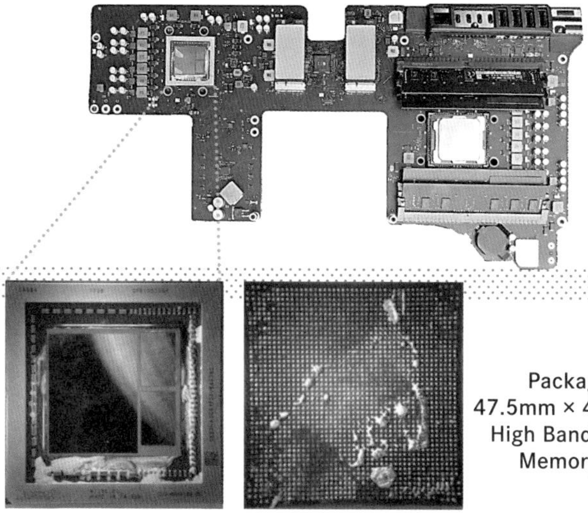

図7-11　Vega64パッケージ

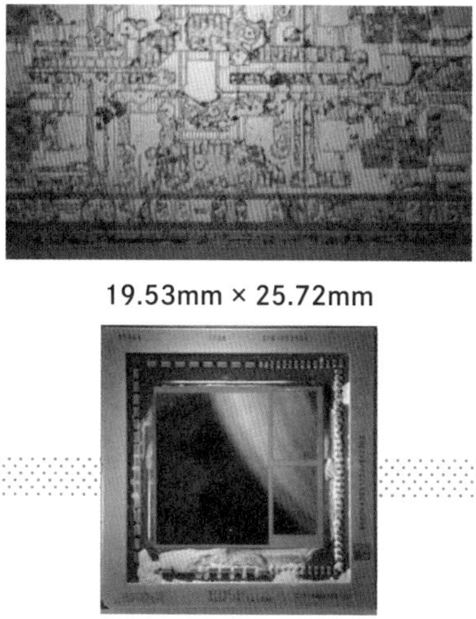

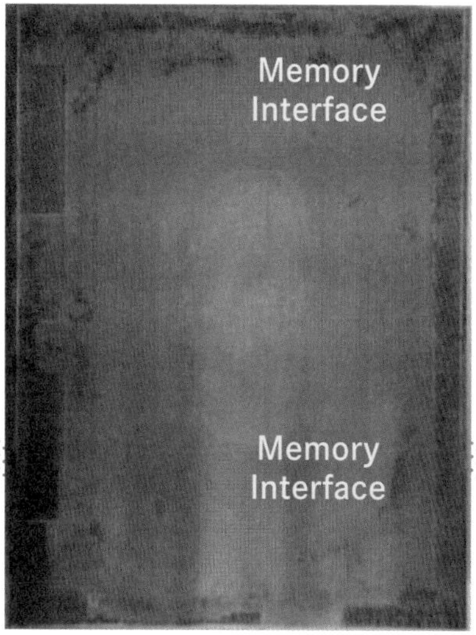

図7-12　Global Foundries 14nmプロセス（2016年）

モリ（HBM）技術を使用しています。HBM技術はプロセッサとメモリを1つのシリコンに並べて複数枚積層して配置するものです。

Appleのセキュアプロセッサの中には4枚のDDRのメモリが内蔵されていることを図7-15で示しました。

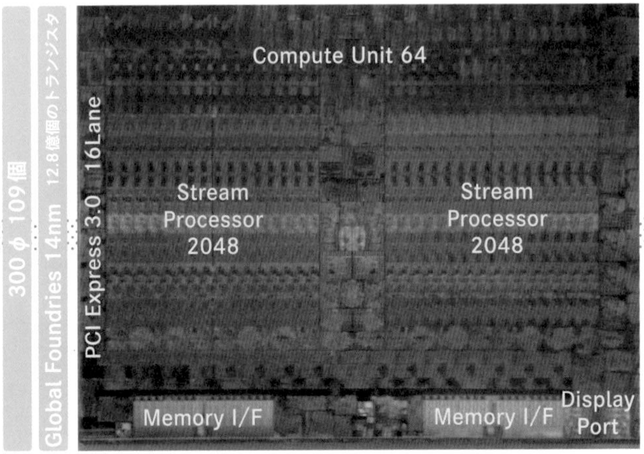

図7-13 AMD Radeon Vega 64

図7-14 AMD Radeon VEGAチップは、HBM技術を使用しメモリを4枚積層して配置し利用できるようになっている

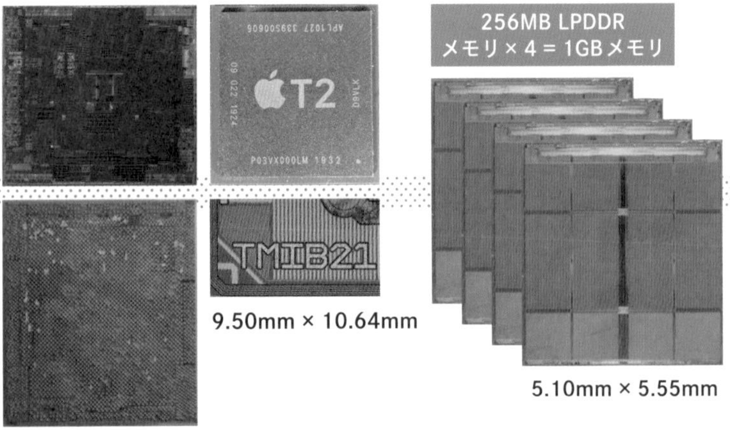

図7-15 Apple T2セキュアチップの中には4枚のメモリが搭載されている

7-2 Mac Pro (2018)

図7-16　Mac Pro

MacPro (2018)

Mac Proの内部には巨大なヒートシンクと、GPU搭載ボードと、空冷ファンが搭載されています(図7-16、図7-17)。メイン基板にはIntel W3275、GPUとしてAMDのVega II Proが2基も載っています(図7-18)。iMac ProとMac Proの

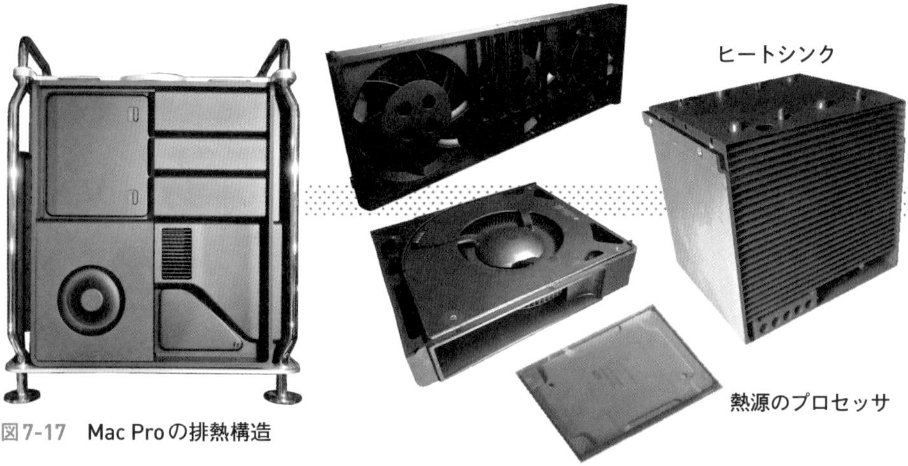

図7-17　Mac Proの排熱構造

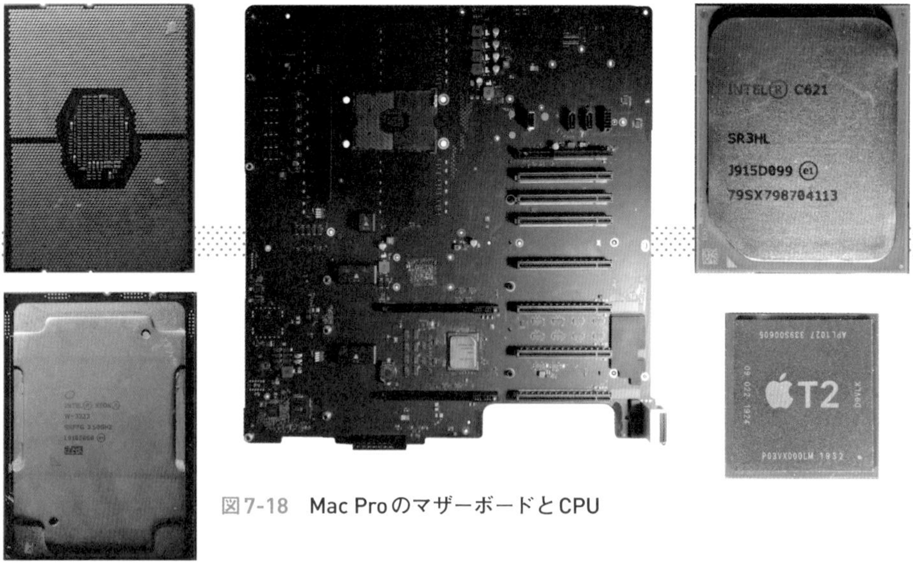

図7-18　Mac Proのマザーボードと CPU

表7-1　iMac ProとMac ProのCPUとGPU比較

製品概観	内部構成	プロセッサ	GPU	サウスブリッジ
	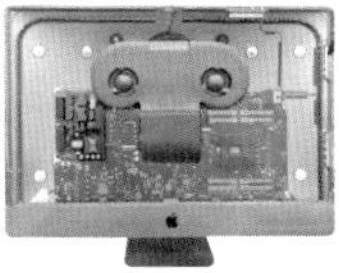	Intel W-2191 18CORE 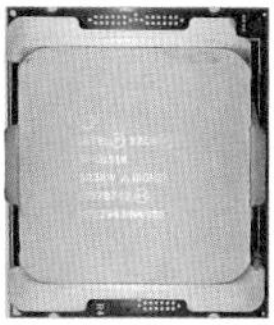	AMD RADEON Vega II Pro 	Intel X723 
		Intel W-3275 28CORE 	AMD RADEON Vega II Pro x 2 	Intel C621 

図7-19　Intel XEON W-3175Xプロセッサ

違いは、CPUのコア数にあります。18コアから28コアに増えていることです。GPUも2個ですが、これがサウスブリッジインターフェースで組み合わされています。コア数28個のCPUは破格の性能を誇ります。動画編集やソフトウェア開発におけるコンパイルなども軽快に行うことができます。iMac ProとMac Proのチップ比較を表7-1にまとめました。図7-19、図7-20にはCPUのパッケージを取り除いた様子です。図7-21は、Intel Xeonのコア数のレイアウトです。

図7-20 Intel XEON（パッケージ剥離）

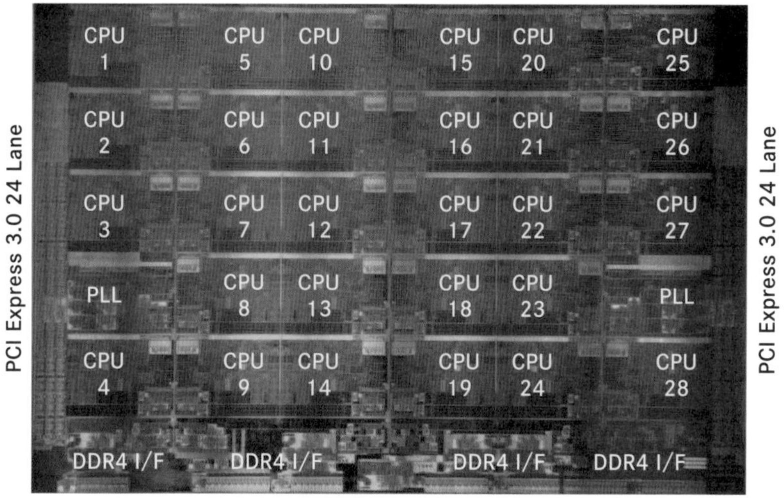

図7-21 Intel XEON W03175X 配線層剥離

7-3 Mac Studio (2022)

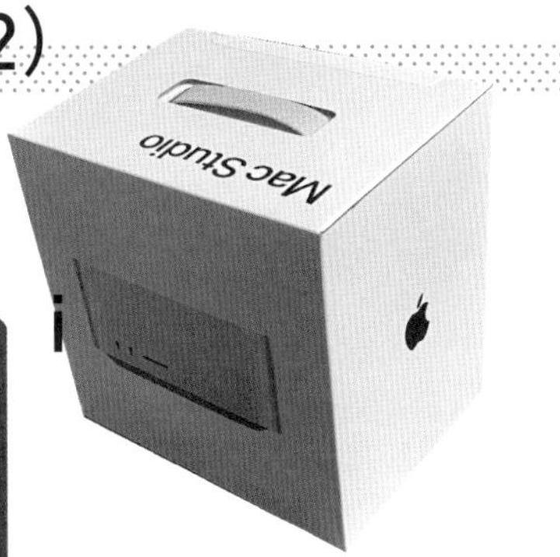

図7-22 Mac Studio (2022年3月18日 発売開始)

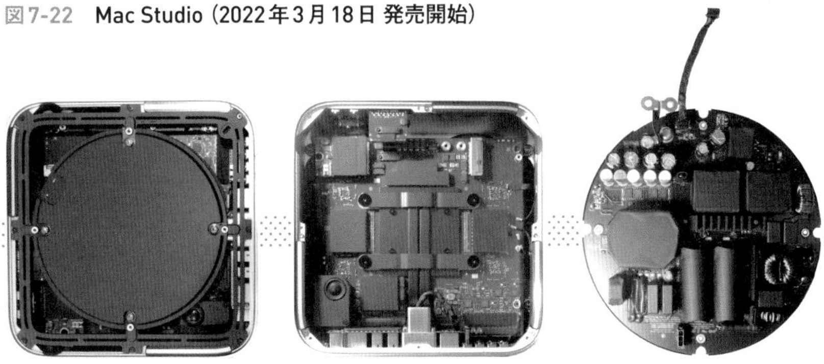

図7-23 Mac Studio分解①

Mac Studio (2022)

Mac Studioは、2022年3月にリリースされました(図7-22)。Apple Processor M1 Maxを2基統合したM1 Ultraを採用したMac Studioの特徴は内部の空冷ファンの大きさです(図7-23、図7-24)。図7-25の中央にはヒートシンクの様子です。図7-26、図7-27は主基板の様子です。ここにM1 Ultraが搭載されています。

図7-28はPMIC(電源管理IC)が4個レイアウトされ、プロセッサが2個並べられている様子です。周囲はDDRメモリです。

図7-29はM1 Ultraの断面図です。

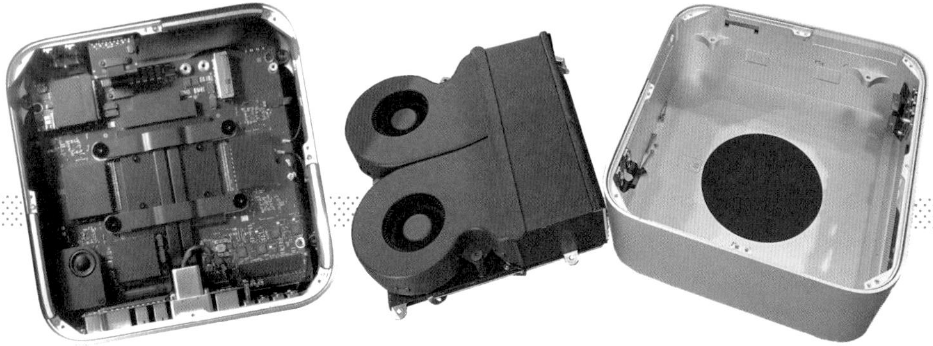

図7-24　Mac Studio分解②

図7-25　Mac Studio分解③

その断面の部分で2つのシリコンが、向い合わせになり、その下に接続用のシリコンインターポーザーがあります。これでつながっています。図7-30は、M1 Ultraのボール数を比較しています。

M1シリーズの展開

表7-2に、M1を搭載したコンピュータ比較をまとめました。MacBook ProはM1 Maxを1個搭載しているのに対して、Mac Studioでは2個です。LPDDR5メモリが64GBも2倍の128GB、PMICも2個が、4個になっています。表7-3に示しますが、つまりM1 Ultraは2シリコンをシリコンインターポーザーで貼り合わせるだけでなく、すべてが2倍化されています。プロセッサの

図7-26 Mac Studio基板①

図7-27 Mac Studioの基板②

電源を管理するパワーマネージメントIC、基板裏面に設置されるシリコンキャパシタもM1 Maxの2倍に拡張されています。まさにスケーラブルコンピューティングを実践しています。

表7-4では、iMac Pro（2017）から2019年のMac Pro、Mac Studioを比較しています。主基板のサイズが170㎜×170㎜四方程度まで小さくなっています。

表7-5では、CPUやGPUがそれぞれ別チップだったのがワンチップに集約していく様子をまとめています。これまでは1つのコンピュータを作り上げるのにIntelやAMDのさまざまなチップ必要でしたが、アップル自前の半導体で作るようになって、ワンシリコンで完成するようになりました。

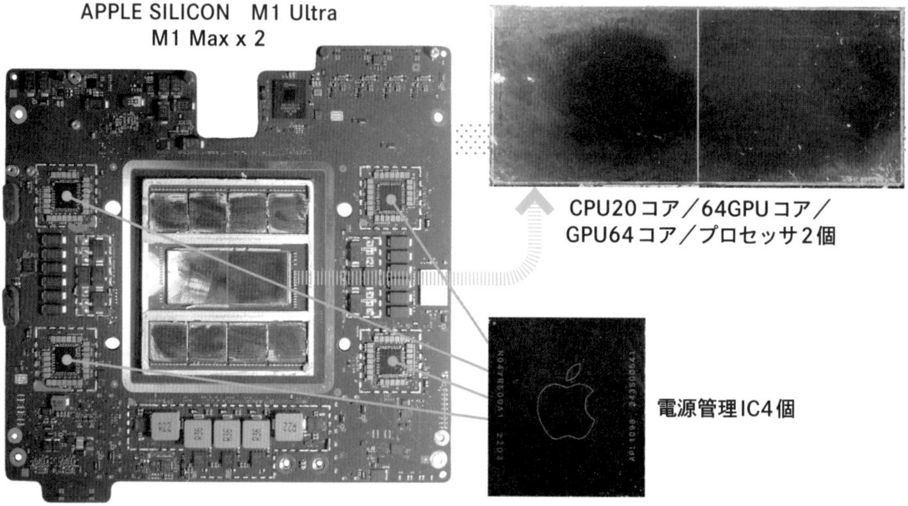

図7-28　Mac Studio基板③

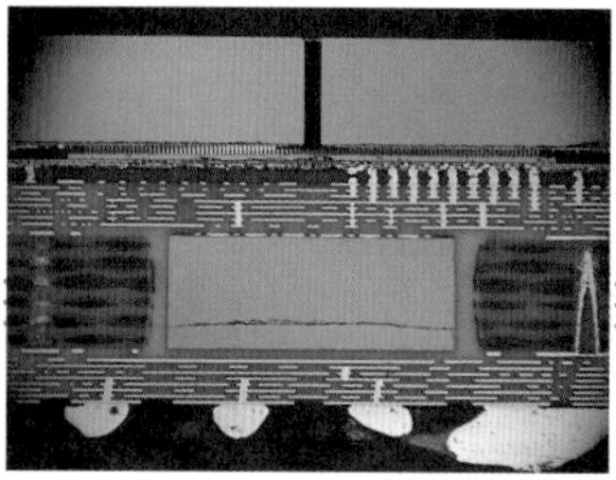

図7-29　CPU積層断面

図7-30　CPUボール数

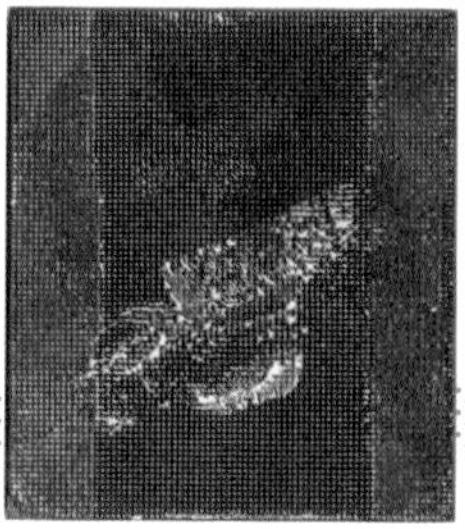

ボール数：7,116個

ボール数：2,406個

微細化ができれば、機能の集約共有化が可能になります。IntelのCPUとアップルを比べた場合、内部の比率を見るとIntelのチップは、CPUとGPUでチップ全体の7割程度を占めているのに対して、Appleはペリフェラル、つまりディスプレイコントロールや、セキュアエンジンなどもすべて1つのシリコンに組み込んでいます。そのために実はCPU・GPUの占める面積が

表7-2　M1 MaxとM1 Ultraチップセット一覧

	プロセッサ	DRAM最大容量	電源管理IC	キャパシタ
2021 MacBook Pro 	Apple M1 Max (M1 Max x 1) 	16GB x 4 64GB 	Apple APL1098 x 2 	Apple APL1028 x 5 
2022 Mac Studio 	Apple M1 Ultra (M1 Max x 2) 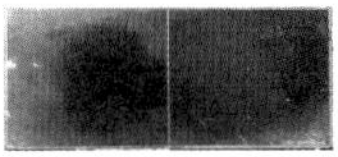	16GB x 8 128GB 	Apple APL1098 x 4 	Apple APL1028 x 10 

表7-3　Apple M1 Series Package一覧

Apple M1	Apple M1 Pro	Apple M1 Max	Apple M1 Ultra
27.8mm x 23.2mm LPDDR4X 8GB PMIC APL1096 x 1 PMIC APL1097 x 1 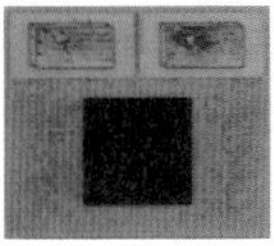	24.9mm x 56.6mm LPDDR5 Max 32GB PMIC APL1098 x 2 	35.6mm x 56.6mm LPDDR5 Max 64GB PMIC APL1098 x 2 	64.6mm x 71.0mm LPDDR5 Max 128GB PMIC APL1098 x 4 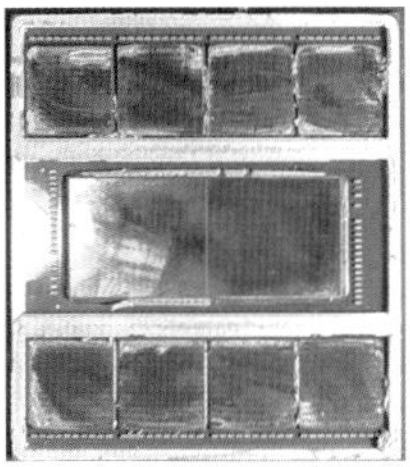
CPU P x 4 + E x 4 GPU 8 Core NE 16 Core TSMC 5nm	CPU P x 8 + E x 2 GPU 16 Core NE 16 Core TSMC 5nm	CPU P x 8 + E x 2 GPU 32 Core NE 16 Core TSMC 5nm	CPU P x 16 + E x 4 GPU 64 Core NE 32 Core TSMC 5nm

大きく見えますが、全体では4割程度になっています。

Appleの過去のコンピュータはIntel/AMDの組み合わせでシステム全体を構成するためのPeripheral (Others) 機能が図7-31のグラフのように比率の小さいものになっていました。Southbridgeやセキュ

表7-4 Apple最上位コンピューター一覧

製品外観	主基板	CPU	GPU
2017 iMac Pro 	482mm x 248mm 	Intel XEON W2191 18コア 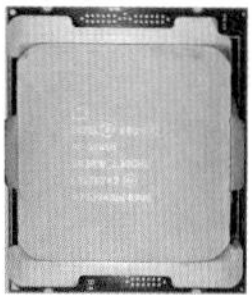	AMD RADEON VEGA64 HBM2 
2019 Mac Pro 	404mm x 397mm 	Intel XEON W3275 28コア 	AMD RADEON VII HBM2 
2022 Mac Studio 	170mm×170mm 	Apple M1 Ultra CPU20コア、GPU64コア 	

表7-5 Mac Pro/iMac Proコアチップ比較

	AMD GPU	Intel CPU	Intel Southbridge	Apple T2
2019 Mac Pro 	TSMC 7nm 660.6mm^2 7680 Stream CORE 	Intel 14nm 679.9mm^2 28CORE/56THREAD 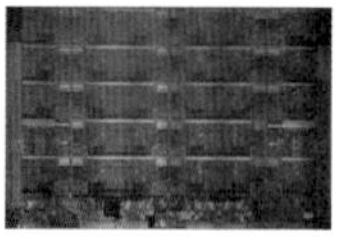	Intel 22nm 98.5mm^2 PCI Express 3.0 	TSMC 28nm 101.1mm^2 Secure Key Store 
2017 iMac Pro 	GF 14nm 502.3mm^2 4096 Stream CORE 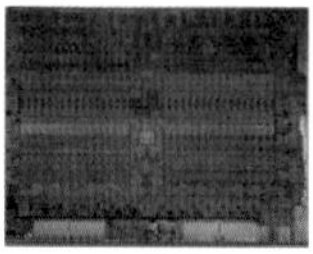	Intel 14nm 474.6mm^2 18CORE/36THREAD 	Intel 22nm 64.8mm^2 PCI Express 3.0 	TSMC 28nm 101.1mm^2 Secure Key Store 
2021 MacBook Pro 		TSMC 5nm 420.3mm^2 CPU P-CORE x 8 + E-CORE x 2 GPU 32CORE 4096 Processing Unit Media Processor Secure Engine Neural Processing Unit		Appleとして過去最大サイズのチップだがIntel/AMD/NVIDIAらのプロセッサと比べるとけっして大き過ぎるというわけではない

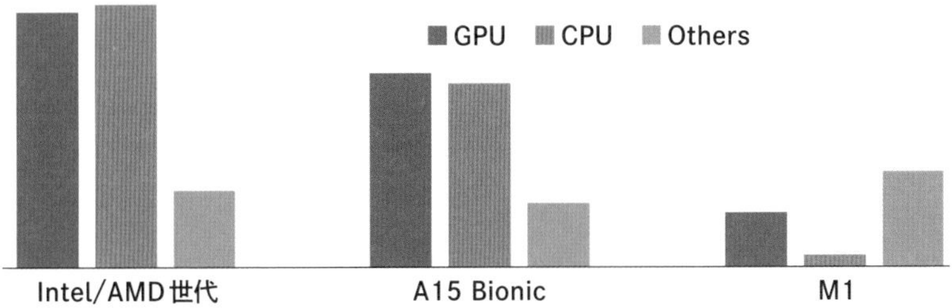

図7-31 Appleがなんとかしたかったのは Peripheral（グラフでは Others）

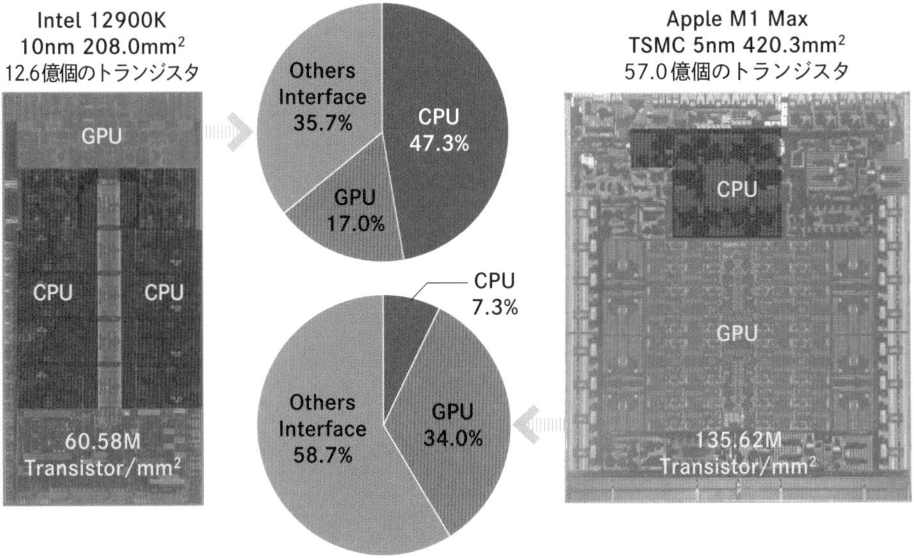

図7-32 2021年インテル12世代 vs Apple M1 Max

アエンジンなどシステムを構成するためにはプロセッサだけでなく多くの機能やインターフェースが必須です。AppleはM1で非常に多くのPeripheral機能を1チップに取り込みました。Apple M1はプロセッサ機能を含む、真のSystem On Chipになっています。iPhone13で採用されるA15 Bionicもシリコンの49.4%はPeripheral機能となっています。図7-32のグラフでは、CPU、GPU以外の周辺機能の方が面積が大きく見えますが、外部インターフェースを除く、周辺機能の面積比ではかなり小さなものになっています。

Chapter 8

iPhone 14 Pro

Chapter 8

iPhone 14 Pro

■主な機能
- ・ディスプレイ：6.1インチOLED Super Retina XDR
  2556 × 1179解像度120Hz
- ・OS：iOS16
- ・カメラ：アウトカメラ48M画素＋12M画素×2＋3D LiDAR
  インカメラ12M画素＋Face ID
- ・4Kビデオ撮影：60fps
- ・回線：GSM/CDMA/HSPA/EVDO/LTE/5G
- ・Wi-Fi：ax/ac/a/b/g/nデュアルバンド
- ・Bluetooth 5.3：A2DP（Advanced Audio Distribution Profile）/ LE Audio
- ・その他：NFC＋GNSS/A-GPS/GLONASS/Galileo…

256GBモデル価格
164,800円（税込）

図8-1　iPhone14 Pro機能の向上と変化

8-1 iPhone 14 Proのリリース

2022年9月16日に発売開始になったiPhone14 Proは（図8-1）、外観や構造ともに2021年モデルのiPhone 13 Proとほぼ同じです（図8-2）。しかし、その内部構造は大幅に入れ替わっています。ご存じのようにiPhoneはほぼ3〜4年で大幅なモデルチェンジを行っています。2020年のiPhone 12からエッジフォーム（角ばったフレーム）に

図8-2　iPhone13 ProからiPhone14 Proへ日数

変わったiPhoneにとってiPhone 14は3年目のモデルになっています。iPhone12を起点として3年目モデルなので、外観はマイナーチェンジに留まっています（とは言っても毎年内部は大幅に変更しています）。本体には全面・裏面ともに硬強度のゴリラガラスが使われています（図8-3）。

ディスプレイと スピーカーの取り外し

図8-4はディスプレイとスピーカーを取り外した様子です。ここから本格的な分解過程になります。

図8-5は金属シールドの取り外しと、発熱対策のために貼られているグラファイトシートを剥がしています。図8-6はカメラの裏の金属シールドを外しています。

図8-7で3眼カメラを取り外しています。図8-8で顔認証で使用するフェイスカメラを外しています。

図8-3　Apple iPhone 14 Pro 外観

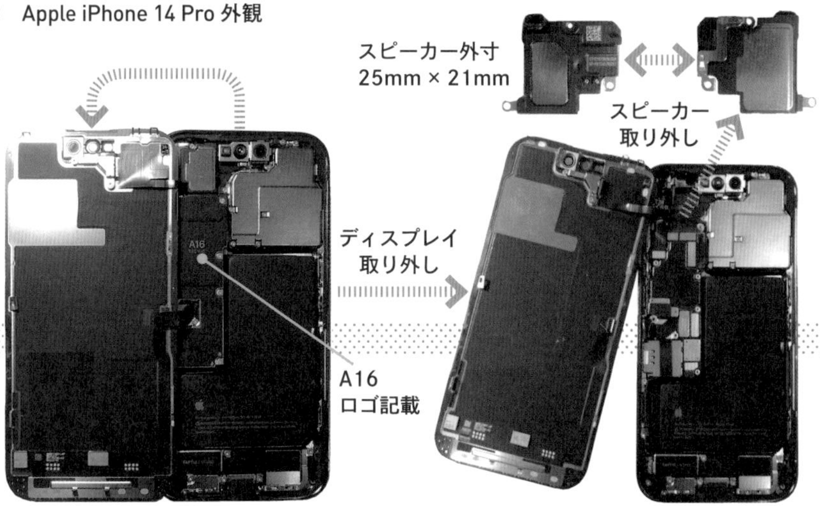

図8-4　Apple iPhone 14 Pro 分解 ①ディスプレイ、スピーカー取り外し

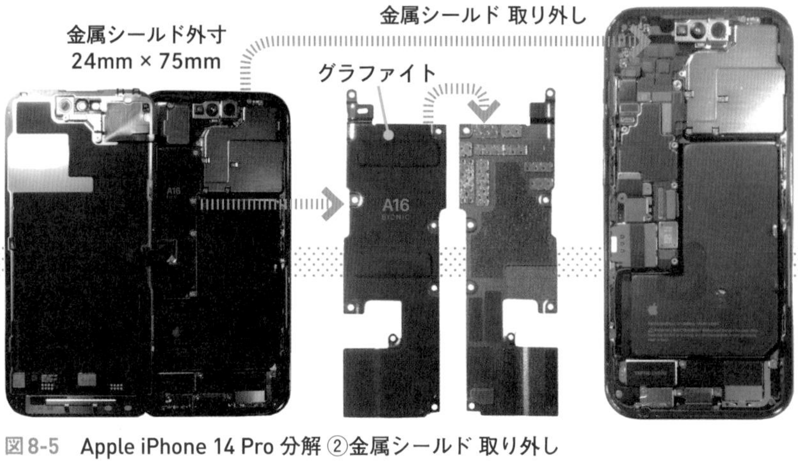

図8-5　Apple iPhone 14 Pro 分解 ②金属シールド 取り外し

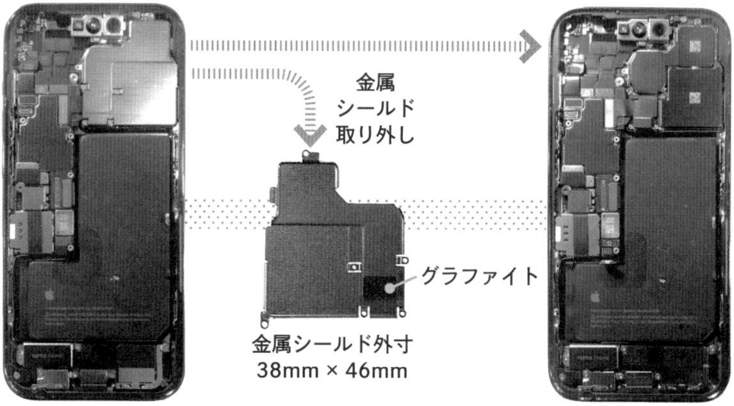

図8-6　Apple iPhone 14 Pro 分解 ③金属シールド 取り外し

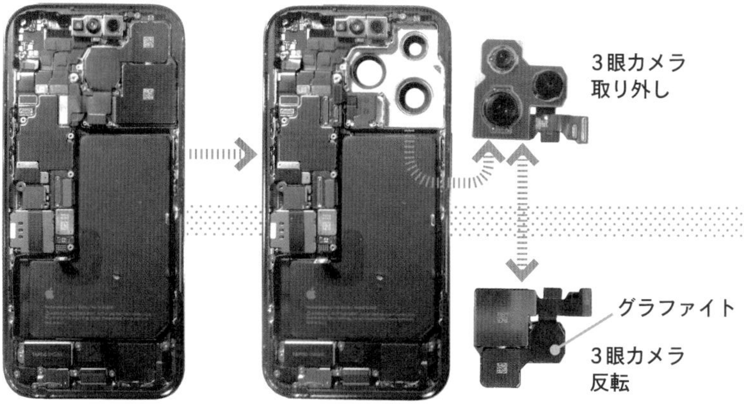

図8-7　Apple iPhone 14 Pro 分解 ④カメラ取り外し

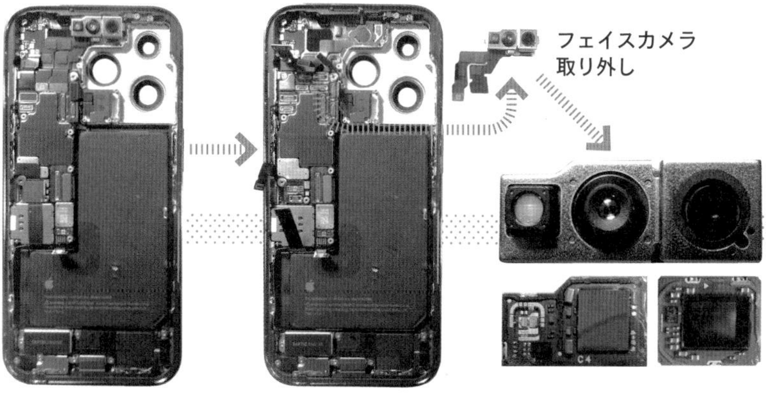

図8-8　Apple iPhone 14 Pro 分解 ⑤フェイスカメラ取り外し

8-2 メイン基板分解

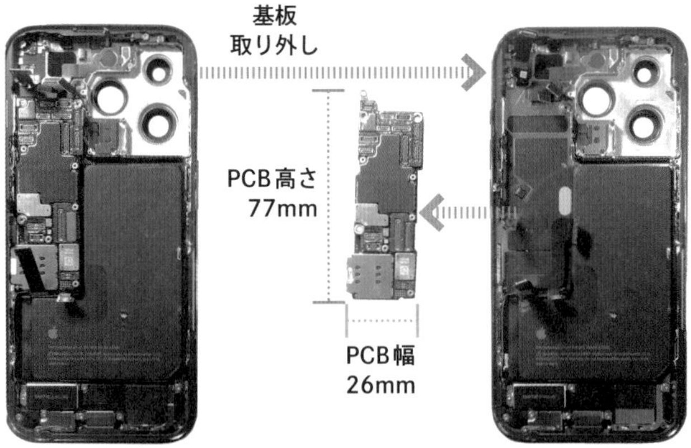

図8-9　Apple iPhone 14 Pro 分解 ⑥基板取り外し

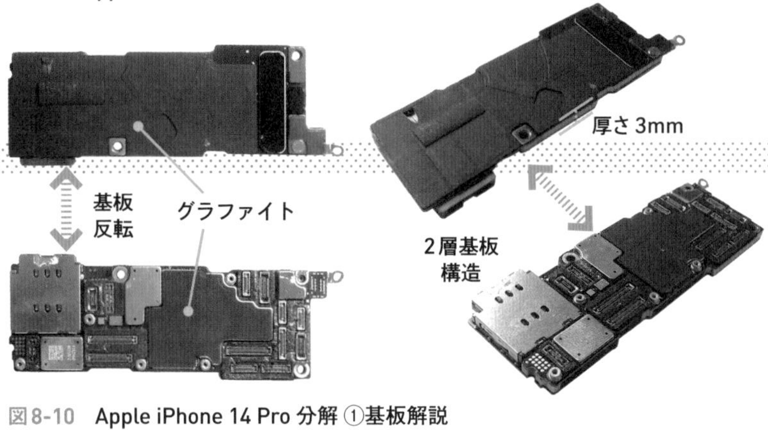

図8-10　Apple iPhone 14 Pro 分解 ①基板解説

メイン基板分解

図8-9で示すように主基板（PCB）は非常にコンパクトです。そしてL型の電池が搭載されています。基板に熱対策のグラファイトシートがされています。2層基板構造になっています（図8-10）。図8-11ではミリ波アンテナ用の配置場所があります。図8-12では、SIMケースの取り出しです。図8-13では、2層の基板をトップとボトムで分けています。

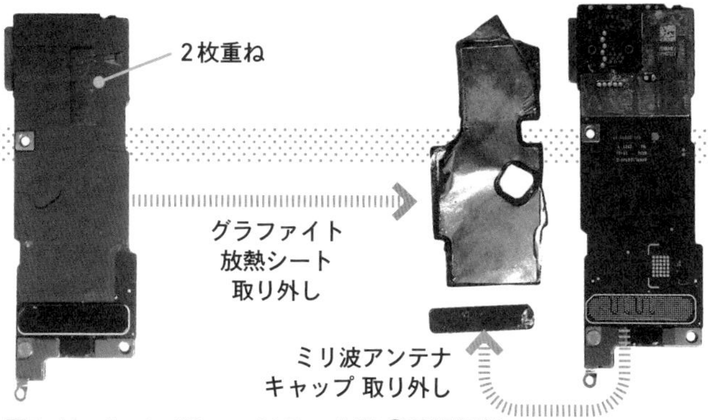

図8-11 Apple iPhone 14 Pro 分解 ②基板解説

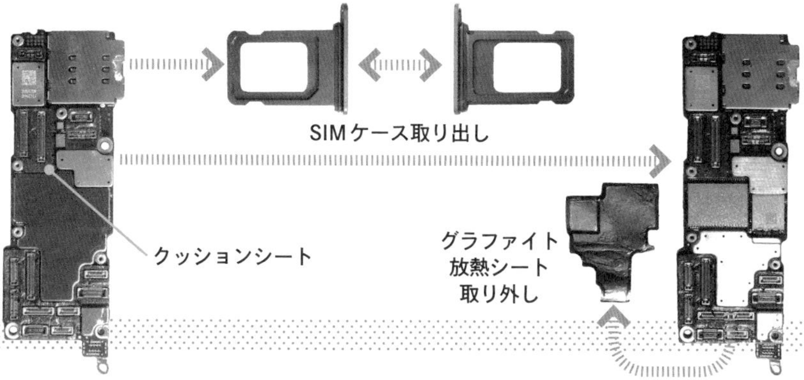

図8-12 Apple iPhone 14 Pro 分解 ③基板解説SIMケース取り外し

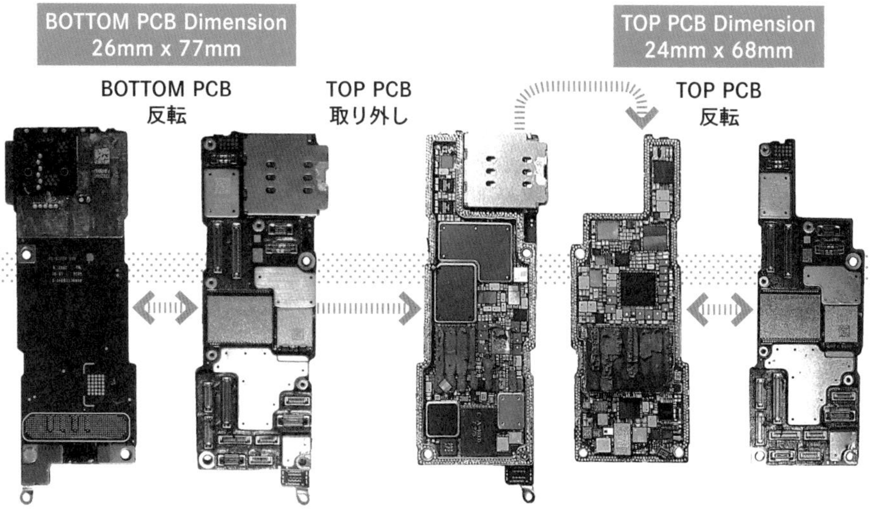

図8-13 Apple iPhone 14 Pro 分解 ④基板解説TOP PCB取り外し

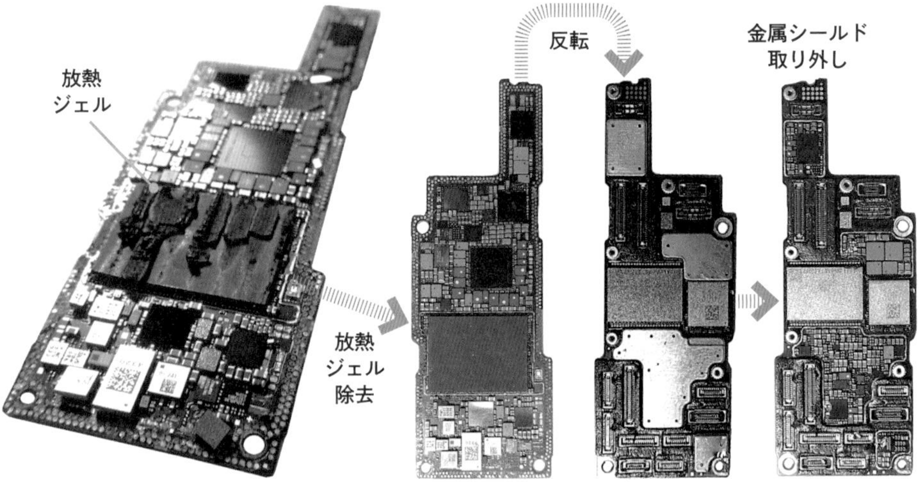

図8-14　Apple iPhone 14 Pro 分解①T基板解説

8-3 T基板の分解と解説

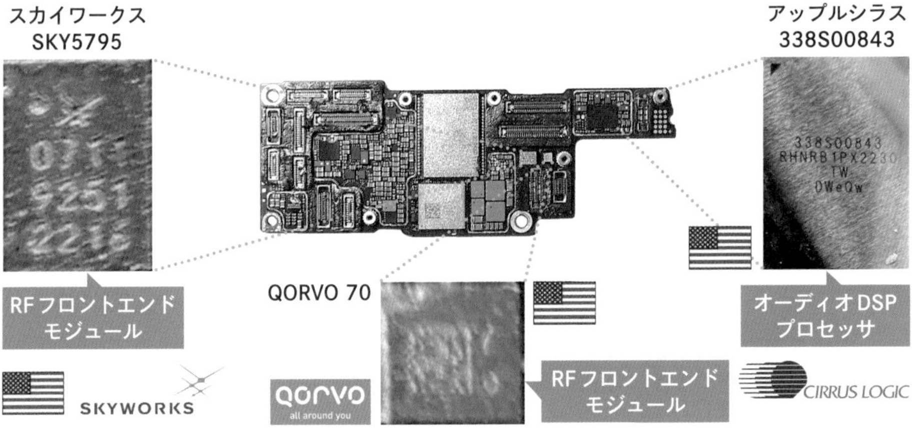

図8-15　Apple iPhone 14 Pro 分解②T基板解説

T基板の分解と解説

図8-14で示す、主基板のTOP PCBがT基板になります。T基板は通信基板を意味します。放熱ジェルがたっぷりと塗られた箇所にメインのプロセッサA16 Bionicがあります。

図8-15は、通信基板にAppleと

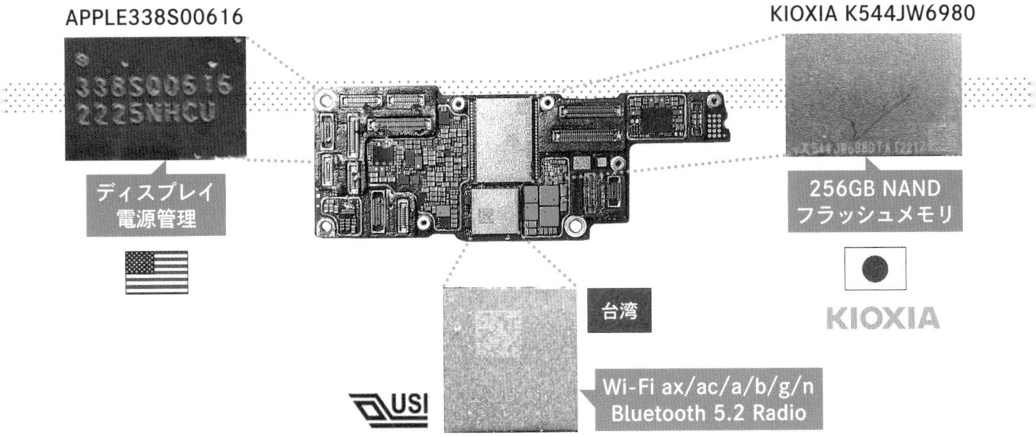

図8-16　Apple iPhone 14 Pro 分解③T基板解説

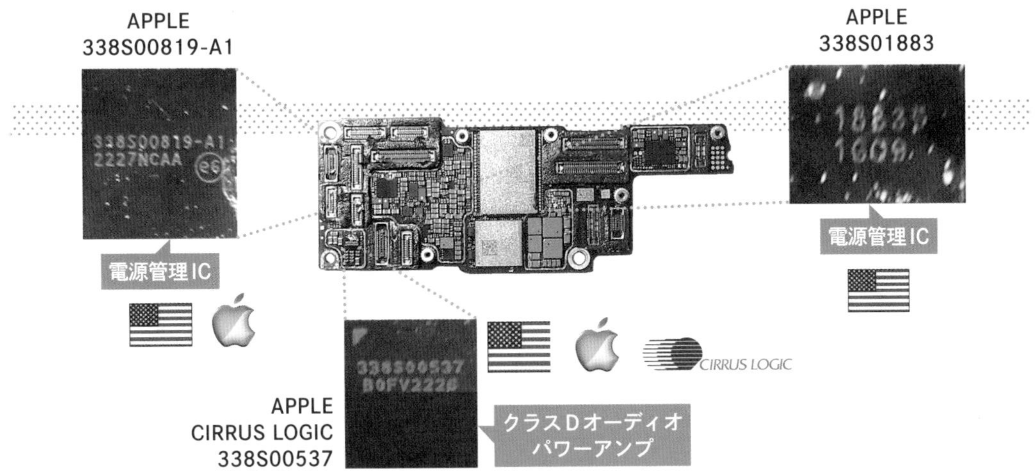

図8-17　Apple iPhone 14 Pro 分解④T基板解説

CIRRUS LOGICのオーディオプロセッサ、スカイワークスのパワーアンプ、QORVOのRFフロントエンドモジュールが載っています。

図8-16では、日本のキオクシアのストレージメモリ、Appleと共同開発のUSIのWi-Fi・BlueToothチップ、AppleのディスプレイPMICを示しています。

図8-17はAppleのPMICとクラスDのCIRRUS LOGICのパワーアンプです。スピーカーを鳴らすために使用されています。

図8-18は、AppleのPMICとNXPのディスプレイポート・マルチプレクサーとBROADCOMのRFフロン

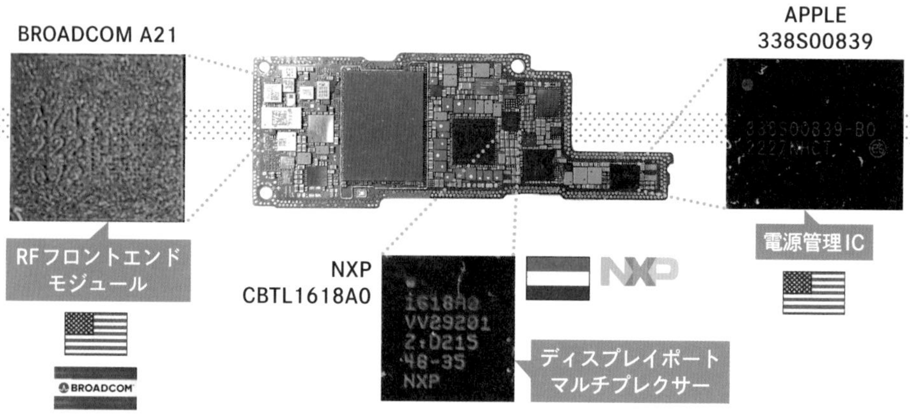

図8-18　Apple iPhone 14 Pro 分解⑤T基板解説

図8-19　Apple iPhone 14 Pro 分解⑥T基板解説

トエンドモジュールです。

図8-19は、日本のメーカーのアルプス電気の電子コンパスが使われてます。

図8-20は、ディスプレイの電源管理です。TI（テキサスインスツルメンツ）が使われてたり、オーディオコーディックにCIRRUS LOGICが使われて、ワイヤレス充電のチップとしてBroadComが使われています。

図8-21は通信用のフロントエンドに、（株）村田製作所やSKYWORKS、QORVOのRFモジュールが

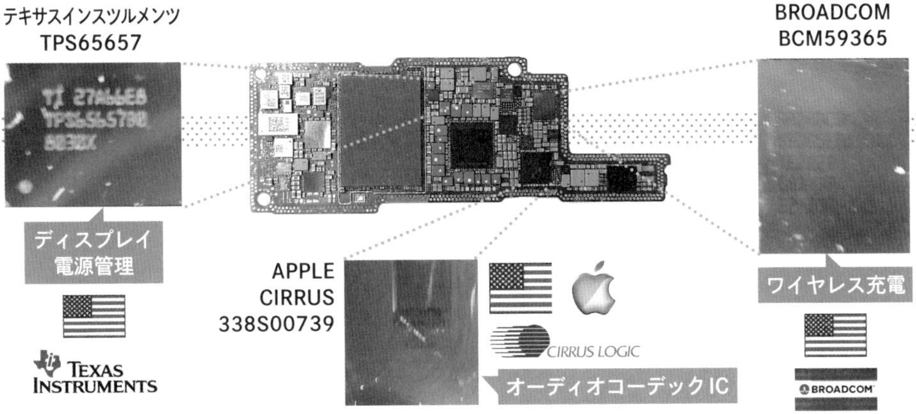

図8-20　Apple iPhone 14 Pro 分解⑦T基板解説

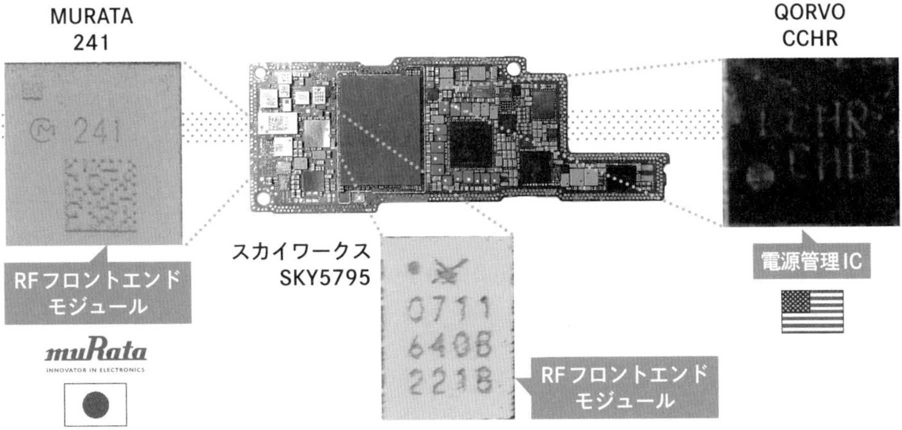

図8-21　Apple iPhone 14 Pro 分解⑧T基板解説

使われています。

さらに基板裏面にはA16 Bionicが存在します（図8-22）。メインのプロセッサA16 Bionicは性能（高速化と演算能力のアップ、機能の追加）の向上と電力の削減を5nmから4nmへと微細化することで実現しています。トランジスタ数は160億個を超えます。内部のCPU、GPU、ニューラルエンジンのレイアウトは図8-22のとおりです。

図8-23〜図8-24は基板まわりのPMICなどプロセッサを電源などから支えるチップ群です。

図8-22　Apple iPhone 14 Pro 分解⑨T基板解説（A16 Bionic）

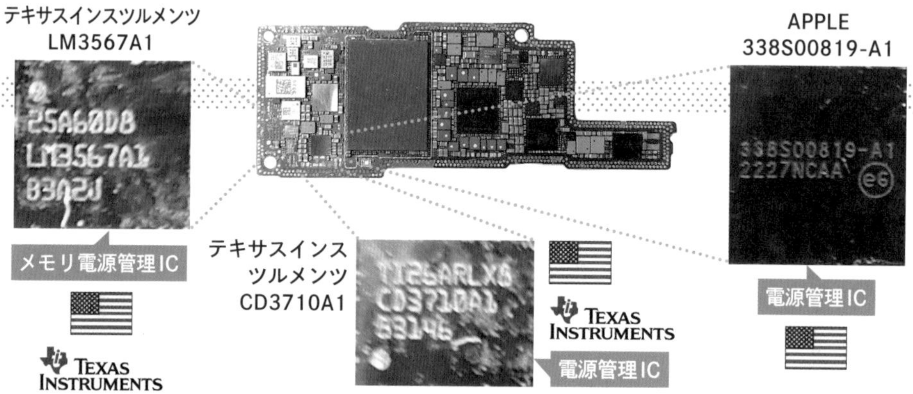

図8-23　Apple iPhone 14 Pro 分解⑩T基板解説（PMIC）

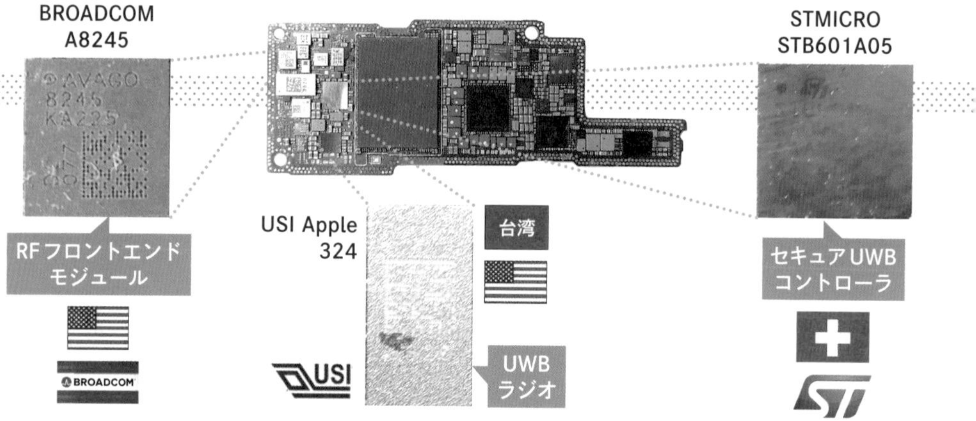

図8-24　Apple iPhone 14 Pro 分解⑪T基板解説

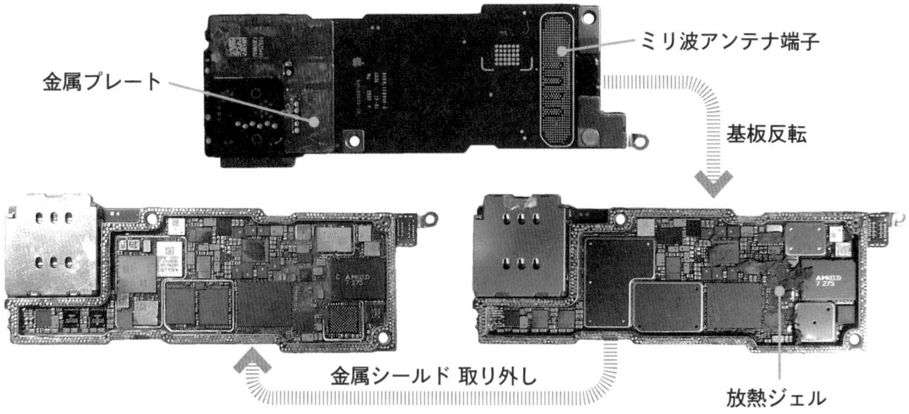

図8-25 Apple iPhone 14 Pro 分解 B基板解説 ①

8-4 B基板の分解と解説

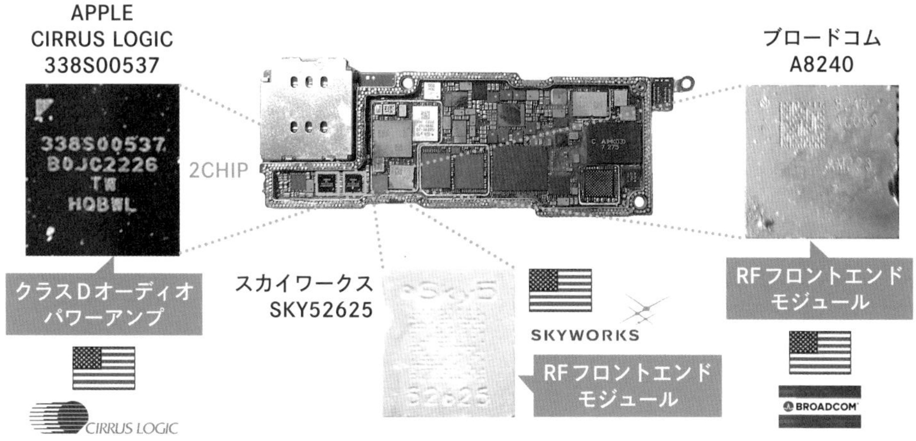

図8-26 Apple iPhone 14 Pro 分解 B基板解説 ②

B基板

図8-25で基板を反転し、金属シールドを取り外した様子がB基板になります。

B基板側は、図8-26ではクラスDのオーディオパワーアンプ、RFフロントエンドモジュールを示します。図8-27はNXPのオーディ

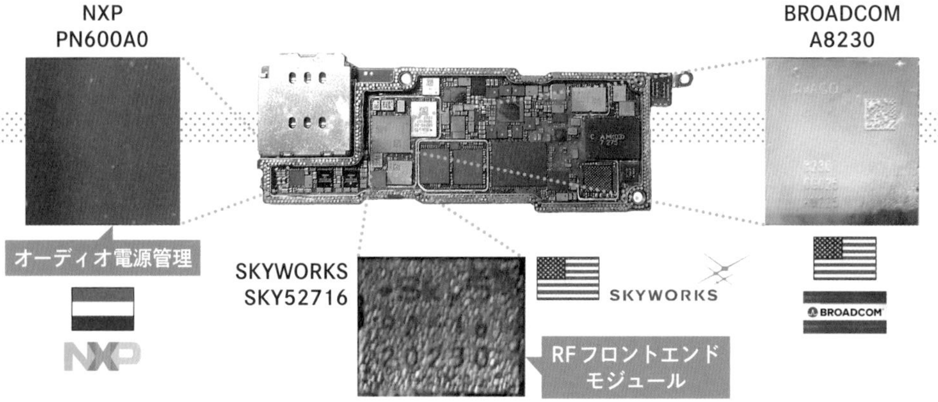

図8-27　Apple iPhone 14 Pro 分解　B基板解説③

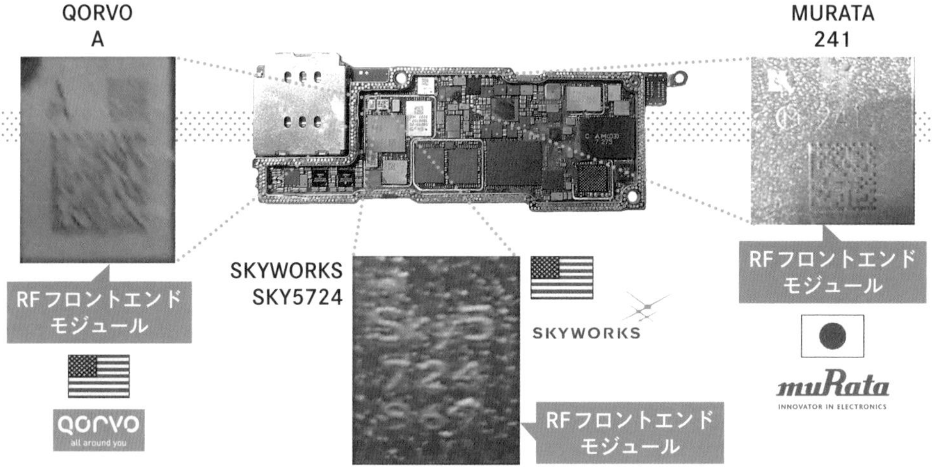

図8-28　Apple iPhone 14 Pro 分解　B基板解説④

オ電源管理とかRFフロントエンドモジュールを示します。図8-28もRFフロントエンドモジュールです。図8-29では、QUALCOMMのトラッキングICとかSTIのセキュアコントローラを示します。

図8-30では、5GモデムチップはQUALCOMMのSDX66Mを示してい

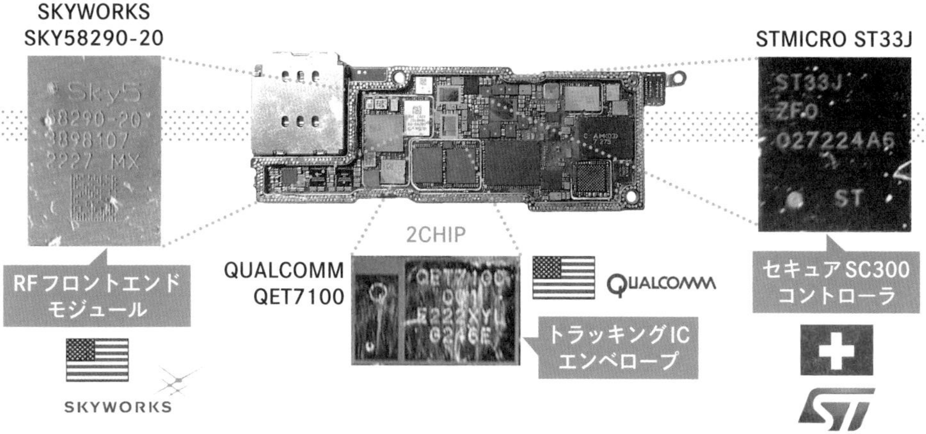

図8-29　Apple iPhone 14 Pro 分解　B基板解説⑤

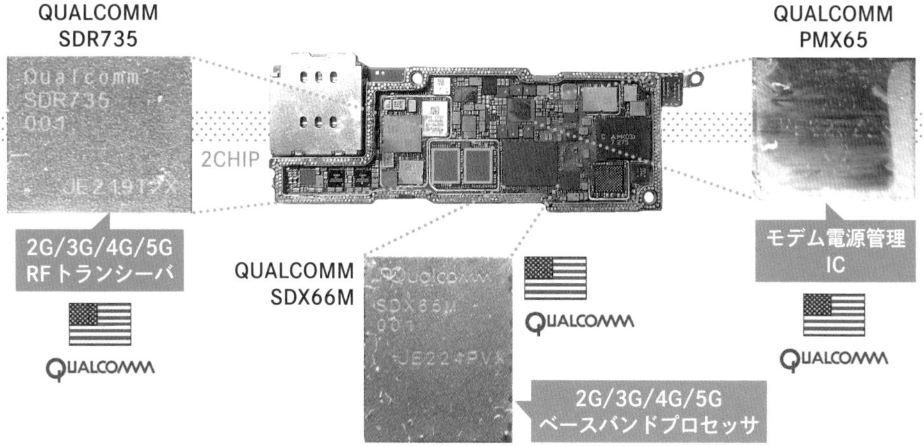

図8-30　Apple iPhone 14 Pro 分解　B基板解説⑥

ます。2021年のiPhone 13シリーズではSDX60M（衛星通信非対応）を採用していましたが、2022年のiPhone 14 ProのSDX66Mは、衛星通信のGLOBALSTARが用いる2.4GHz Sバンド内の4G53、5GNR53をカバーできる機能を搭載したものになっています。データの圧縮・伸

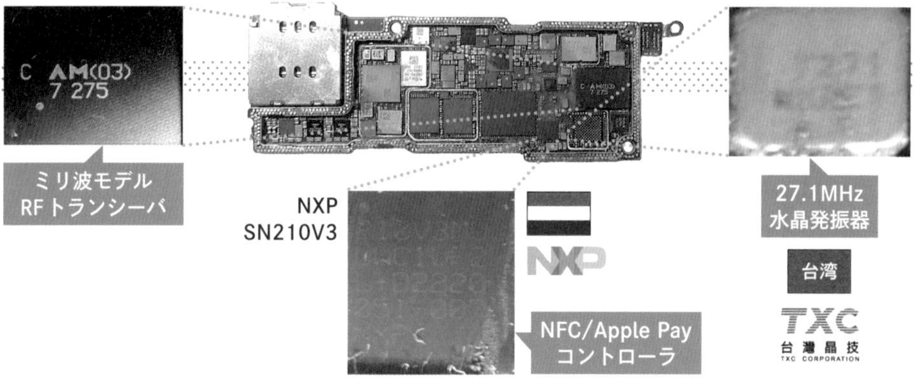

図8-31　Apple iPhone 14 Pro 分解　B基板解説⑦

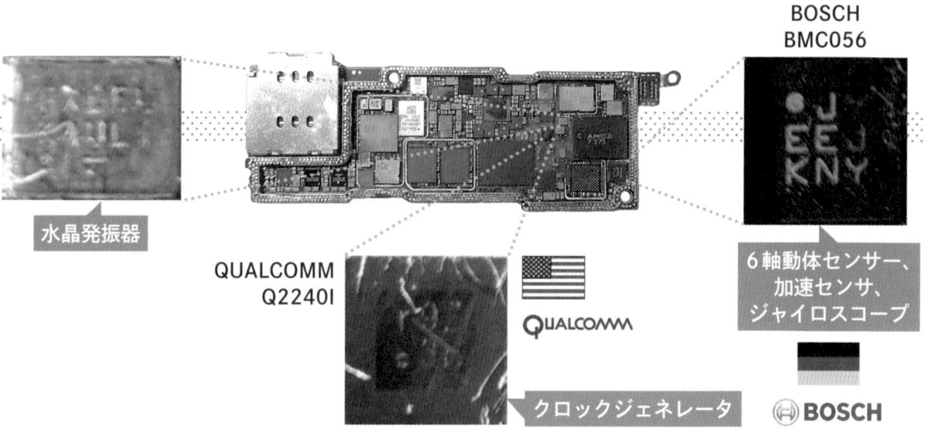

図8-32　Apple iPhone 14 Pro 分解　B基板解説⑧

長を通信で行うためのベースバンドプロセッサがあります。これらはQUALCOMMです。図8-31はミリ波通信用のトランシーバとNFCのチップです。図8-32はクロックジェネレータと、BOSCHの6軸加速度センサー、ジャイロセンサーです。図8-33、図8-34は通信用のパワーアンプ類です。

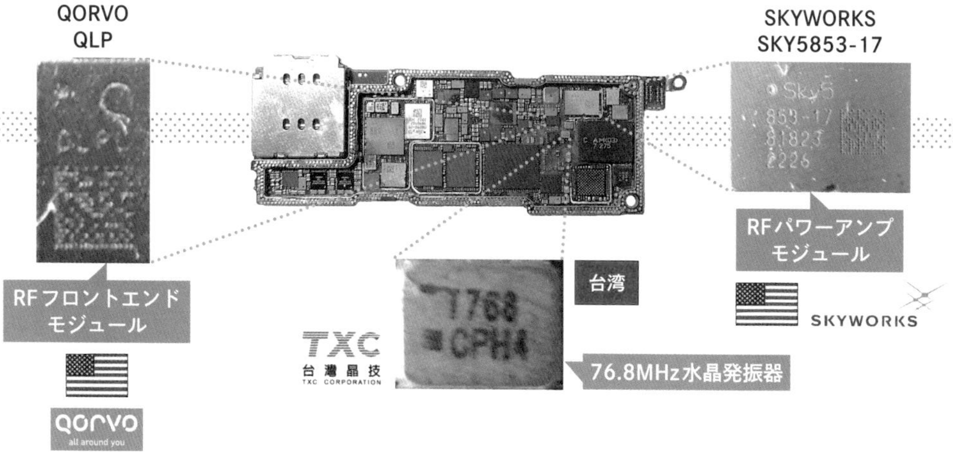

図8-33　Apple iPhone 14 Pro 分解　B基板解説⑨

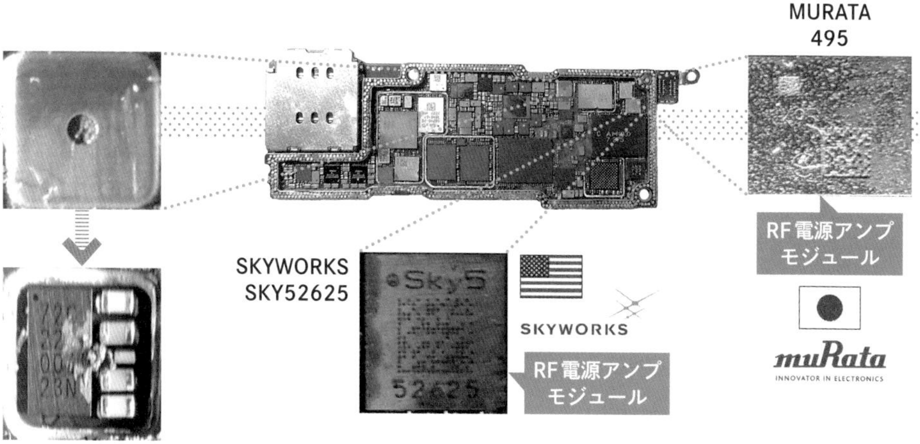

図8-34　Apple iPhone 14 Pro 分解　B基板解説⑩

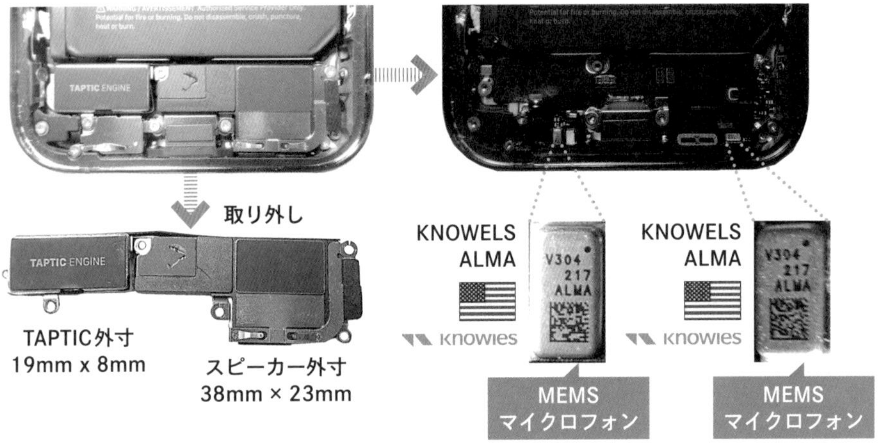

図8-35　Apple iPhone 14 Pro ボトム部分解説①

8-5 ボトム部分分解と解説

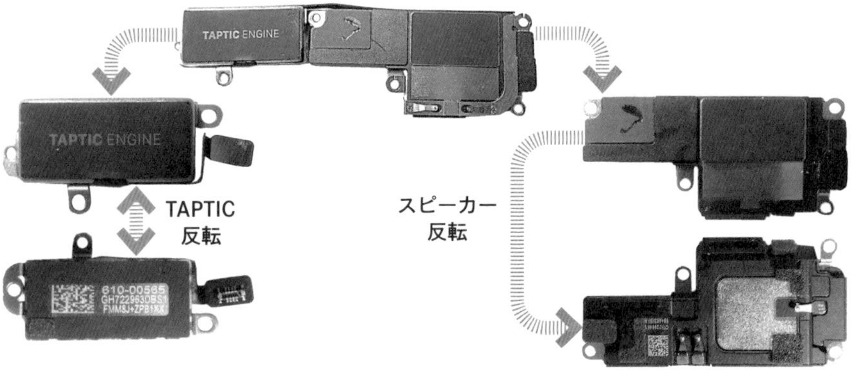

図8-36　Apple iPhone 14 Pro ボトム部分解説②

図8-35、図8-36は、KNOWELSのMEMSマイクが2個、あることを示しています。TAPTICはモーター駆動のバイブレータです。スピーカーの位置もここになります。

8-6 ディスプレイ部分とカメラ分解と解説

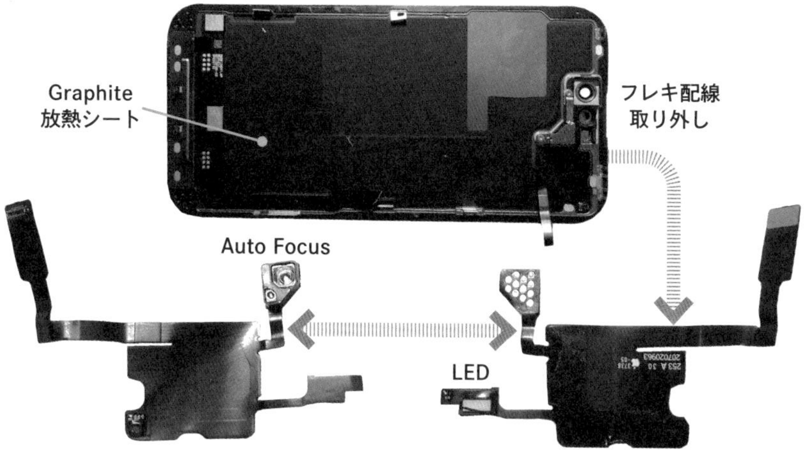

図8-37　Apple iPhone 14 Pro ディスプレイ部分解説①

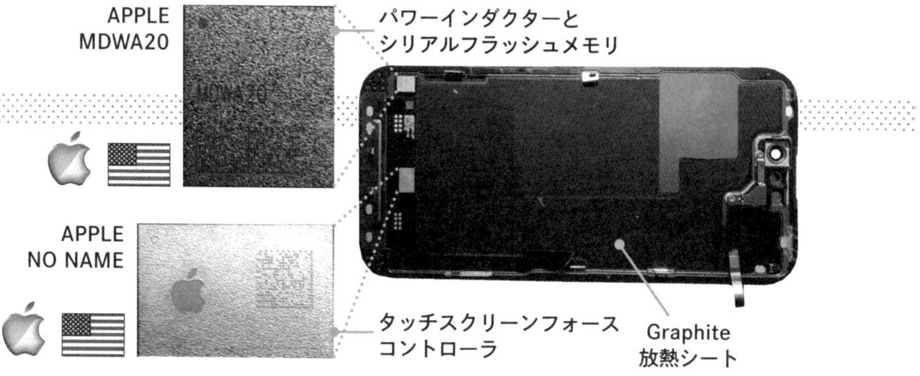

図8-38　Apple iPhone 14 Pro ディスプレイ部分解説②

ディスプレイ部分

図8-37では、ディスプレイの裏側を示しています。図8-38は、Apple製のディスプレタッチコントローラと感圧タッチコントローラです。

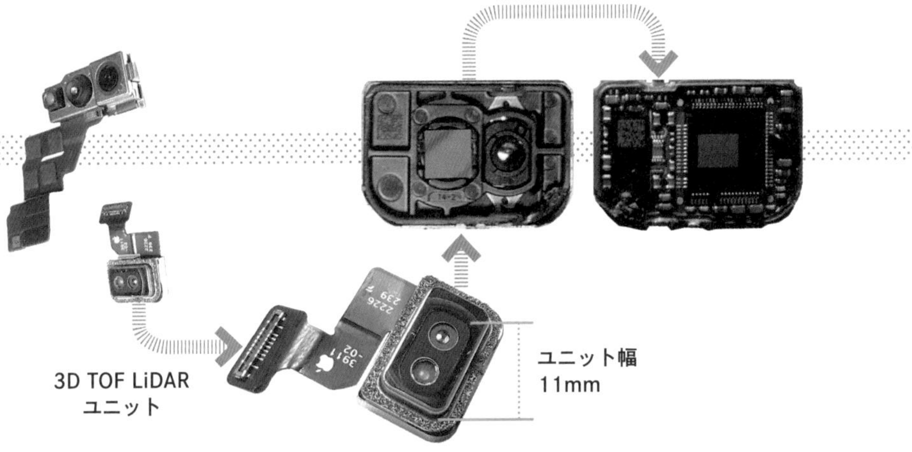

図8-39　Apple iPhone 14 Pro カメラ解説①3D TOF LiDARユニット

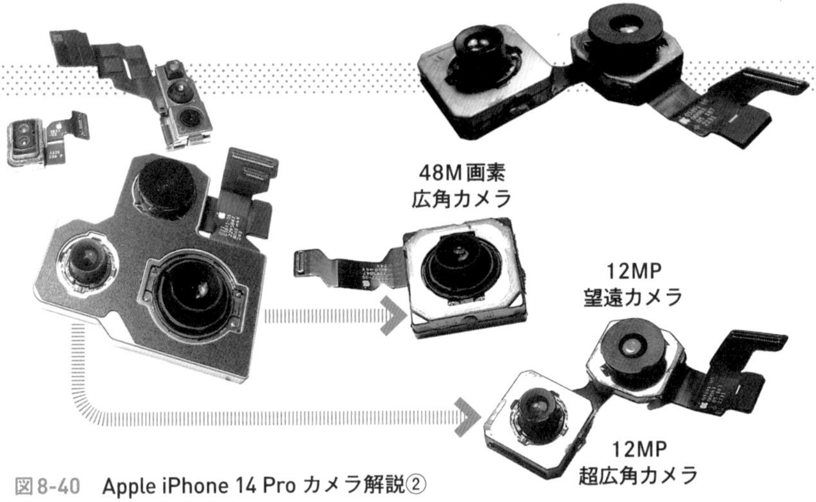

図8-40　Apple iPhone 14 Pro カメラ解説②

カメラの大幅な変更を行っています。メインのワイドカメラはQuad Pixel構造の48MP、従来の12MPの4倍のドットを持つセンサーを用いています。3D LiDARやFace ID用も新しいものに変わっています。

図8-39は3D TOF LiDARユニットです。赤外線で顔をスキャンして1秒間で100万回で凹凸をとらえ、顔

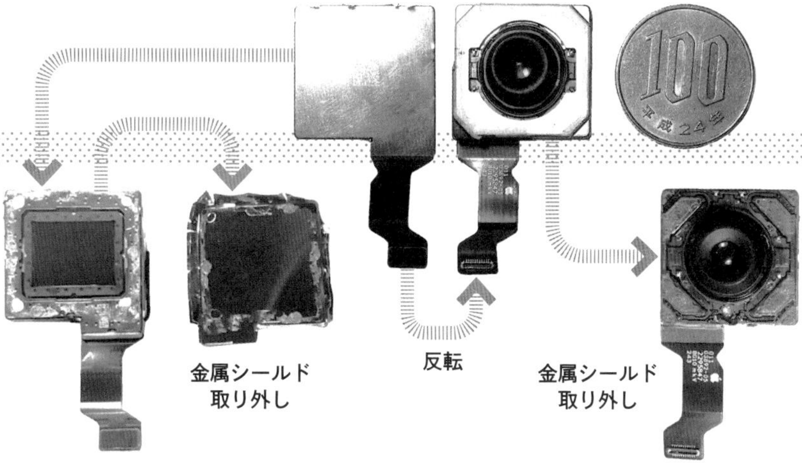

図8-41　Apple iPhone 14 Pro 広角カメラ解説①

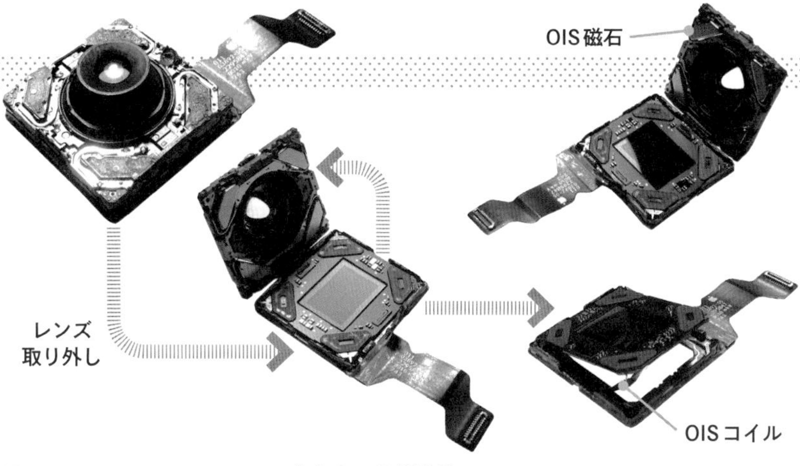

図8-42　Apple iPhone 14 Pro 広角カメラ解説②

の形をコンピュータビジョンで顔認証します。図8-40は外側のカメラです。48Mピクセルの広角レンズと12MPの望遠、さらに12MPの超広角カメラで構成されています。

画面に映る視界の広さ（FOV：Field of View）を3つのカメラで同時に撮影し、画像構成しています。人間の目は40度くらいの画角なので、その画角を3個同時に合成するこ

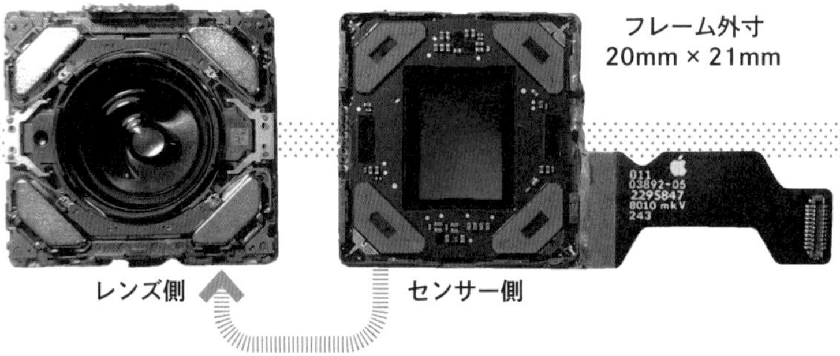

図8-43　Apple iPhone 14 Pro 広角カメラ解説③

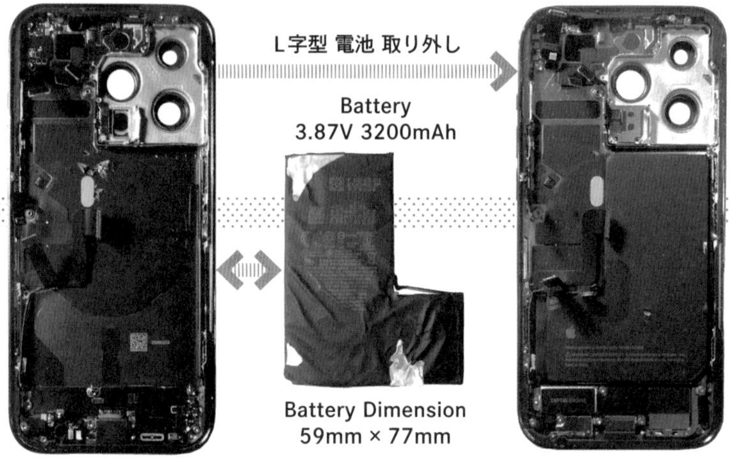

図8-44　Apple iPhone 14 Pro バッテリー

とで、ボケやゆがみのない画像が簡単に作れるようになります。

カメラを分解した様子が図8-41、図8-42です。オプティカルイメージスタビライザーという仕組みがあります。レンズを支える磁石とコイルがあり、電流を流すことでレンズ自体が上下することでオートフォーカスする構造になっています。iPhoneの場合は、センサー側が動くことでフォーカスする仕組みになっています。

8-7 上部側分解と解説

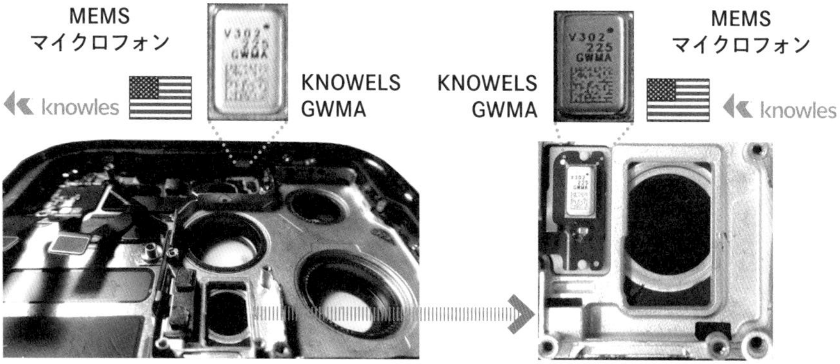

図8-45 Apple iPhone 14 Pro 上部側

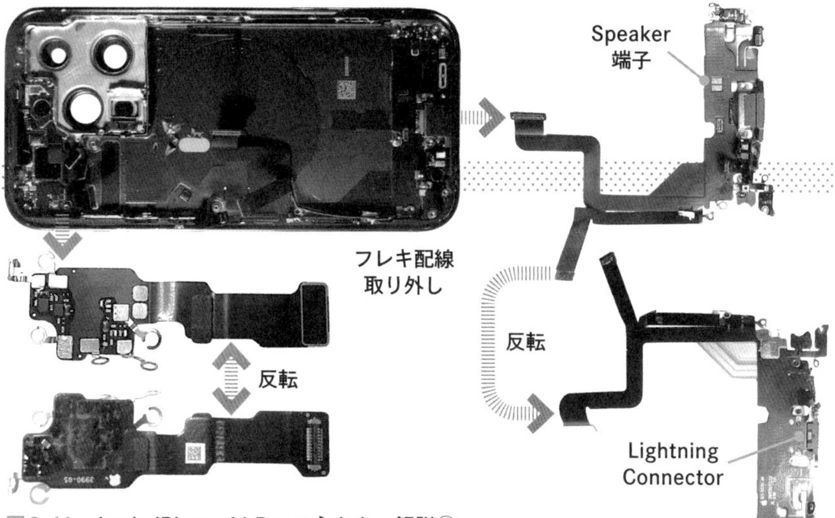

図8-46 Apple iPhone 14 Proコネクター解説①

図8-44では、L字形の電池を取り除くと、その下に非接触充電用のコイルがありますが、これらを全部取り外すと、カメラの裏側の穴にMEMSマクロフォンがあります。KNOWELSのマイクロフォンチップがあります（図8-45）。図8-46は、スピーカー端子とLightningコネク

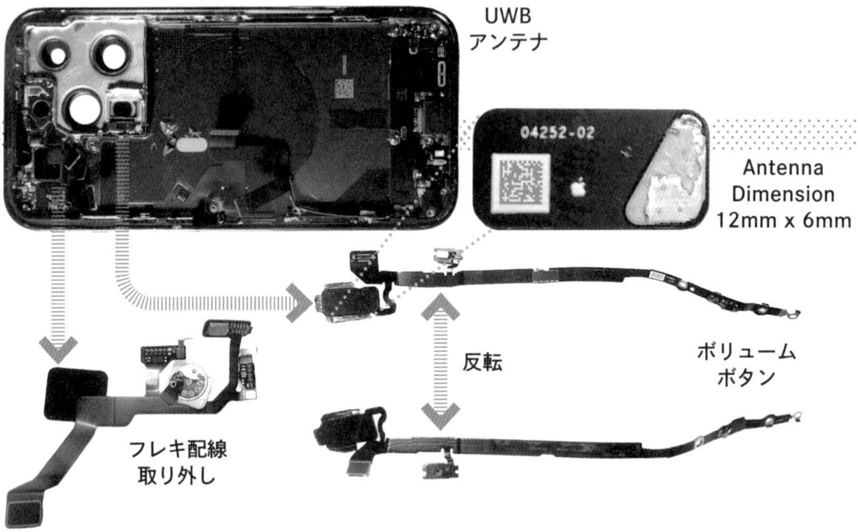

図8-47　Apple iPhone 14 Proコネクター解説②

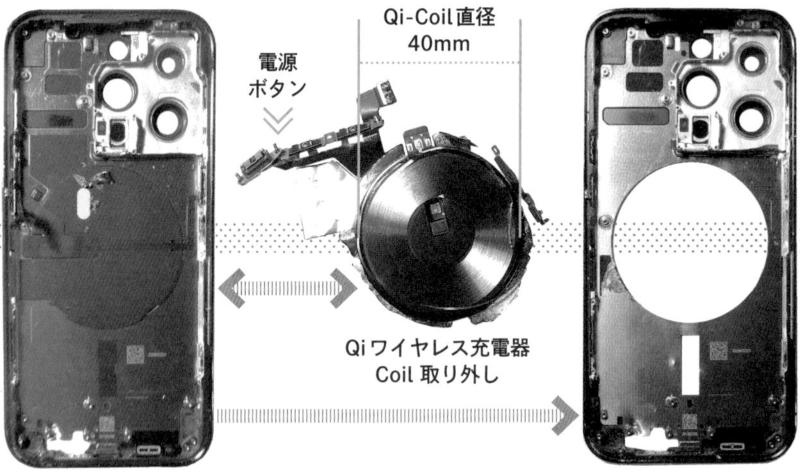

図8-48　Apple iPhone 14 Pro充電コイル

タです。

図8-47では、スマートフォンの縁のところにアンテナが埋め込まれていることを示しています。図8-48は誘導電流を使った非接触充電を行うためのコイルがあります。

8-8 新機能まとめ

表8-1 Apple iPhone 14 Pro部品表 ①

NO	Maker	Name	Count	Function	Country	Category
1		338S00616	1	Power Management	USA	Analog
2		338S00819	2	Power Management	USA	Analog
3		338S01883	1	Power Management	USA	Analog
4	APPLE	338S00839	1	Power Management	USA	Analog
5		APL109A	1	Power Management	USA	Analog
6		APL1W10	1	A16 BIONIC	USA	Digital
7		324	1	Ultra Wideband Radio	USA	Mixed
8		SKY5724	1	RF Front End Module	USA	Power
9		SKY58290	1	RF Front End Module	USA	Power
10		SKY5795	2	RF Front End Module	USA	Power
11	SKYWORKS	SKY319	1	RF Front End Module	USA	Power
12		SKY5853	1	RF Front End Module	USA	Power
13		SKY52625	2	RF Front End Module	USA	Power
14		SKY52716	1	RF Front End Module	USA	Power

表8-2 Apple iPhone 14 Pro部品表 ②

NO	Maker	Name	Count	Function	Country	Category
15		PMX65	1	Power Management	USA	Analog
16	QUALCOMM	SDX66M	1	5G Baseband Processor	USA	Digital
17		SDR735	2	RF Transceiver	USA	Analog
18		QET7100	2	Envelop Tracking IC	USA	Analog
19		Q2240I	1	Clock generator	USA	Analog
20		A21	1	RF Front End Module	USA	Power
21	BROADCOM	BCM59365	1	Wireless Charger	USA	Mixed
22		A8230/40/45	3	RF Front End Module	USA	Power
23		NO NAME	1	Touch Controller	USA	Mixed
24		338S00843	1	Audio Processor	USA	Mixed
25	CIRRUS	338S00537	3	Audio Power Amplifier	USA	Analog
26		338S00739	1	Audio Codec	USA	Analog
27		PN600A0	1	Power Management	Nether	Analog
28	NXP	SN210V3	1	NFC Controller	Nether	Mixed
29		CBTL1618	1	Display Port	Nether	Analog

表8-1、表8-2、表8-3はiPhone 14で使用されている部品をまとめたものです。表8-4は、iPhone 13と14の機能比較です。電池の容量の変化、カメラの機能向上などがあります。図8-49はA16 Bionicを

表8-3　Apple iPhone 14 Pro部品表③

NO	Maker	Name	Count	Function	Country	Category
30	TI	TPS65657	1	Display Power Supply	USA	Analog
31		LM3567	1	Power Management	USA	Analog
32		CD3710	1	Power Management	USA	Analog
33	STMICRO	STB601	1	UWB Secure MCU	Switz	Digital
34		ST33J	1	SC300 Secure MCU	Switz	Digital
35	QORVO	70/CCHR/A	3	RF Front End Module	USA	Power
36		QLP	1	RF Front End Module	USA	Power
37	MURATA	241/495	3	RF Front End Module	Japan	Power
38	USI	UNKNOWN	1	Wi-Fi ax + Bluetooth	Taiwan	Mixed
39	KIOXIA	K544JW6980	1	256GB NAND Flash	Japan	Memory
40	ALPS	HSCDTD00	1	Electric Compass	Japan	Sensor
41	BOSCH	BMC056	1	6-Axis Motion Sensor	German	Sensor
42	KNOWELS	ALMA/GWMA	4	MEMS Microphone	USA	Sensor
TOTAL CHIP			58			

表8-4　iPhone13 ProからiPhone14 Proへ①

製品名	価格	電池	プロセッサ	カメラ	ディスプレイサイズ
2021年リリース 13 Pro (体積：80241mm³ 重量：203g)	128GB モデル ¥122,800	3095mAh 	A15 5nm LPDDR4X 	12MP Wide 12MP × 2 	1170 × 2532 6.1インチ 
2022年リリース 14 Pro (体積：82788mm³ 重量：206g)	128GB モデル ¥149,800	3200mAh 	A16 4nm LPDDR5 	48MP Wide 12MP × 2 	1170 × 2556 6.1インチ 

中心に各パーツの接続状態を示しています。図8-50はiPhone 13と14の内部レイアウトです。

表8-5は、iPhone 13と14で使用されているチップの比較です。多くがアップデートされていますが、モーションセンサー、オーディオアンプ、NFCなどが変更ありません。図8-51はiPhone 13と14の基板の比較です。最後に図8-52は、初代

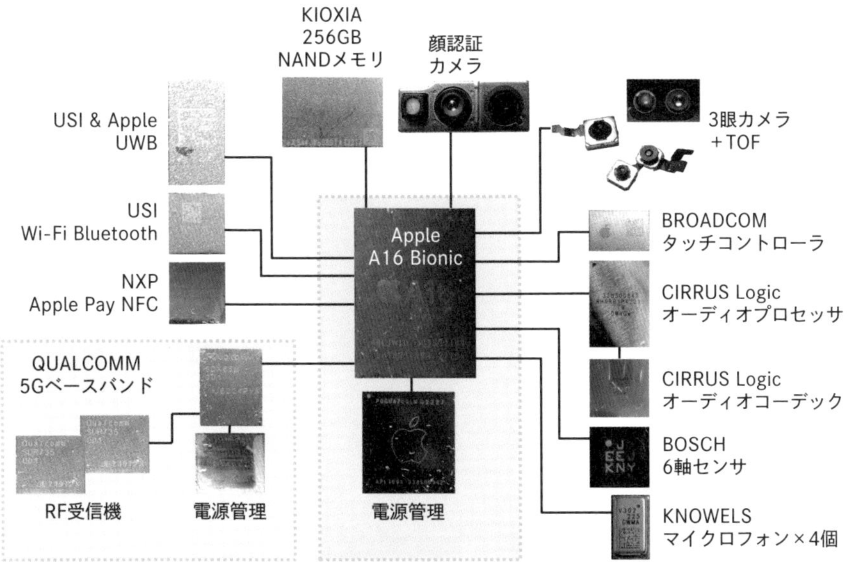

図8-49　Apple iPhone 14 Pro各種接続関係

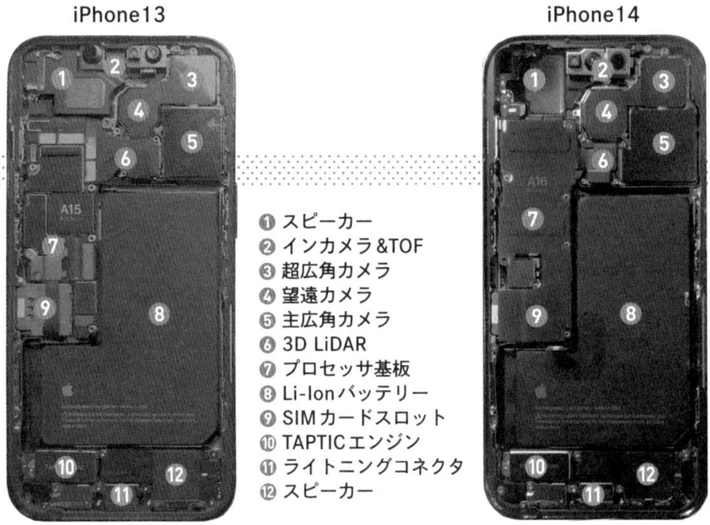

図8-50　iPhone13からiPhone14への進化

のiPhone 2GとiPhone 14の比較です。iPhoneが誕生してから5558日後にiPhone 14がリリースされました。機能の進化のすさまじさを感じます。

表8-5　iPhone13 ProからiPhone14 Proへ②

製品名	プロセッサ	電源管理IC	5Gモデム	トランシーバ
2021 iPhone13 Pro 	APPLE A15 BIONIC 	APPLE APL109B 	QUALCOMM SDX60M 	QUALCOMM SDR868 
2021 iPhone14 Pro 	APPLE A16 BIONIC 	APPLE APL109A 	QUALCOMM SDX66M 	QUALCOMM SDR735 x 2 

表8-6　iPhone13 ProからiPhone14 Proへ③

製品名	NFC	オーディオアンプ	モーションセンサ	マイクロフォン
2021 iPhone13 Pro 	NXP SN210V2  	CIRRUS 338S00537  	BOSCH BMC056 	KNOWELS GWMA 
2021 iPhone14 Pro 	NXP SN210V3 	CIRRUS 338S00537  	BOSCH BMC056 	KNOWELS GWMA 

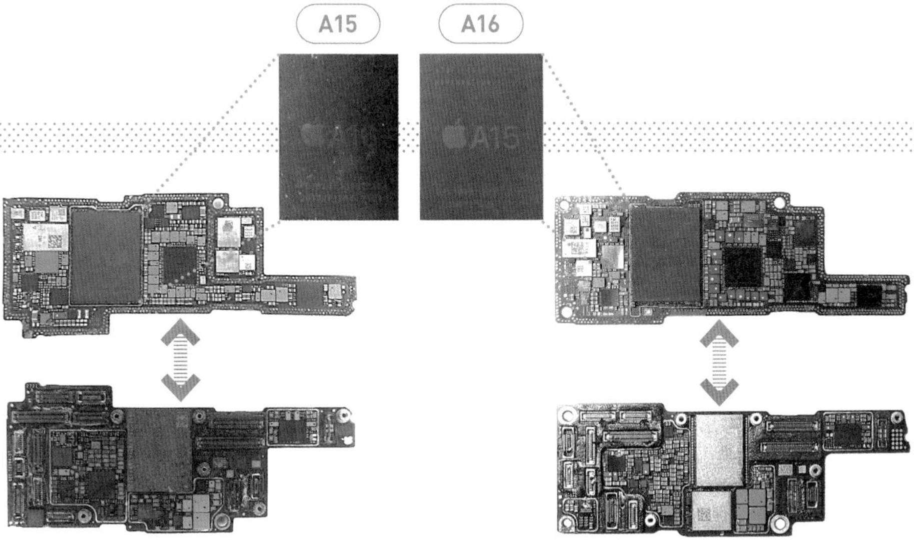

図8-51 iPhone13 Pro から iPhone14 Proへ

図8-52 初代iPhone 2G から iPhone14 Proへ

Chapter 9

A16 Bionic
プロセッサ

Chapter 9

A16 Bionic プロセッサ

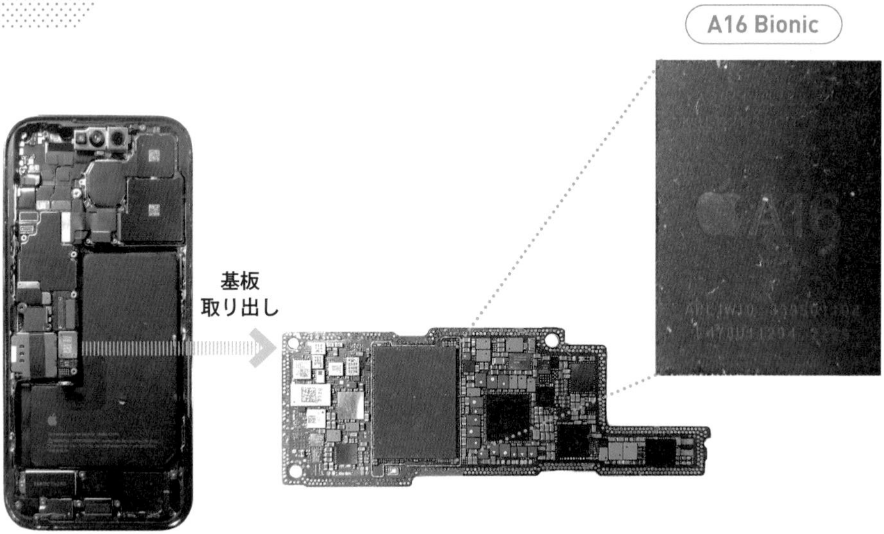

図9-1　A16 Bionic 開封解析（2022年9月16日発売開始iPhone14 Pro 採用プロセッサ）

9-1 A16 Bionicプロセッサ分解と解説

A16 Bionicプロセッサの分解

iPhone 14に搭載されているApple A16 Bionicは、4nmプロセス技術で作られています（図9-1）。図9-2は基板から取り外した様子です。図9-3ではパッケージを基板から外すと、パッケージの端子側が見えるようになります。黒く見えるところはシリコンキャパシタです。図9-4では端子部分を拡大したものです。

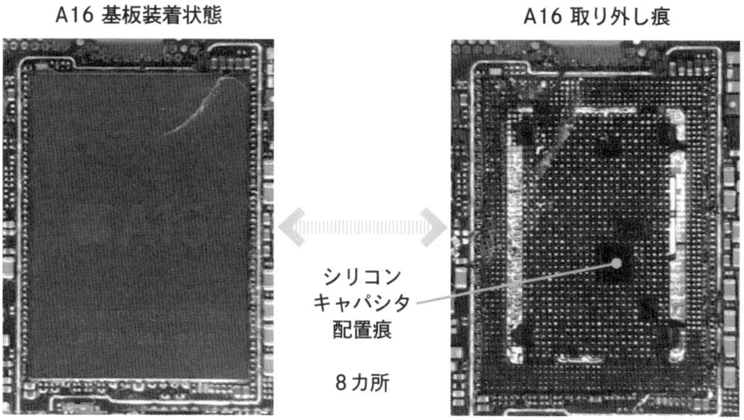

図9-2　A16 基板 取り外し

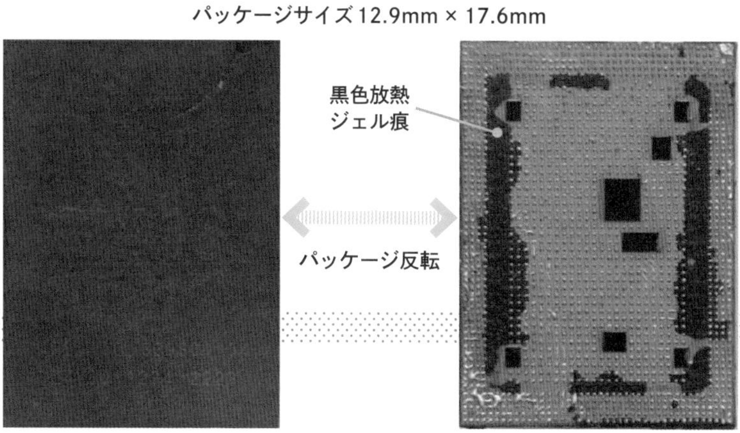

図9-3　A16 Bionic Package

ボールとピンの間隔がピンピッチって言われています。ピンとピンの間の距離を意味します。A16のピンピッチは0.35ミリで、1ミリの間に3個並びます。ボールの直径が0.15ミリです。さらに拡大したのが図9-5でIn FO配線幅を示しています。

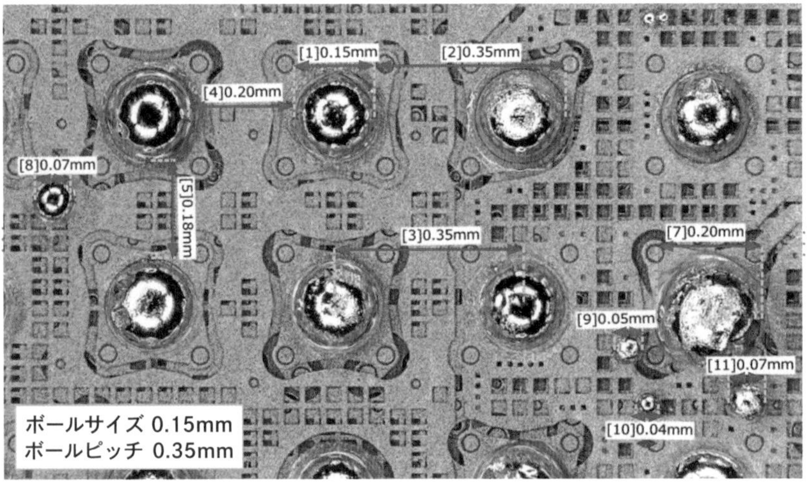

図9-4　ボールサイズとピッチ

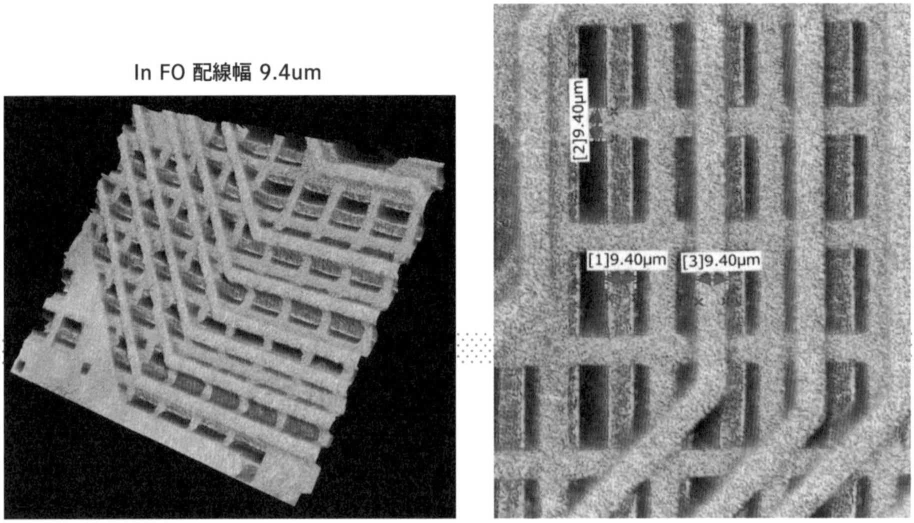

図9-5　FO配線幅

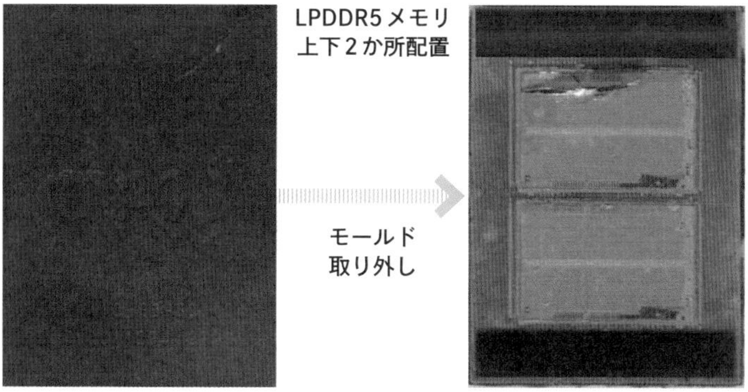

図9-6　DRAM Side ①

9-2 A16 Bionicプロセッサ DRAMサイドの解説

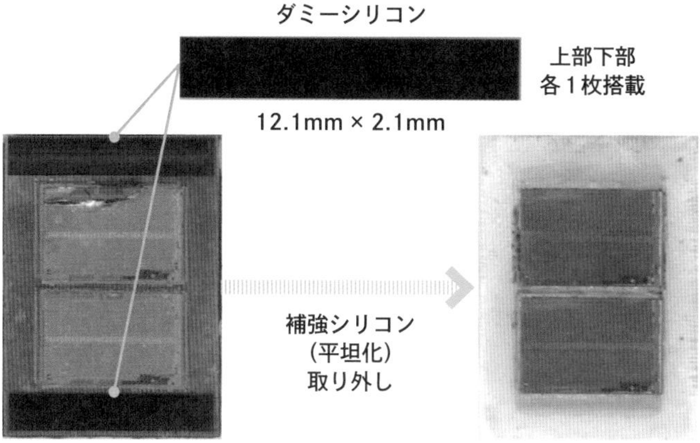

図9-7　DRAM Side ②

DRAM側の分離

プロセッサ側の右側の図はモールドです。パッケージのあるモールドを薬品で溶かし剥がしていくと、プロセッサの内部が表れてきます。図9-6の右側のチップで上下に黒く表れているものはダミーシリコンです。ダミーシリコンはとくに

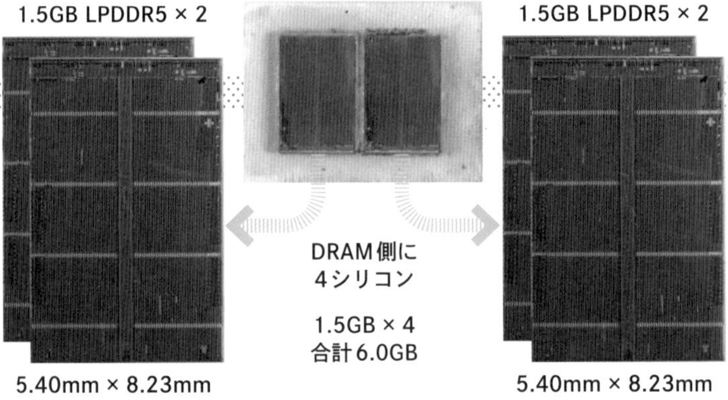

図9-8　DRAMシリコン分離

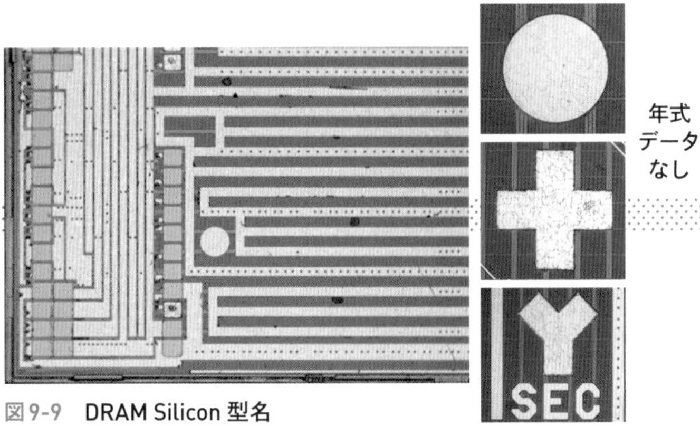

図9-9　DRAM Silicon 型名

機能はありません。構造的に高さを合わせるためのものです。A16プロセッサのメモリが据え付けられていない箇所は、ダミーシリコンが埋め込まれています。図9-7でダミーシリコンを取り外しています。

図9-8では、1.5ギガのLPDDR5メモリが2枚重ねになっているのがわかります。左右で2枚ずつで計4枚。6GBのメモリがプロセッサ上に搭載されています。このメモリは図9-9でSAMSUNGの製造であることがシリコン上に書かれた「SEC」という記号からわかります。

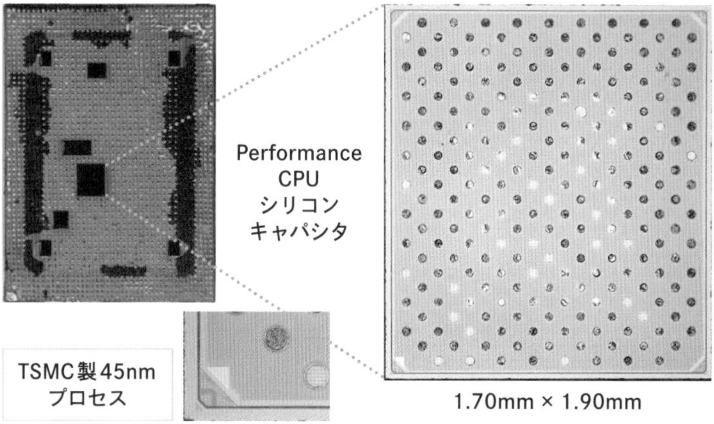

図9-10　シリコンキャパシタ①

9-3 A16 Bionicプロセッサのキャパシタ

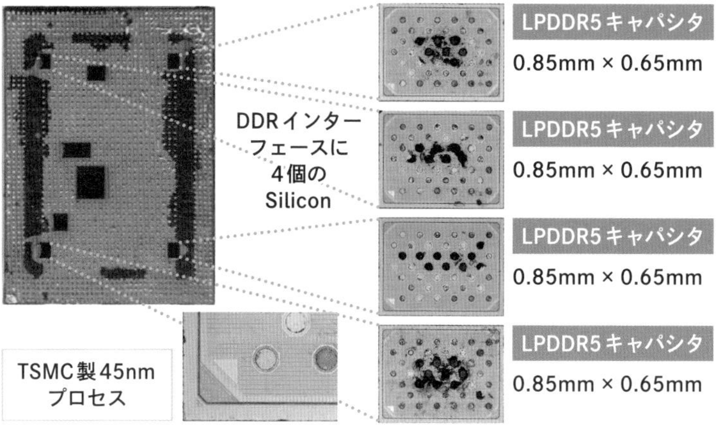

図9-11　シリコンキャパシタ②

A16 Bionicプロセッサのキャパシタ

図9-10で示すパッケージの裏にある黒い模様は、シリコンキャパシタです。45nmプロセスのキャパシタが埋め込まれてます。ひとつひとつは小さく1mm × 1mm〜

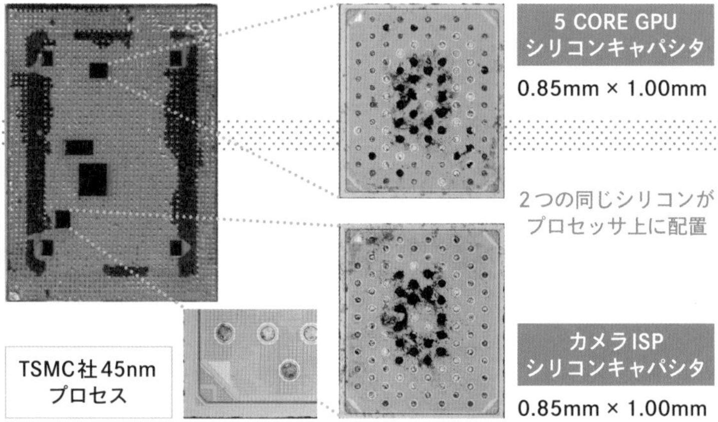

図9-12　シリコンキャパシタ③

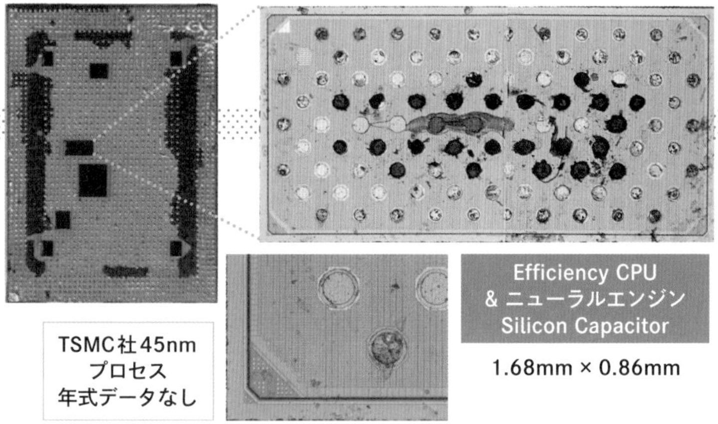

図9-13　シリコンキャパシタ④

1.5mm × 1.5mmでいろいろな種類のシリコンキャパシタが、プロセッサのあちこちに埋め込まれてます。

図9-10は、A16の高機能CPUを裏打ちするシリコンキャパシタです。図9-11はLPDDR5 DRAMのインターフェース端子の4個のキャパシタです。図9-12はGPUとカメラISP（イメージシグナルプロセッサ）のキャパシタです。図9-13は高効率コアとニューラルエンジンを支えるキャパシタです。このようにさまざまなシリコンキャパシタが埋め込まれています。

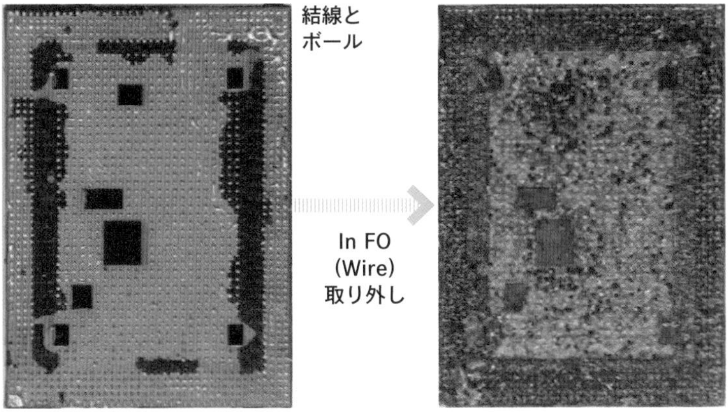

図9-14　シリコン取り出し①

9-4 A16 Bionicシリコン取り出し

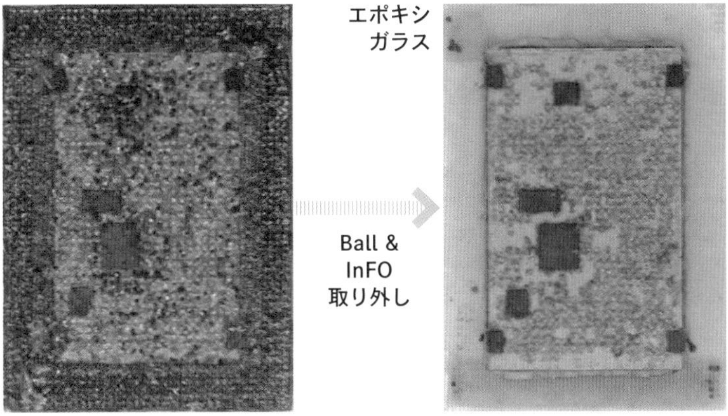

図9-15　シリコン取り出し②

A16 Bionicシリコンの取り出し

さらに薬品を使用し少しずつ、剥いでいくとピンとボールがなくなり、シリコン本体が表れてきます（図9-14、図9-15）。

シリコンは融点が高く高温まで溶けないので、さらにプロセッサを加熱します。熱をかけていくと、

図9-16　シリコン取り出し③

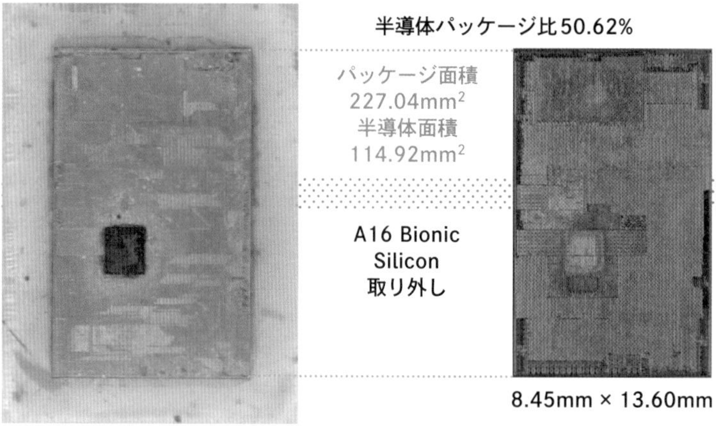

図9-17　シリコン取り出し④

図9-16のようになり、大きなシリコンとキャパシタ以外、すべて融解していきます。最後に大きなシリコンキャパシタもなくなると、A16 Bionicの本体が表れてきます(図9-17)。

さらに、薬品で洗浄をすると、よりくっきりと表れてきます(図9-18)。この段階までくると、顕微鏡でシリコンの型名を観察できるようになります(図9-19)。A16 Bionicの全体像が図9-20です。

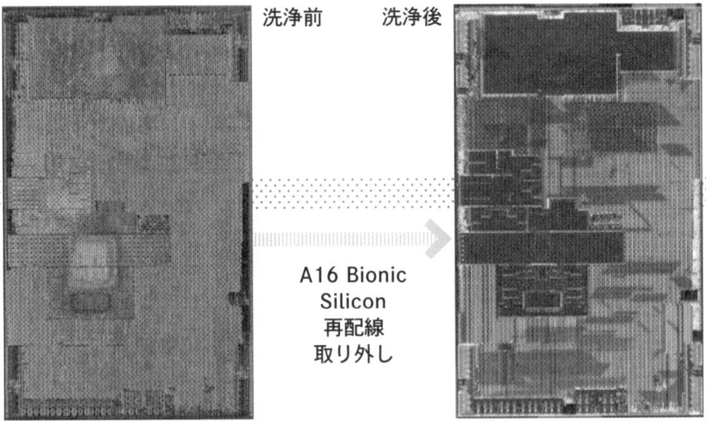

図9-18 シリコン取り出し⑤

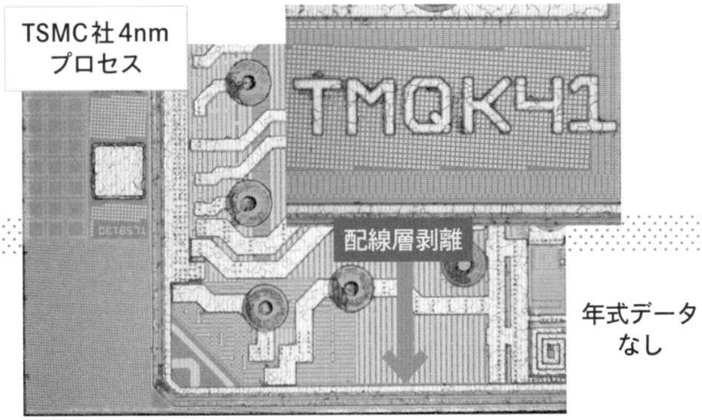

図9-19 シリコン型名

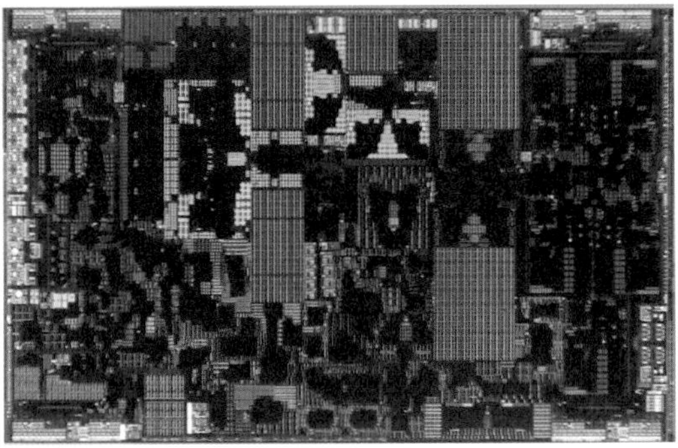

図9-20 Apple A16 Bionicの配線を剥離しシリコンの全容が明らかになった状態（配線層剥離）

9-5 A16 Bionicシリコン機能詳解

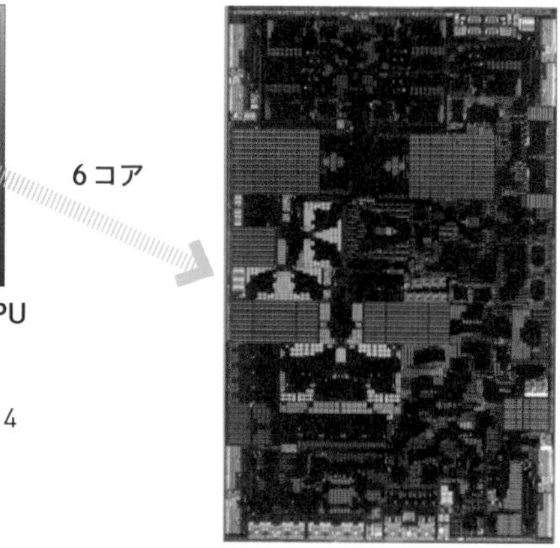

ARMv8.6-A　6コアCPU
高性能CPU Everest × 2
3.46GHz L2 16GB
高効率CPU Sawtooth × 4
2.02GHz L2 4GB

図9-21　CPUコア

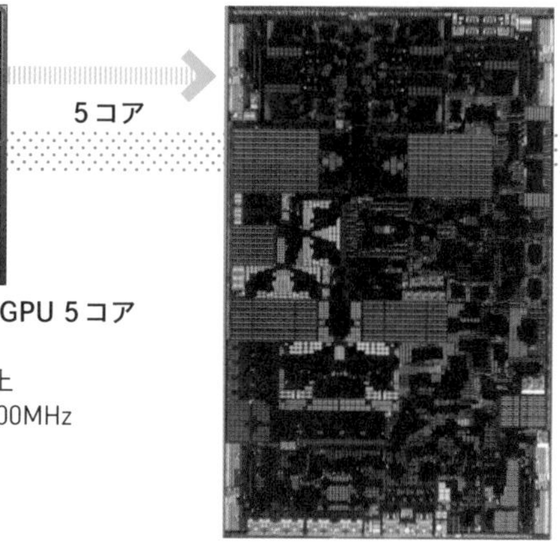

Appleオリジナル設計GPU 5コア
メモリ帯域50%向上
処理能力約10〜30%向上
Unit 160 Shader 1280 700MHz

図9-22　GPUコア

A16 Bionicシリコンのコア特定

図9-19でA16 Bionicの全体像が明らかにになりましたが、CPUコアの場所をそれぞれAppleが公開している情報から特定していきます。

図9-21はCPUコアの場所です。ハイパフォーマンスが2コア、高効率が4コアあります。図9-22はAppleオリジナルのGPUコアです。

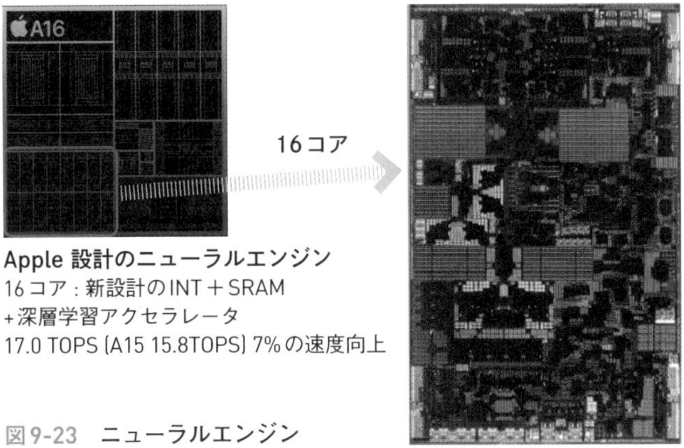

図9-23　ニューラルエンジン

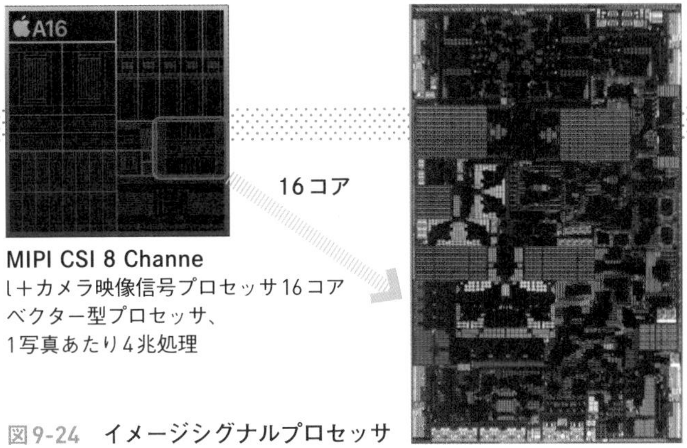

図9-24　イメージシグナルプロセッサ

図9-23は顔認証やさまざまな人工知能で使用するニューラルエンジンです。図9-24はカメラの画像を処理するISPです。

図9-25は、それらCPUコアの種類別の割合をグラフ化しました。

図9-26は、A16 Bionicシリコンと DRAMメモリとのインターフェース箇所です。

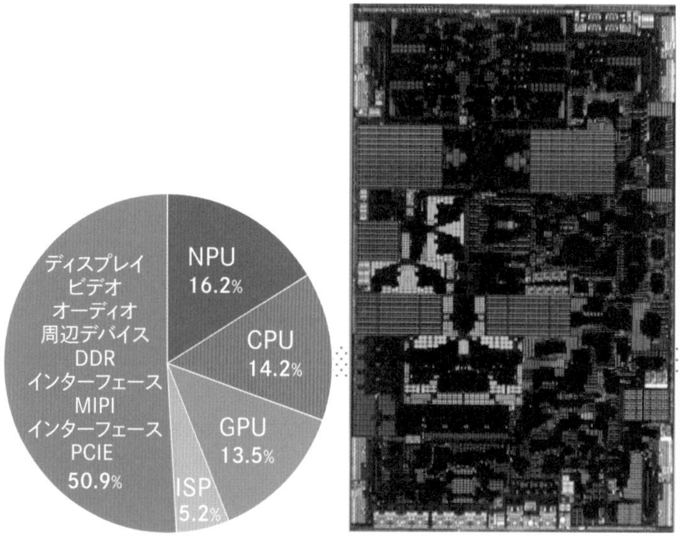

図9-25　各コアの比率

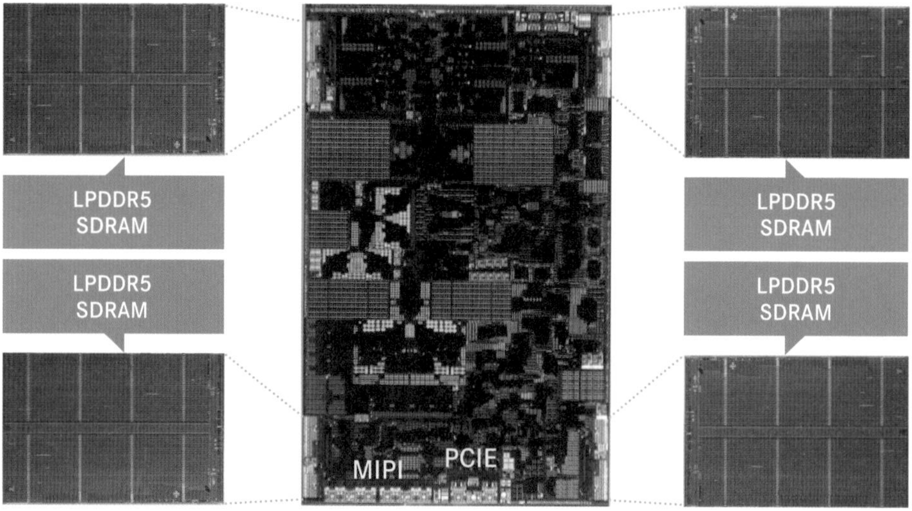

図9-26　プロセッサとメモリの接続インターフェース

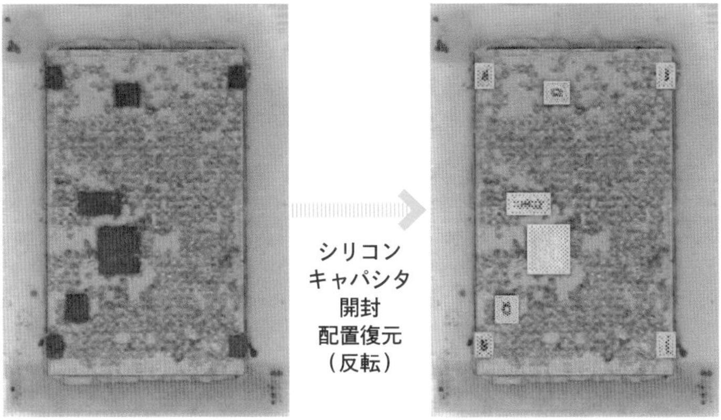

図9-27　シリコンキャパシタ配置①

9-6 A16 Bionic シリコンキャパシタの配置解説

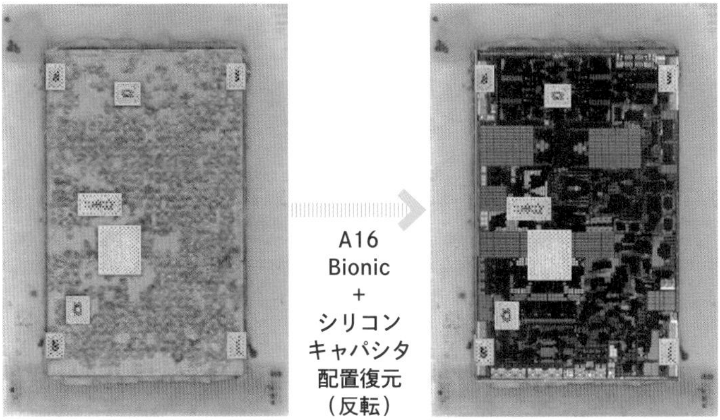

図9-28　シリコンキャパシタ配置②

キャパシタの配置からわかるCPUコア位置

シリコンキャパシタを、チップ開封した後に配置復元しました（図9-27、図9-28）。もともとあった黒い痕跡をもとに特定していくと、GPU、NPU、CPU、ISPのような演算負荷がかかる箇所にシリコンキャパシタが配置されているのがわか

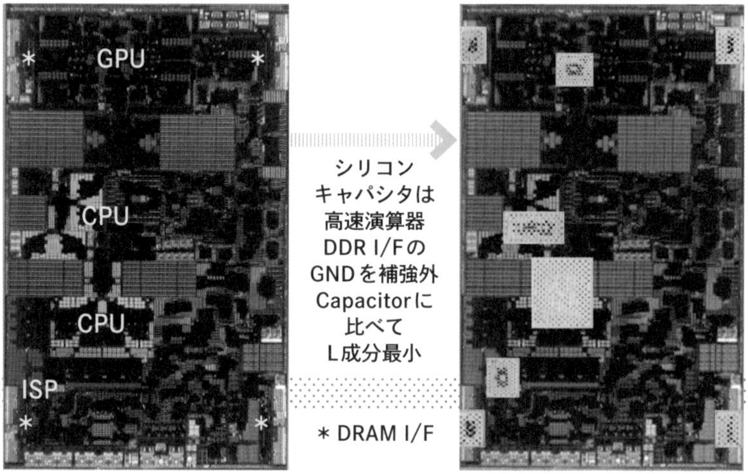

図9-29　シリコンキャパシタ配置③

表9-1　Apple A15 (2021) ⇒ A16 (2022) ①

	パッケージ表	パッケージ裏	半導体写真	半導体名
A15 Bionic 2021年9月24日〜 iPhone 13 Pro	13.0×17.3mm 	Silicon Cap×8 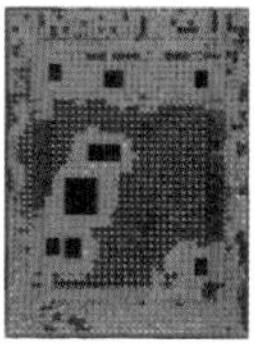	8.60×12.74mm 	TSMC 5nm Process 
A16 Bionic 2022年9月16日〜 iPhone 14 Pro	12.9×17.6mm 	Silicon Cap×8 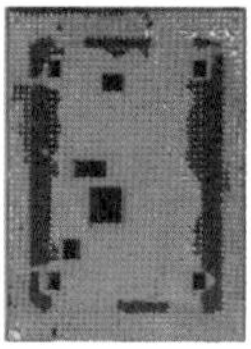	8.45×13.60mm 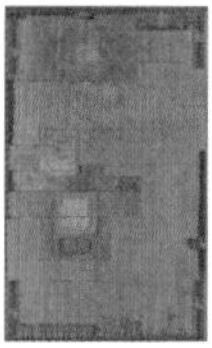	TSMC 4nm Process 

ります（図9-29）。

表9-1と表9-2は、A15とA16の機能比較です。A15に対してA16のサイズが少し大きくなっているのがわかります。図9-30はA15とA16プロセッサのキャッシュ容量の比較です。図9-31は機能の向上を各コア面積で比較したものです。

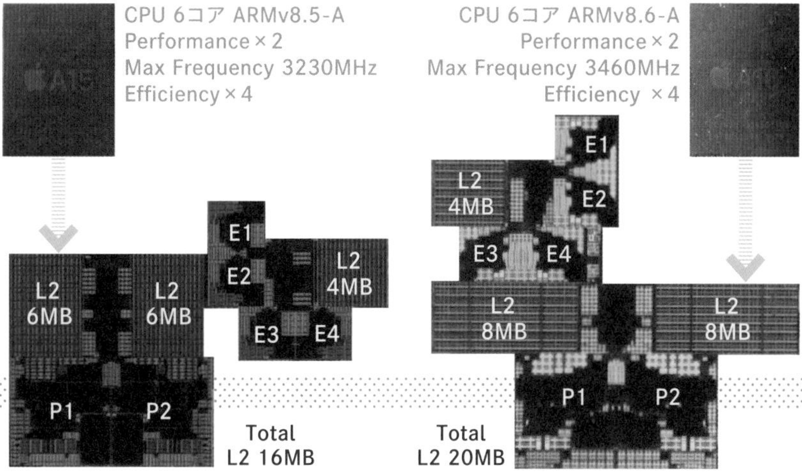

図9-30 Apple A15 (2021) ⇒ A16 (2022) CPU

表9-2 Apple A15 (2021) ⇒ A16 (2022) ②

パッケージ表	半導体写真	デバイス仕様	機能仕様
2021 A15 BIONIC 		TSMC 5nmプロセス 半導体サイズ 8.60×12.74mm 面積109.564mm^2 トランジスタ数15億 0.1369 BTR/mm^2	CPU ARMv8.5-A P Avalanche×2 3.23GHz E Blizzard×4 GPU Apple 5コア ニューラルエンジン 16コア15.8TOPS カメラISP
2021 A16 BIONIC 		TSMC 4nmプロセス 半導体サイズ 8.45×13.60mm 面積114.920mm^2 トランジスタ数16億 0.1392 BTR/mm^2	CPU ARMv8.6-A P Everest×2 3.46GHz E Sawtooth×4 GPU Apple 5コア ニューラルエンジン 16コア17.0TOPS カメラISP

図9-32はパッケージ構造を示しています。その他の機能も性能がバージョンアップされています。

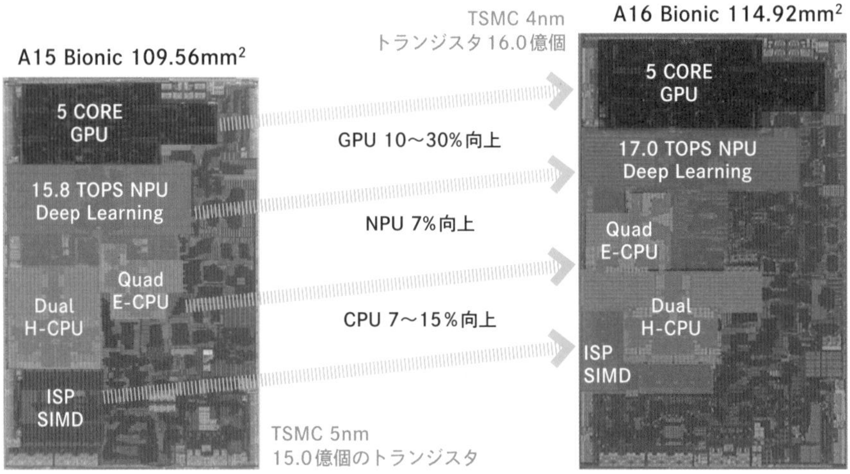

図9-31　Apple A15 (2021) ⇒ A16 (2022) 半導体の面積比較

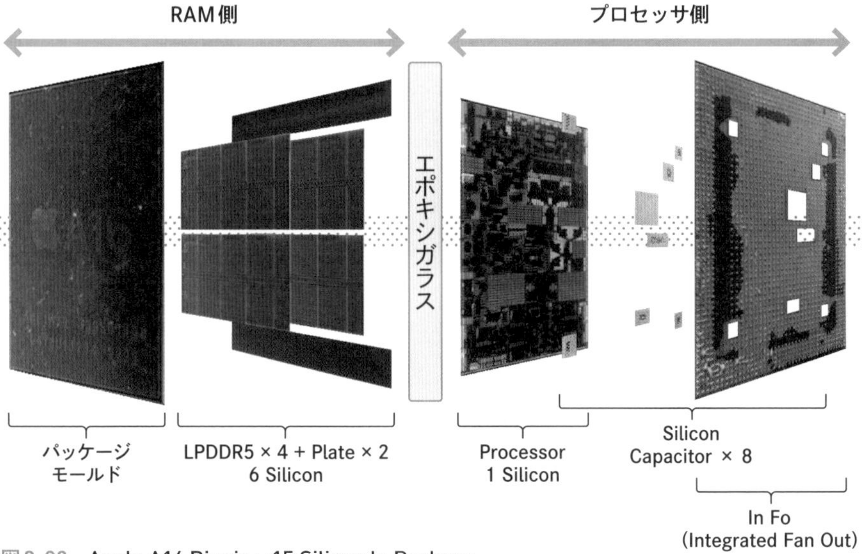

図9-32　Apple A16 Bionic = 15 Silicon In Package

表9-3　Apple A15（2021）⇒ A16（2022）②

プロセッサ	2017 A11	2018 A12	2019 A13	2020 A14	2021 A15	2022 A16
パッケージ表面図						
ガード除去済み	TSMC 10nm 	TSMC 7nm 	TSMC 7nm 	TSMC 5nm 	TSMC 5nm 	TSMC 4nm 
トランジスタ数	4.3 Billion	6.9 Billion	8.5 Billion	11.8 Billion	15.0 Billion	16.0 Billion
密度BTR/mm^2	0.048	0.081	0.084	0.132	0.137	0.139
最大動作周波数	2.39GHz	2.49GHz	2.65GHz	3.10GHz	3.23GHz	3.46GHz

9-7 Apple A11～A16 Bionic シリーズの全機能比較

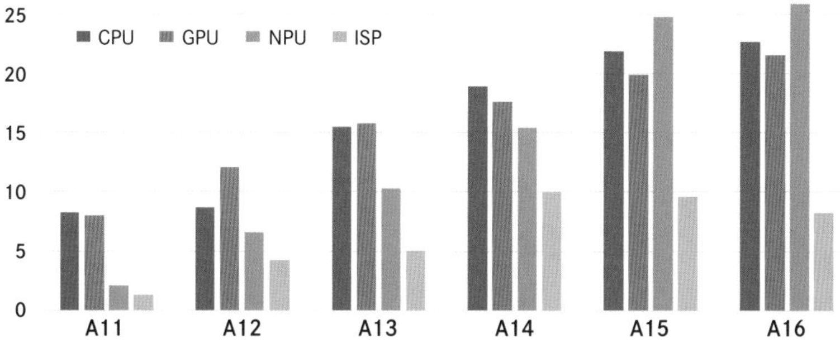

面積換算 億トランジスタ	CPU	GPU	NPU	ISP
A11	8.3	8	2.1	1.3
A12	8.7	12.1	6.6	4.3
A13	15.5	15.8	10.3	5.1
A14	18.9	17.6	15.4	10
A15	21.9	19.9	24.8	9.6
A16	22.7	21.6	25.9	8.3

図9-34　A11（2017）～A16（2022）プロセッサ比率

Apple Bionicシリーズ機能比較

Appleが設計し、A8まではSAMSUNG、それ以降はTSMCが製造するA1からA16 Bionicプロセッサまでの機能の進化と発展を次の図表にまとめました。

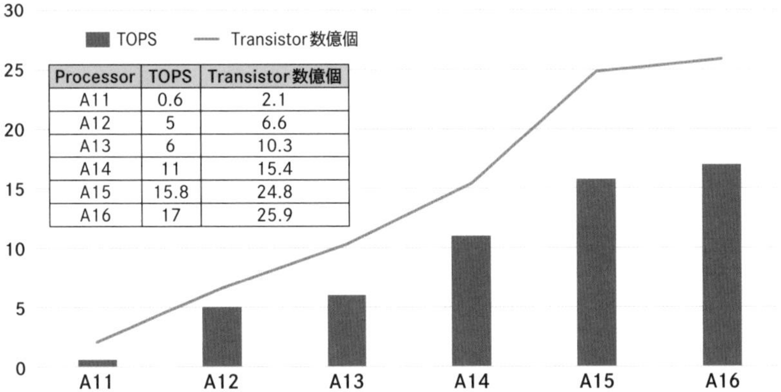

Processor	TOPS	Transistor数億個
A11	0.6	2.1
A12	5	6.6
A13	6	10.3
A14	11	15.4
A15	15.8	24.8
A16	17	25.9

A11 Bionicから搭載されたNeural Engineは年々規模と演算性能をアップさせている。
A16はA15比＋7%性能と微増。iPhone顔認証が成熟しTOPS性能が十分だからであろう。

図9-35　A11（2017）~A16（2022）ニューラルエンジン比率とA16 Package内シリコン数

表9-4　2007-2021 Apple A Series Processor ①

Apple	A1	A2	A3	A4	A5	A6	A7	A8	A9
パッケージ	339S0030 	339S0036 	339S0073 	339S0129 	339S0137 	339S0177 	339S0207 	339S00019 	339S00114 
半導体写真	S5L8900-1 	S5L8900-2 	APL0298 	APL0398 	APL0498 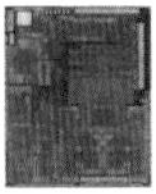	APL0598 	APL0698 	APL1011 	APL0898 
面積	72mm^2	72mm^2	73mm^2	53mm^2	123mm^2	97mm^2	103mm^2	91mm^2	97mm^2
プロセス	90nm	90nm	65nm	45nm	45nm	32nm	28nm	20nm	14nm
CPU	ARM1176	ARM1176	ARM A8	ARM A8	A9 x 2	ARMv7 x 2	ARMv8 x 2	ARMv8 x 2	ARMv8 x 2
GPU	MBX	MBX	SGX535	SGX535	SGX543-2	SGX543-3	G6430 x 4	G6430 x 4	7XT x 6
NPU	未対応	未対応	未対応	未対応	未対応	未対応	未対応	未対応	未対応

表9-5　2007-2021 Apple A Series Processor②（続き）

A10	A11	A12	A13	A14	A15	A16
339S00255 	339S00439 	339S00560 	339S0129 	339S0137 	339S00951 	339S01104 
APL1W24 	APL1W72 	APL1W81 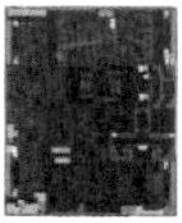	APL1W85 	APL1W01 	APL1W07 	APL1W10 
127mm^2	89mm^2	85mm^2	101mm^2	89mm^2	110mm^2	115mm^2
16nm	10nm	7nm	7nm	5nm	5nm	4nm
ARMv8.1-A x 4	ARMv8.1-A x 6	ARMv8.3-A x 6	ARMv8.4-A x 6	ARMv8.4-A x 6	ARMv8.5-A x 6	ARMv8.6-A x 6
GT7600 MP5	Apple GPU MP3	Apple GPU MP4	Apple GPU MP4	Apple GPU MP4	Apple GPU MP5	Apple GPU MP5
未対応	0.6 TOPS	5.0 TOPS	6.0 TOPS	11.0 TOPS	15.8TOPS	17.0TOPS

表9-6　2022 Apple M2 & A16 Bionic 比較①

プラットフォーム名	パッケージ上面	パッケージ下面	半導体写真	半導体名
Apple M2 **2022年6月24日** **MacBook Pro**	24.4×28.2mm 	Silicon Cap×4 	11.83×12.91mm 	TSMC 5nmプロセス 
A16 BIONIC **2022年9月16日** **iPhone 14 Pro**	12.9×17.6mm 	Silicon Cap×8 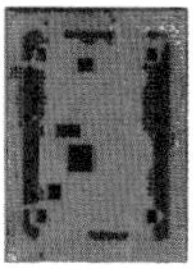	8.45×13.60mm 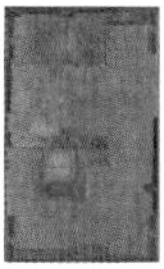	TSMC 4nmプロセス 

表9-7　2022 Apple M2 & A16 Bionic 比較②

パッケージ表	半導体写真	デバイス仕様	機能仕様
		・TSMC 5nmプロセス ・半導体サイズ： 11.83×12.91mm ・半導体面積：152.7253mm^2 ・トランジスタ数：20億個 ・0.1310 BTR/mm^2	・CPU ARMv8.5-A P Avalanche×4　3.49GHz ・E Blizzard ×4 ・GPU Apple 10コア ・ニューラルエンジン 16コア15.8TOPS ・メモリ：LPDDR5
2022 A16 BIONIC 		・TSMC 4nmプロセス ・半導体サイズ： 8.45×13.60mm ・半導体面積：114.920mm^2 ・トランジスタ数：16億個 ・0.1392 BTR/mm^2	・CPU ARMv8.6-A P Everest×2　3.46GHz ・E Sawtooth×4 ・GPU Apple 5コア ・ニューラルエンジン 16コア17.0TOPS ・メモリ：LPDDR5

Chapter 10

Apple Watch Series 8

Chapter 10

Apple Watch Series 8

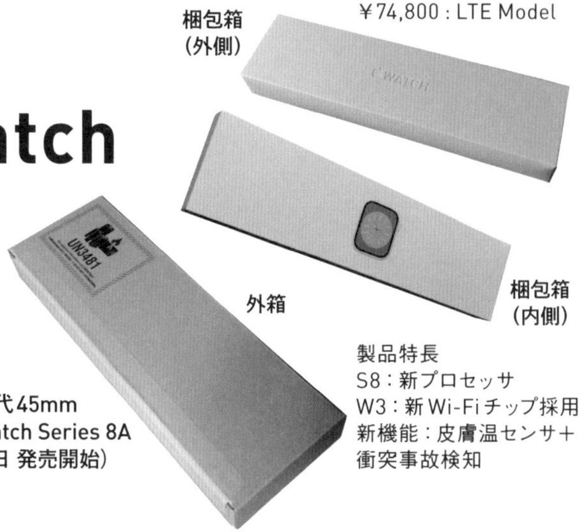

図10-1　第8世代45mm
Model Apple Watch Series 8A
(2022年9月16日 発売開始)

10-1 Apple Watch Series 8 分解解説

図10-2　Apple Watch Series 8 外観

Apple Watch Series 8の分解

2022年9月に発売になったApple Watch Series 8（図10-1、図10-2）は皮膚温センサーが追加され（実際には従来のセンサーと同じものを使用）、衝突衝撃を受けると通報を行うことなど新機能も追加されました。

しかしハードウェア的には2021年のWatch Series 7の改良の域を

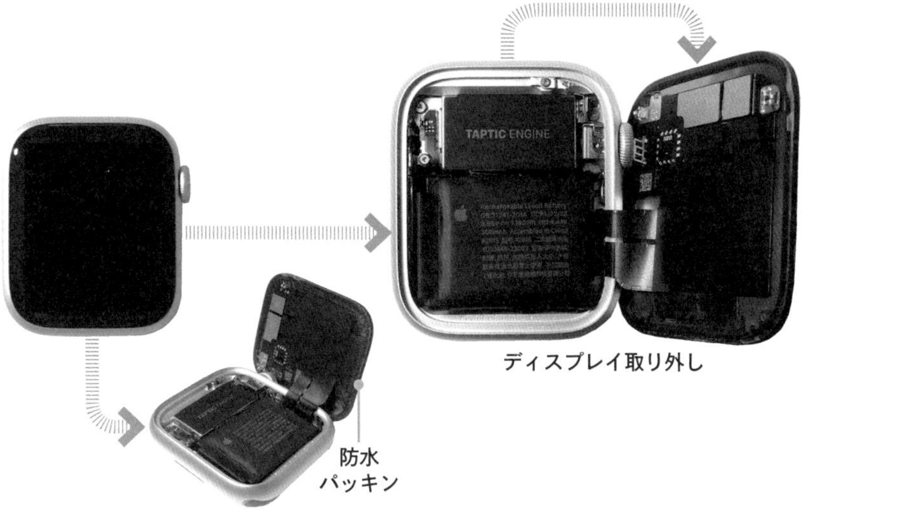

図10-3　Apple Watch Series 8ケース分解 ①

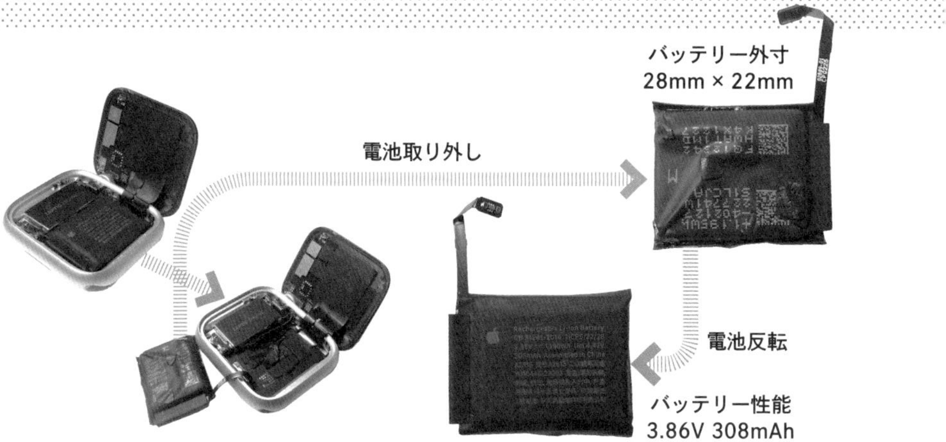

図10-4　Apple Watch Series 8ケース分解 ②

超えていません。SIP（System In Package）は新規チップの「S8」が用いられ、ディスプレイ裏の半導体チップも新規開発のものになっています。随所に新たな部品が用いられブラッシュアップが図られていることは間違いありませんが、電池、TAPTIC、生体センサーとの接続関係など、多くの部分は従来のままです。

図10-3、図10-4では、本体ケースを開封した後に電池を取り外し

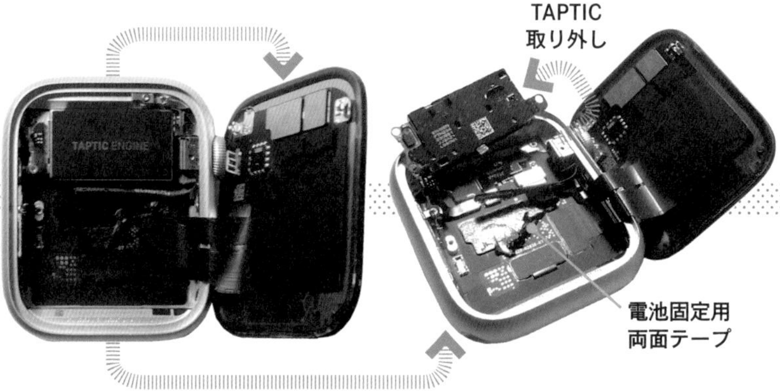

図10-5　Apple Watch Series 8 分解 ③

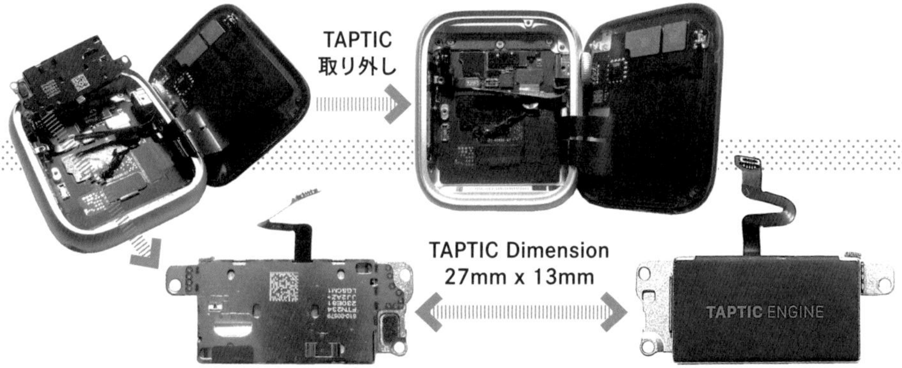

図10-6　Apple Watch Series 8 分解 ④

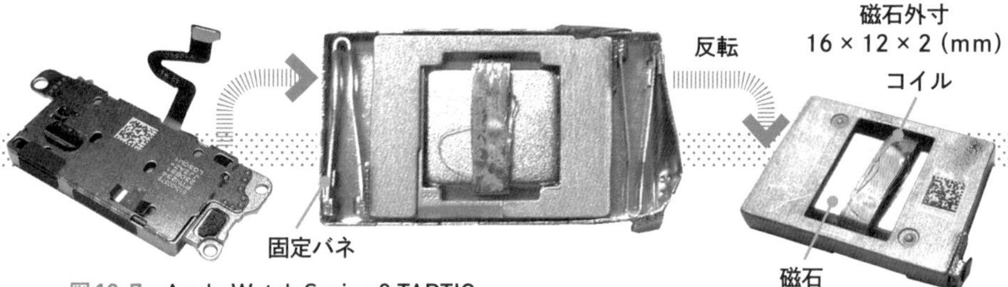

図10-7　Apple Watch Series 8 TAPTIC

ています。図10-5、図10-6では、バイブレーション機能をもたらすTAPTICを取り外しています。図10-7ではTAPTICを分解しました。中身はコイルと磁石で、電流が流れると左右に振動します。

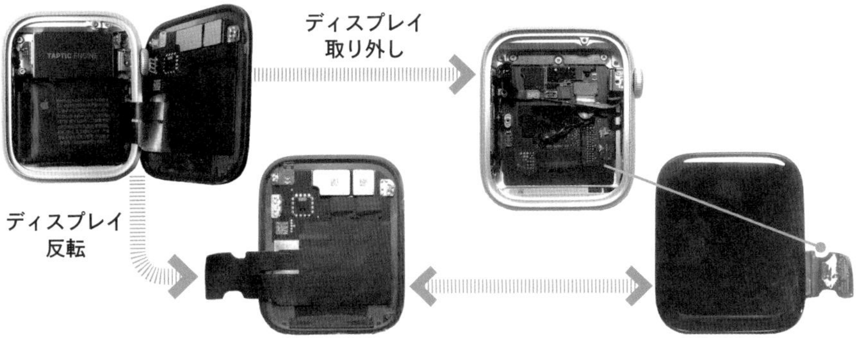

図10-8 Apple Watch Series 8 Display ①

10-2 Apple Watch Series 8ディスプレイ

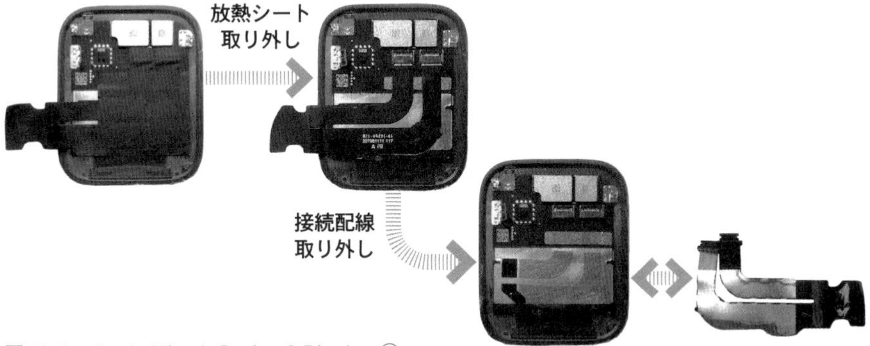

図10-9 Apple Watch Series 8 Display ②

ディスプレイの取り外し

図10-8、図10-9ではディスプレイを取り外しています。ディスプレイの背面には、韓国SILICON WORKSのディスプレイドライバーICがあります（図10-10）。

図10-11、図10-12では環境光センサーが配置されています。図10-13ではにディスプレイタッチコントローラやディスプレイバイアスコントローラが従来機種と同じ配置となっています。

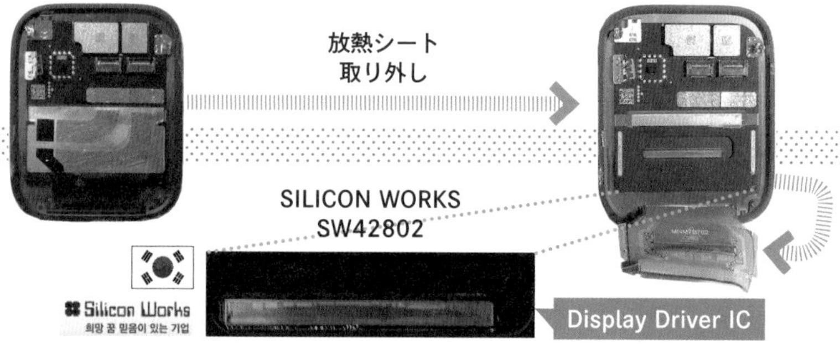

図10-10　Apple Watch Series 8 Display ③

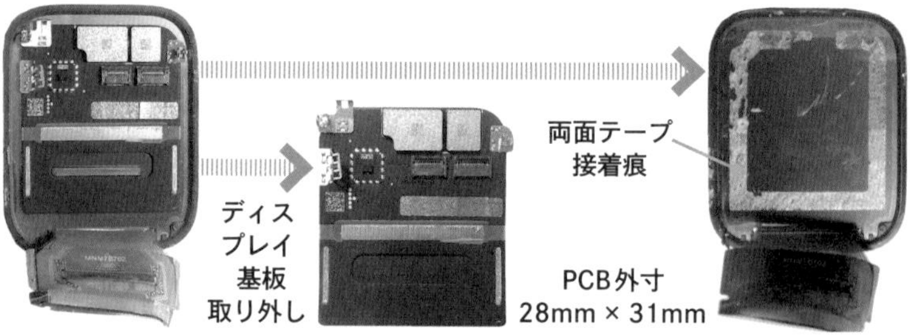

図10-11　Apple Watch Series 8 Display ④

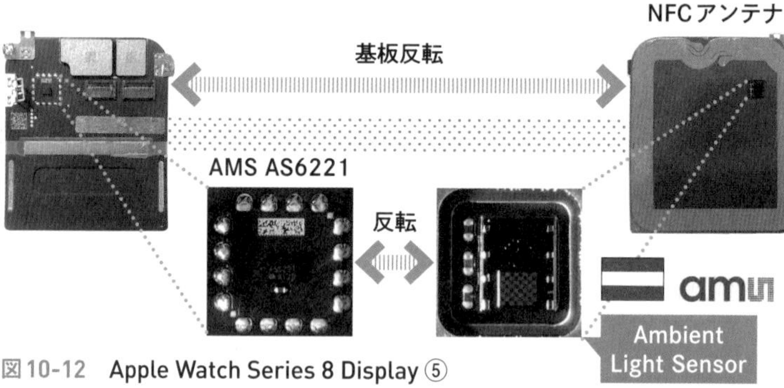

図10-12　Apple Watch Series 8 Display ⑤

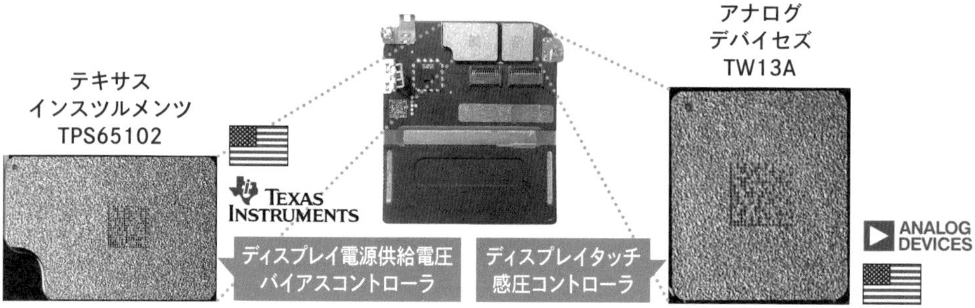

図10-13　Apple Watch Series 8 Display ⑥

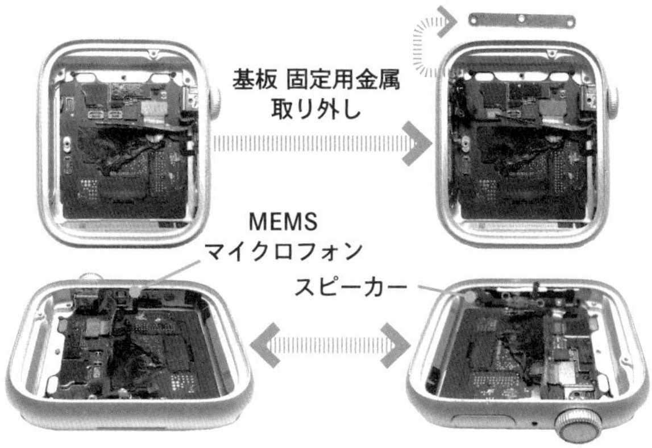

図10-14　Apple Watch Series 8フレーム分解①

10-3 Apple Watchのフレームまわり

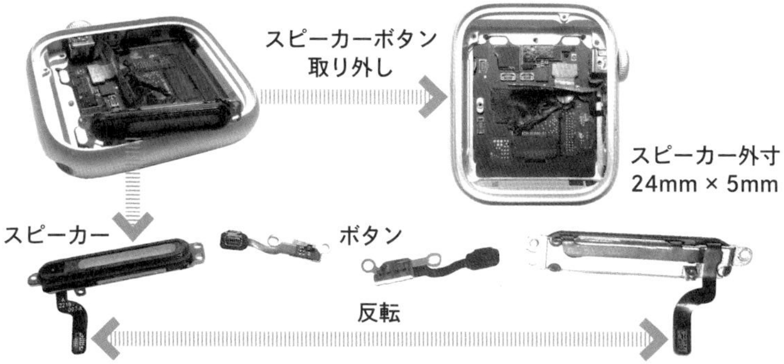

図10-15　Apple Watch Series 8フレーム分解②

フレームまわりの分解

図10-14、図10-15では、Watch 8のフレームまわりを見ていきます。デジタルクラウンの横に小さな穴がありますが、マイクロフォンが埋め込まれています。図10-17ではMEMSマイクロフォンとアンテナユニットを取り出しました。MEMSマイクロフォンはKNOWELSのチップであること、その横にはANALOG DEVICESのデータトランシーバーが接続されているのがわかります。図10-18ではセンサーのフレームを取り外しています。

図10-16　Apple Watch Seriesフレーム分解③

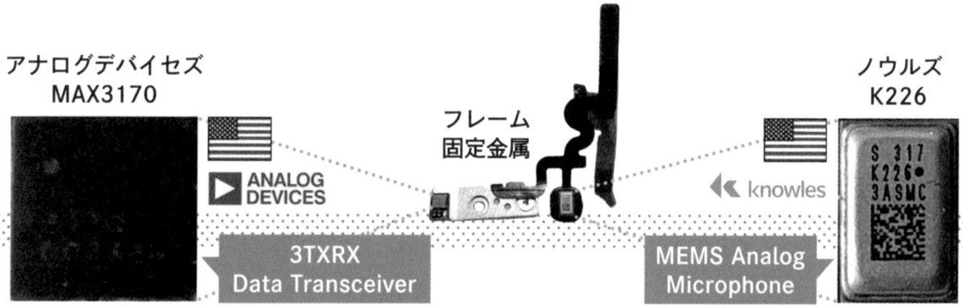

図10-17　Apple Watch Series 8フレーム分解 ④

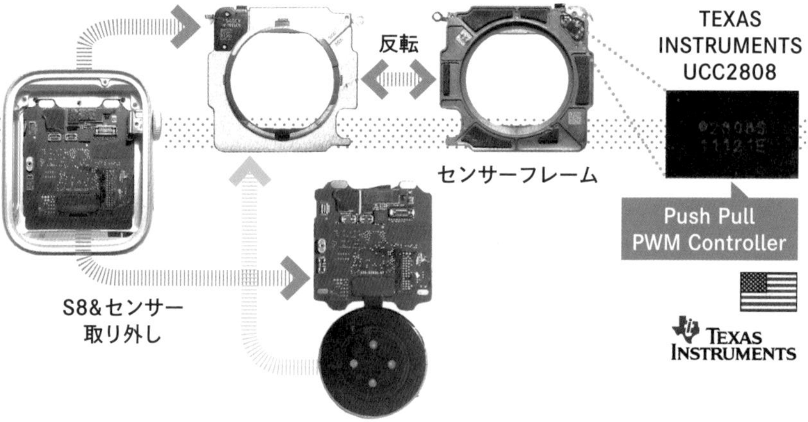

図10-18　Apple Watch Series 8フレーム分解⑤

10-4 Apple Watchのセンサーの分解

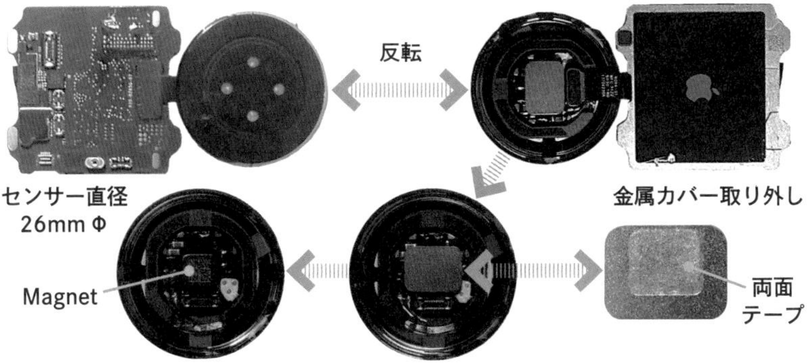

図10-19　Apple Watch Series 8基板とセンサー分解①

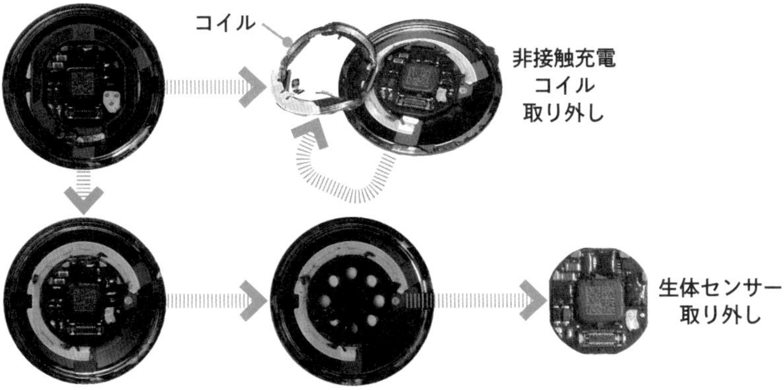

図10-20　Apple Watch Series 8生体センサー①

センサー中心に分解を進める

図10-19ではWatch 8本体の裏側にあるLEDのセンサー部分をみていきます。先ほど図10-18でフレームから生体センサーを取り外しましたが、図10-20では非接触充電コイルを取り外し、生体センサーをクローズアップしていきます。

生体センサーは、中央の赤外線とRGBのLEDライトを皮膚に当てます。その光の反射をフォトダイオードで感知します。キャッチし

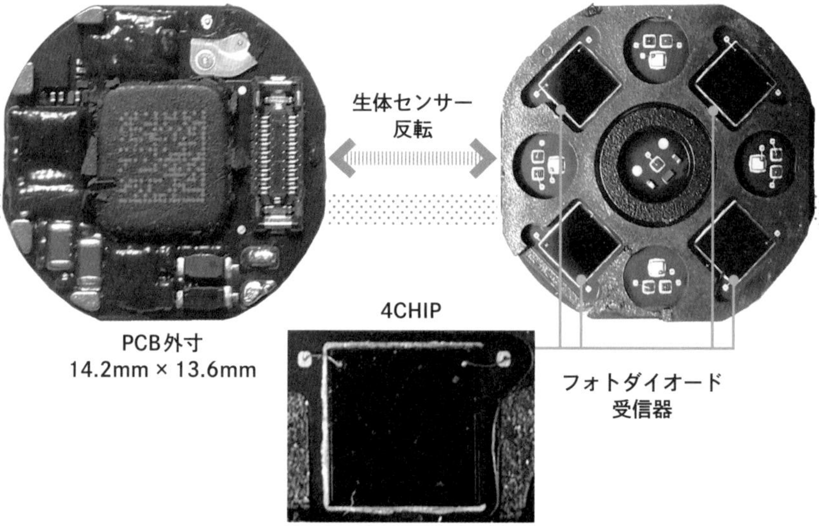

図10-21　Apple Watch Series 8生体センサー②

図10-22　Apple Watch Series 8生体センサー③

た血流がわかるようになります。図10-21では4つのフォトダイオード、図10-22では4つのRGB LEDライトと赤外線LEDライトの様子を示しています。

図10-23 Apple Watch Series 8 S8 SIP ①

10-5 Apple WatchのSIP分解

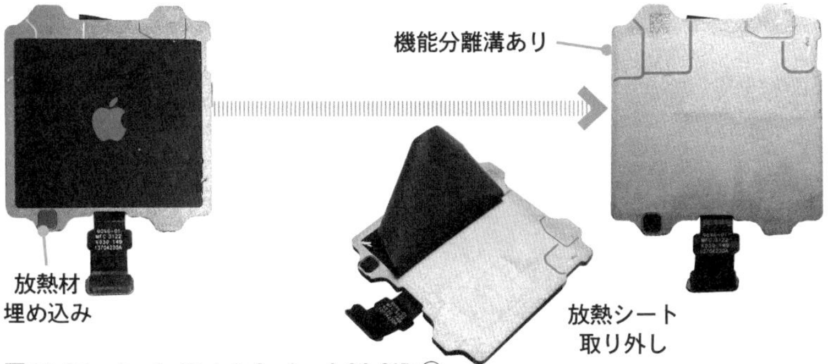

図10-24 Apple Watch Series 8 S8 SIP ②

S8 SIPの分解

生体センサー部分を外すと（図10-23）、基板の接続状態がわかります。基板の裏はS8チップのSIP（System In Package）になります（図10-24）。図10-25では、SIPから配線と金属シールドを取り外しています。プロセッサ基板の裏側には従来機種と同様にスカイワークスのパワーアンプ・RFフロントエンドモジュール（図10-26）、台湾USIのUWB通信とGPSチップ、BOSCHのモーションセンサーが組み込まれています。図10-28ではApple Watch内部の部品一式です。表10-1ではそれらを部品表にまとめました。図10-29は、S8 SIPを中心に接続関係を示しています。

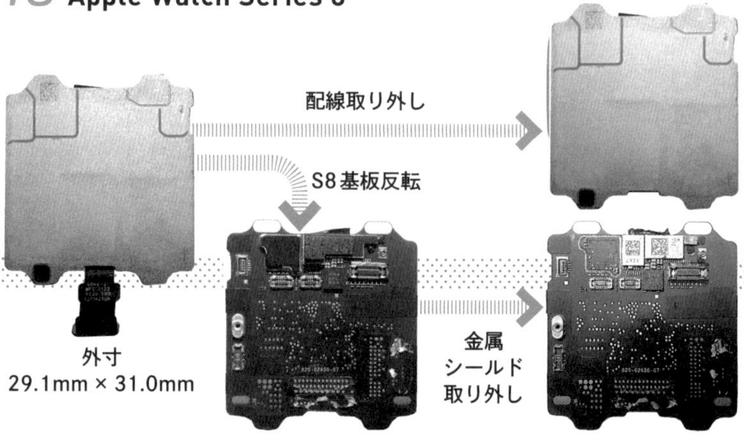

図10-25　Apple Watch Series 8 S8 SIP ③

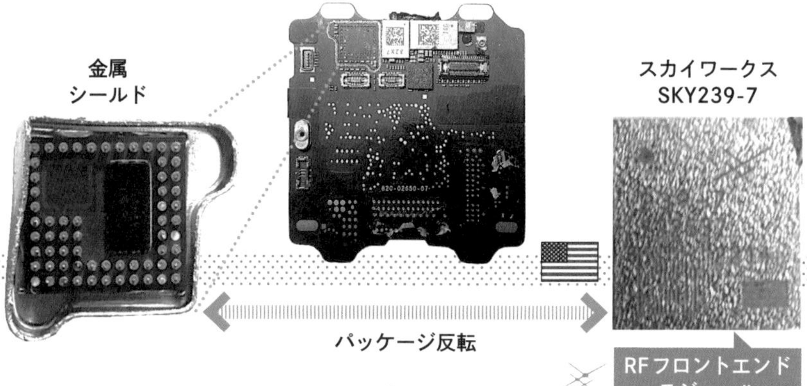

図10-26　Apple Watch Series 8 S8 SIP ④

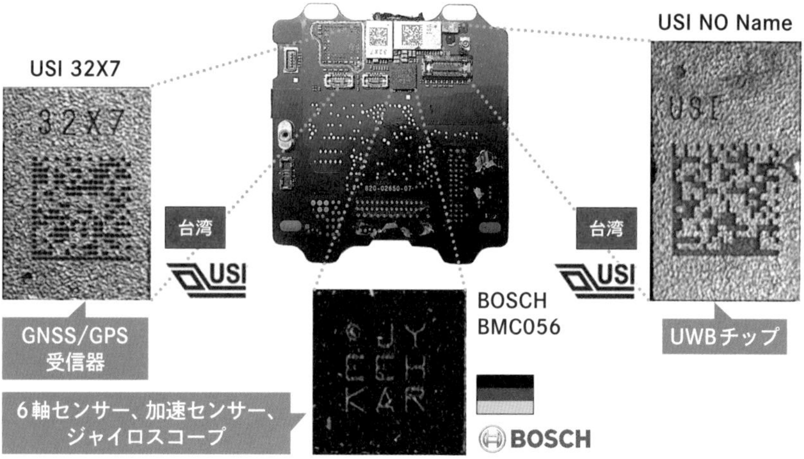

図10-27　Apple Watch Series 8 S8 SIP ⑤

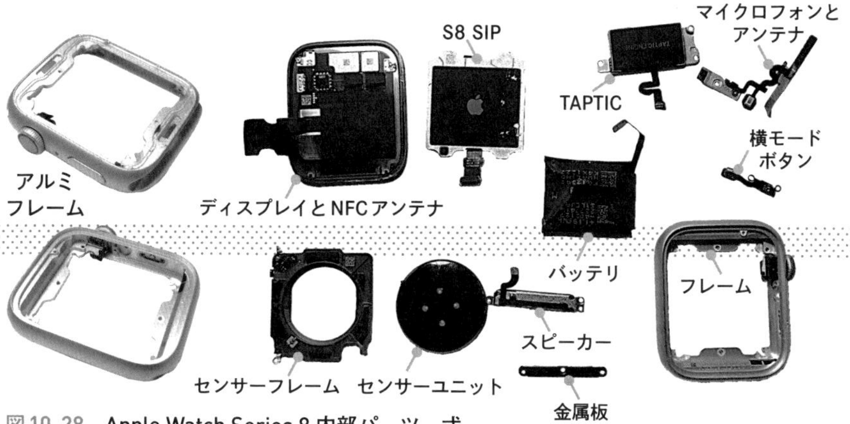

図10-28　Apple Watch Series 8 内部パーツ一式

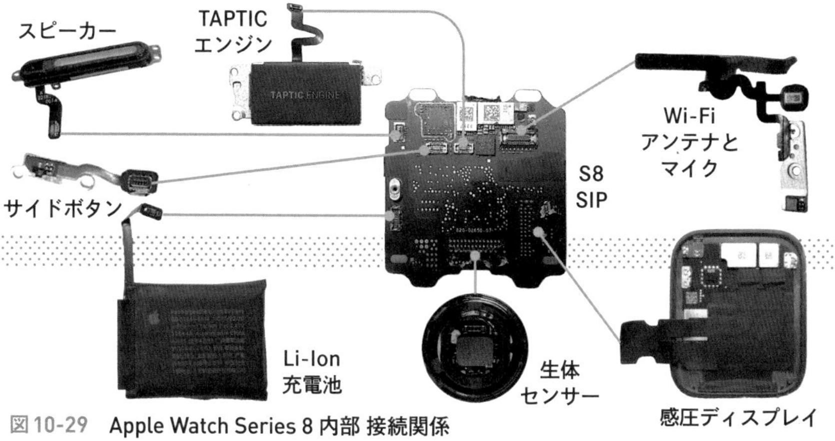

図10-29　Apple Watch Series 8 内部 接続関係

表10-1　Apple Watch Series 8部品表

NO	Maker	Name	Count	Function	Country	Category
1	TI	TPS65102	1	Display Bias Controller	USA	Analog
2		UCC2808	1	PWM Controller	USA	Analog
3	ADI	TW13A	1	Force Touch Controller	USA	Analog
4		MAX3170	1	Data Transceiver	USA	Analog
5	USI	32X7	1	GNSS/GPS Receiver	Taiwan	Mixed
6		NO NAME	1	UWB Radio	Taiwan	Mixed
7	APPLE	S8	1	System In Package	USA	Mixed
8	Siliconworks	SW42802	1	Display Driver IC	Korea	Driver
9	AMS	AS6221	1	Ambient Light Sensor	Austria	Sensor
10	KNOWELS	K226	1	MEMS Microphone	USA	Sensor
11	SKYWORKS	SKY239-7	1	RF Front End Module	USA	Power
12	BOSCH	BMC056	1	6-Axis Motion Sensor	German	Sensor
TOTAL CHIP			12			

表 10-2　APPLE Watch Series 1 & 2

Apple Watch 2015年4月24日〜		Watch Series 2 2016年9月16日〜
✓	Wi-Fi/Bluetooth	✓
✓	動体センサー	✓
✓	NFC	✓
✓	心拍数	✓
	GNSS/GPS	✓
	LTE	
	健康センサー	
	常時点灯	
	長広帯域通信	
	Quick Charge	
	Temperature	

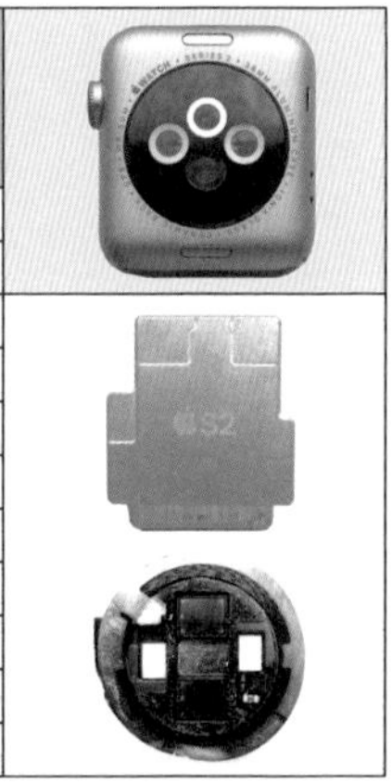

表 10-3　APPLE Watch Series 3 & 4

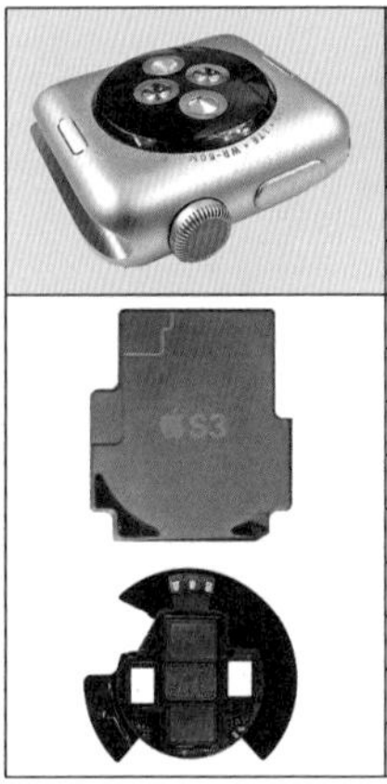

Watch Series 3 2017年9月22日〜		Watch Series 4 2018年9月21日〜
✓	Wi-Fi/Bluetooth	✓
✓	動体センサー	✓
✓	NFC	✓
✓	心拍数	✓
✓	GNSS/GPS	✓
✓	LTE	✓
	健康センサー	✓
	常時点灯	
	長広帯域通信	
	Quick Charge	
	Temperature	

10-6 Apple Watch過去の製品との比較

代々受け継がれる機能と新機能

スマートウオッチという新ジャンルが生まれておおよそ10年になります。表10-2〜表10-5では機能をまとめました。スマートウオッチにできることは徐々に限界に近づいている可能性が高いかもしれません。表10-6では生体センサー

表10-4 APPLE Watch Series 5 & 6

	Watch Series 5 2019年9月20日～		Watch Series 6 2020年9月18日～	
	✓	Wi-Fi/Bluetooth	✓	
	✓	動体センサー	✓	
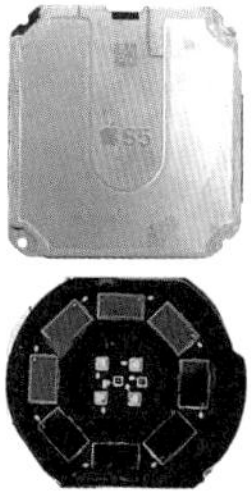	✓	NFC	✓	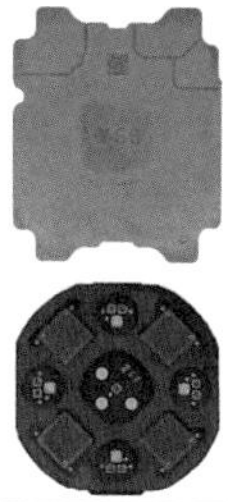
	✓	心拍数	✓	
	✓	GNSS/GPS	✓	
	✓	LTE	✓	
	✓	健康センサー	✓	
	✓	常時点灯	✓	
		長広帯域通信	✓	
		Quick Charge		
		Temperature		

表10-5 APPLE Watch Series 7 & 8

	Watch Series 7 2021年10月15日～		Watch Series 8 2022年9月16日～	
	✓	Wi-Fi/Bluetooth	✓	
	✓	動体センサー	✓	
	✓	NFC	✓	
	✓	心拍数	✓	
	✓	GNSS/GPS	✓	
	✓	LTE	✓	
	✓	健康センサー	✓	
	✓	常時点灯	✓	
	✓	長広帯域通信	✓	
	✓	Quick Charge	✓	
		Temperature	✓	

の機能をまとめました。もちろん予防医学的にも健康管理面でもまだまだできていないことはたくさんあります。装着しているだけでより高度な診断や予測が成されることは望ましいですし、いざというときの通報が自動的に成されるに越したことはありません。しかし現時点のスマートウオッチ機能を削った腕時計型スマートフォン

表10-6　Watch 1 ⇒ Watch 8 生体センサー

2015 Series 1	2016 Series 2	2017 Series 3	2018 Series 4	2019 Series 5	2020 Series 6	2021 Series 7	2022 Series 8

				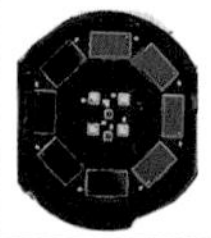	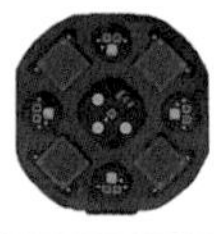		
BIO-Sensor Green LED x 2 Photodiode x 2 Op. Amplifier	BIO-Sensor Green LED x 2 Photodiode x 2 Op. Amplifier	BIO-Sensor Green LED x 2 Photodiode x 2 Op. Amplifier	BIO-Sensor IR LED x 2 Green LED x 4 Photodiode x 8 Op. Amplifier	BIO-Sensor IR LED x 2 Green LED x 4 Photodiode x 8 Op. Amplifier	BIO-Sensor IR LED x 1 Red LED x 4 Blue LED x 4 Green LED x 4 Photodiode x 4 Op. Amplifier	BIO-Sensor IR LED x 1 Red LED x 4 Blue LED x 4 Green LED x 4 Photodiode x 4 Op. Amplifier	BIO-Sensor IR LED x 1 Red LED x 4 Blue LED x 4 Green LED x 4 Photodiode x 4 Op. Amplifier

表10-7　Watch 1 ⇒ Watch 8 Display

2015 Series 1	2016 Series 2	2017 Series 3	2018 Series 4	2019 Series 5	2020 Series 6	2021 Series 7	2022 Series 8

Display Back 2 CHIP Touch Controller Display Driver	Display Back 5 CHIP Touch Controller NFC Controller Power Amplifier DC/DC Converter Display Driver	Display Back 3 CHIP Touch Controller NFC Controller Display Driver	Display Back 4 CHIP Touch Controller NFC Controller Precision Amplifier Display Driver	Display Back 4 CHIP Touch Controller NFC Controller Precision Amplifier Display Driver	Display Back 3 CHIP Touch Controller Voltage Bias IC Display Driver	Display Back 3 CHIP Touch Controller Voltage Bias IC Display Driver	Display Back 3 CHIP Touch Controller Voltage Bias IC Display Driver

という位置づけを脱していないようです。

表10-7にディスプレイの機能、表10-8にSIPの変化をまとめました。AppleやGoogleがSmart Watchを少しずつ改良しながらも、モデルチェンジを続けている理由は、アプリケーションを含むサービスへの誘導のためにほかなりません。単体のスマートウオッチはあくま

表10-8　Watch S1 ⇒ Watch S8 SIP

2015 Series 1	2016 Series 2	2017 Series 3	2018 Series 4	2019 Series 5	2020 Series 6	2021 Series 7	2022 Series 8
SIP S1 	SIP S2 	SIP S3 	SIP S4 	SIP S5 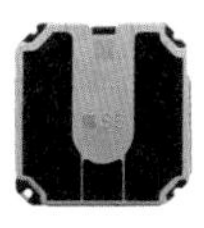	SIP S6 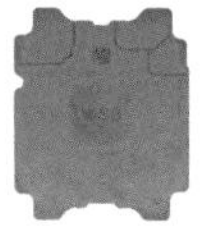	SIP S7 	SIP S8 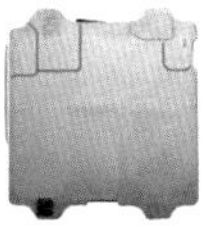
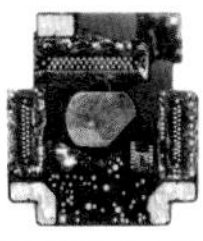							
SIP Back NO CHIP	SIP Back 3 CHIP GPS Module 6-Axis Sensor	SIP Back 6 CHIP RF PA Secure 6-Axis Sensor	SIP Back 4 CHIP GPS Secure 6-Axis Sensor	SIP Back 4 CHIP GPS RF PA 6-Axis Sensor	SIP Back 4 CHIP GPS UWB PA 6-Axis Sensor	SIP Back 4 CHIP GPS UWB PA 6-Axis Sensor	SIP Back 4 CHIP GPS UWB PA 6-Axis Sensor

でもプラスアルファ機能付きの腕時計です。スマートフォンとの連動を前提としたコンセプト商品です。スマートフォン側に大きなデータがあり、さらにスマートフォンを介してのクラウドに接続もされています。クラウドデータやアプリケーションを利用する課金サービスへの誘導デバイスとしてスマートウオッチの価値は少なくありません。Appleが、Watchをビジネスの中核に置く理由はサービスへの入り口だからです。一方でスマートウオッチで車のキーを開ける、モバイルペイメントが可能になるなど新たな使い方ができるようになっています。こちらもサービスへの誘導です。スマートフォンは多くの既存デバイスを飲み込みながら進化を続けてきました。携帯電話、デジカメ、ポータブルオーディオ、ICレコーダーなどの市場はすべてがスマートフォンに吸収されています。同様にスマートウオッチは鍵や財布、機能としてのリモコンなどを飲み込み始めています。成長のための財源は、既存のビジネスを飲み込むことにあります。スマートウオッチが進化する過程で、既存のビジネスがターゲットにされているわけです。図10-30でApple Watchの新機能追加をまとめましたが、今後さらに成熟を続け、体温計という既存ビジネスを置き換えていくのかもしれません。

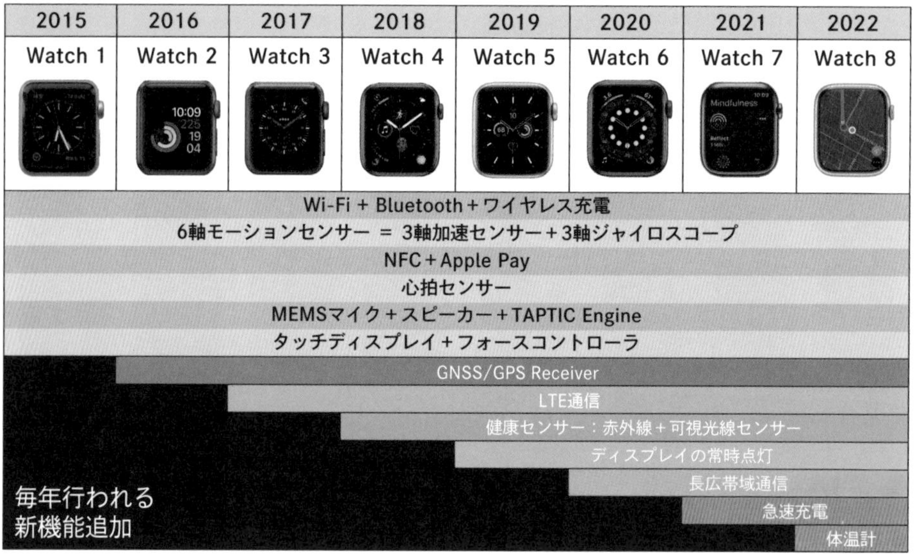

図10-30　Watch 1 ⇒ Watch 8時計機能の進化

Chapter 11

Air Pods Pro（第2世代）

Chapter 11

Air Pods Pro (第2世代)

11-1 Air Pods Pro(第2世代)分解解説

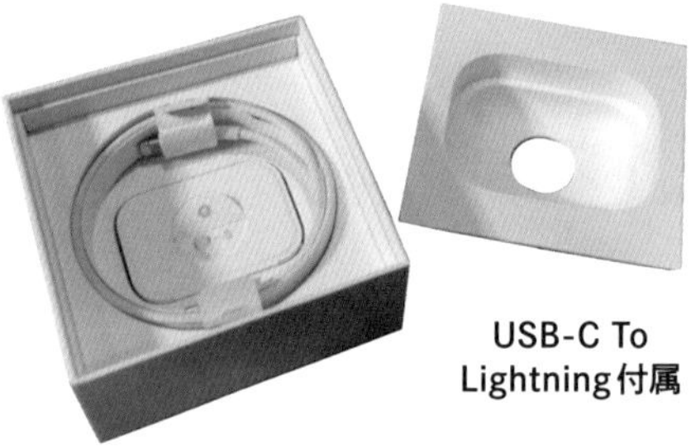

図11-1　Air Pods Pro(第2世代) 2021年9月23日発売開始(前世代よりも強化されたアクティブノイズキャンセル機能) 販売価格39,800円

Apple Air Pods Pro (第2世代) の概要

Appleが2022年9月23日に発売開始したアクティブノイズキャンセル機能付きワイヤレスイヤフォン、Air Pods Pro2(第2世代)は外観、構造ともに2019年に発売された初代のAir Pods Proと大きな差はありません(図11-1、図11-2)。初代から用いられているSIP(System In Package)は2代目でも同じ前方後

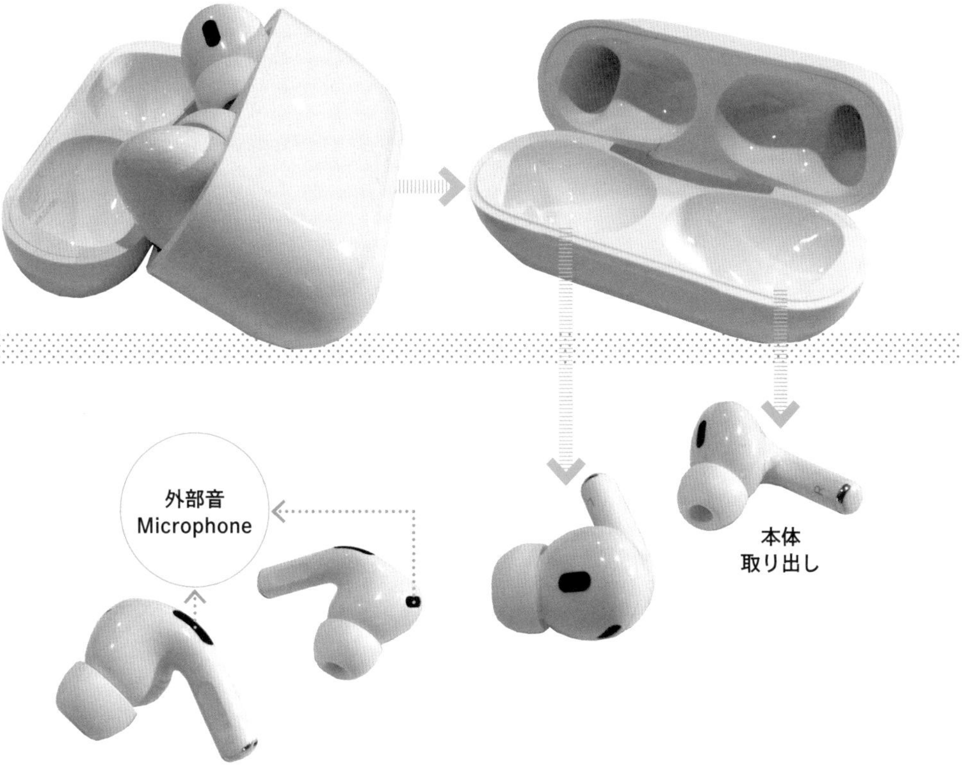

図11-2　Apple Air Pods Pro（第2世代）外見の変化はない

円墳型の形状です。しかし内部のプロセッサ（Audio＋Bluetooth）は、Apple自社製の第2世代のH2（従来機種はH1を採用）に置き換わることによって、強化されたノイズキャンセリング機能が実現されています。Appleは最終製品の形状に合わせた形のSIP（前方後円墳型）を用いることで無駄のないスペース活用を行っています。

11-2 Air Pods Pro（第2世代）充電器

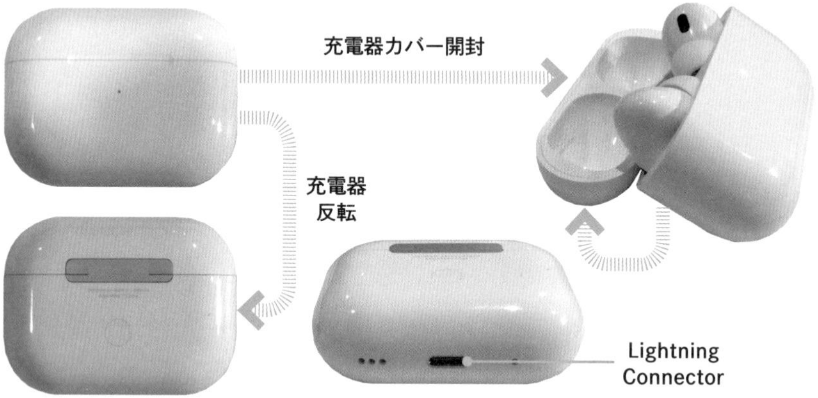

図11-3　Air Pods Pro（第2世代）の充電器にはスピーカーの穴がある

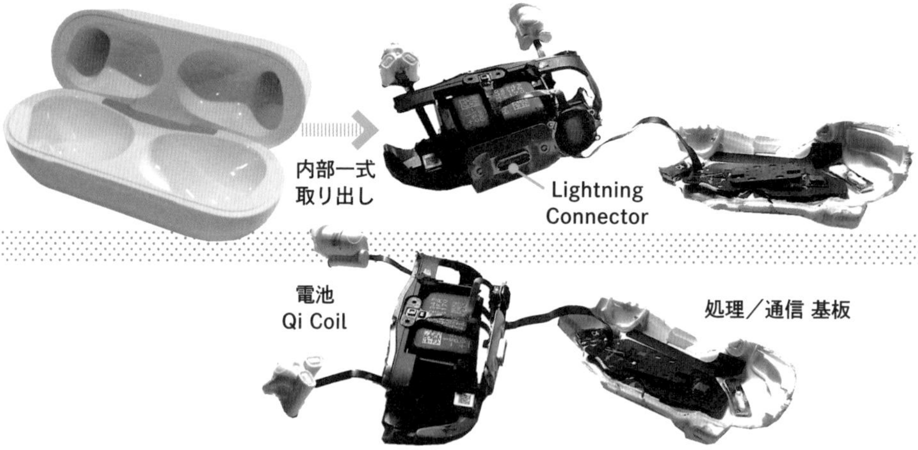

図11-4　充電器を分解して中身のパーツを取り出す

充電器の分解

Apple Air Pods Pro2は充電ケースにも大きな変化があります。図11-3を見るとLightningコネクタの左側に小さな穴が3つ空いているのがわかります。これがスピーカー

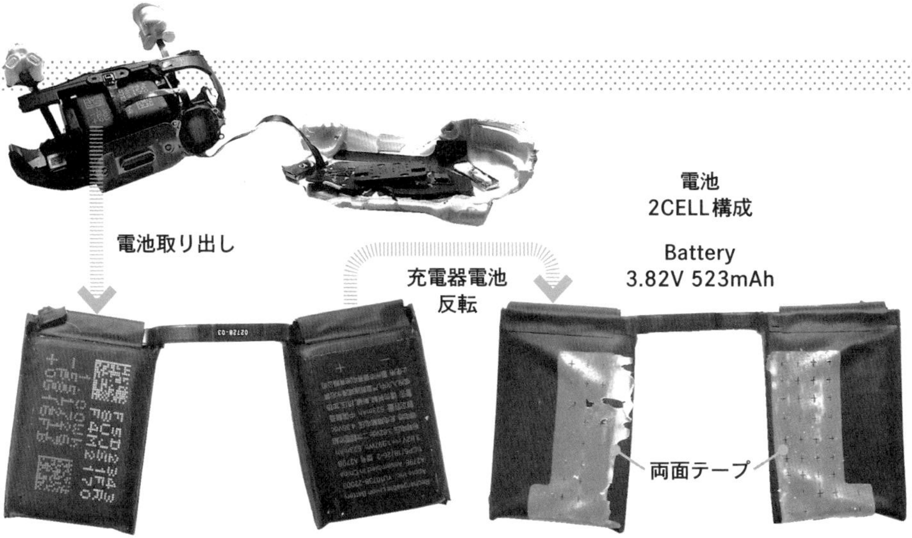

図11-5　内部の充電池はデュアルバッテリー

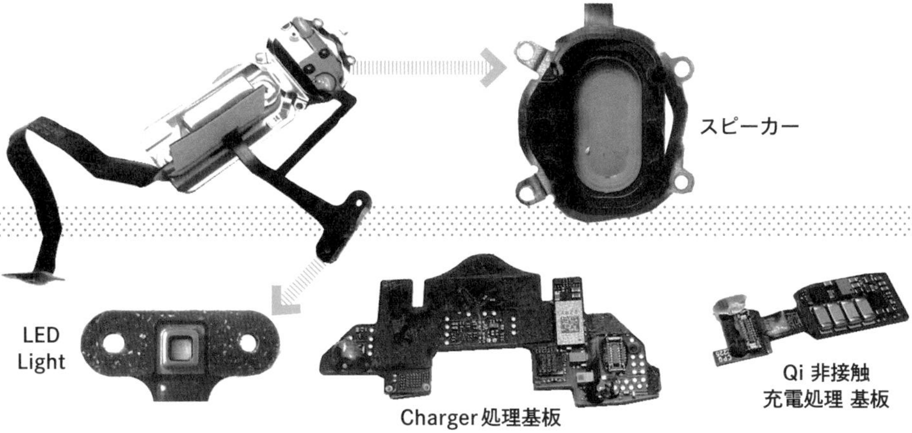

図11-6　充電器技内部の基板群とスピーカー

の穴です。図11-4はケースを分解した様子です。ワイヤレス充電のコイルなどあります。図11-5は、複数の電池が内蔵されている（デュアルバッテリー）を示しています。図11-6はスピーカーの接続箇所を示しています。これは紛失時にケースから音を発するために備わって

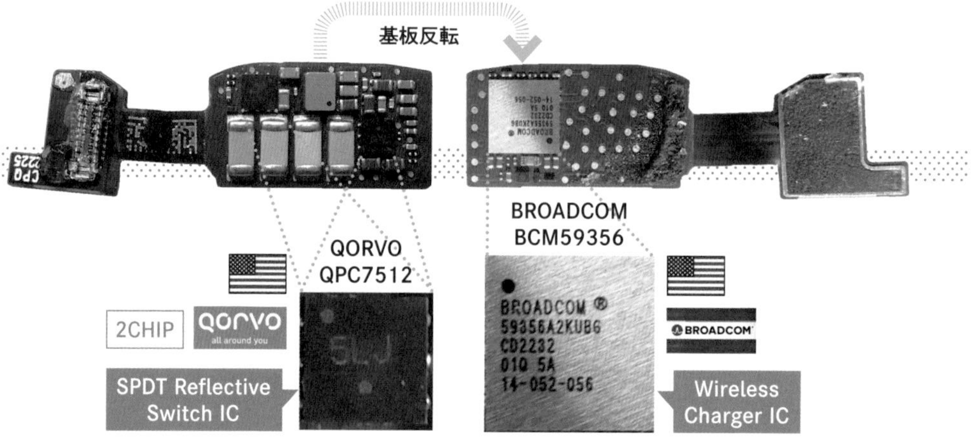

図11-7　Air Pods Proの通信チップ

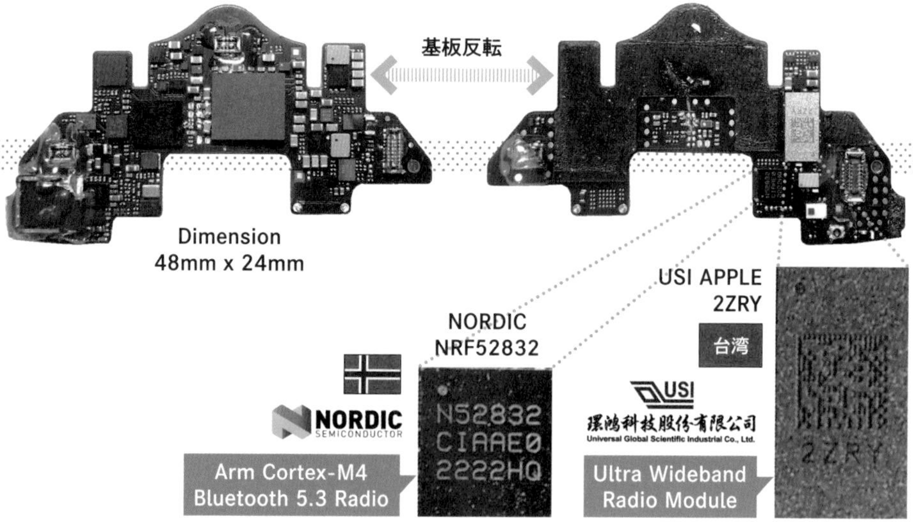

図11-8　Air Pods ProのGPSとUWBチップ

います。

図11-7はBROADCOMのワイヤレスチャージャーチップです。図11-8は、USIのUWBとNORDICのBluetoothのチップです。多くのApple製品が搭載するUWB（Ultra Wideband）チップU1をケース側にも搭載しています。紛失した場合

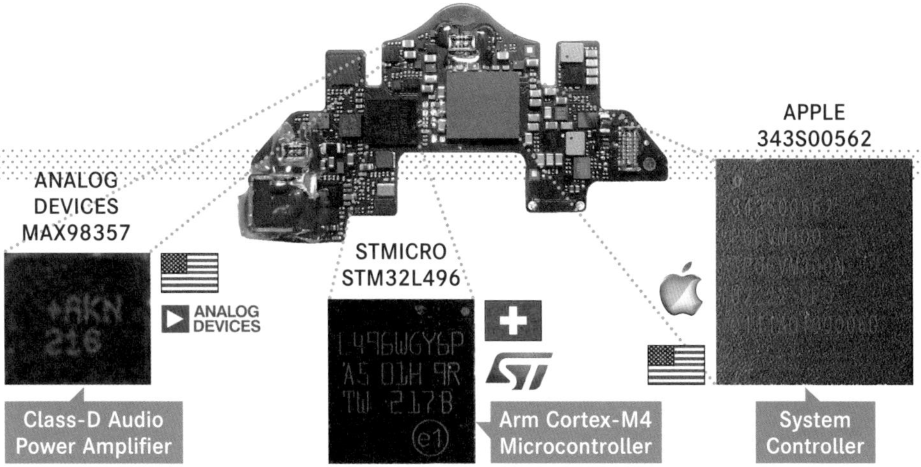

図11-9　オーディオ関連のチップ群

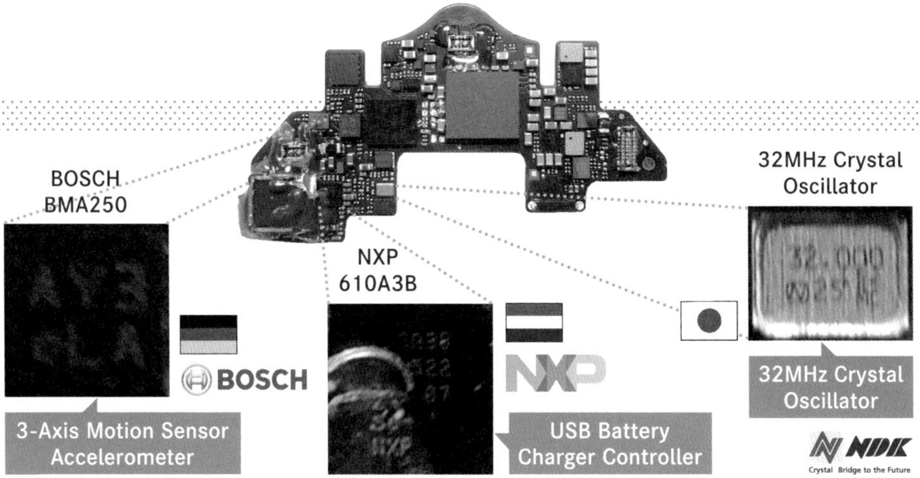

図11-10　加速センサーなど

にもiPhoneなどを通じて充電ケースを探すことができるようになっています。現在Appleから販売される全iPhone、Watch、AirTagに加えAir Pods Pro2にU1チップが搭載されているので、Appleでもっとも採用されるチップはU1ということになります。充電器をうっかり紛失

表11-1　Air Pods Pro 2 充電器部品表

NO	Maker	Name	Count	Function	Country	Category
1	BROADCOM	BCM59356	1	Wireless Charger	USA	Mixed
2	QORVO	QPC7512	2	SPDT Switch IC	USA	Analog
3	USI	2ZRY	1	Ultra Wideband	Taiwan	Mixed
4	NORDIC	NRF52832	1	Arm M4 + Bluetooth 5.3	Norway	Mixed
5	ADI	MAX98357	1	Class-D Audio Amplifier	USA	Analog
6	STMICRO	STM32L496	1	Arm M4 Controller	Switz	Digital
7	APPLE	343S00562	1	System Controller	USA	Digital
8	BOSCH	BMA250	1	3-Axis Accelerometer	German	Sensor
9	NXP	610A3B	1	USB Battery Charger	Nether	Analog
TOTAL CHIP			10			

した時にもAirTagと同じように見つけることができます。

図11-9はクラスDオーディオアンプなどです。図11-10には、BOSCHの3軸モーションセンサーと加速度計が入っているのがわかります。これで充電器が移動したりとか持ち去れたりといった変化がわかるのです。

表11-1に充電器側の部品表をまとめました。驚くべきは充電器なのに10個ものチップが入っていることです。

図11-11　Apple Air Pods Pro（第2世代）本体 ②

11-3 イヤフォン本体の分解と解説

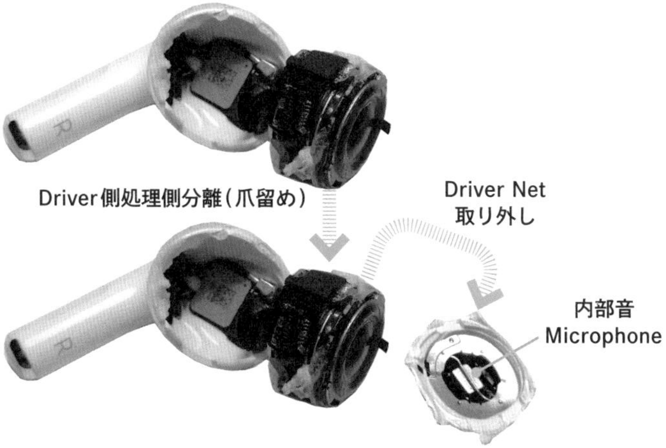

図11-12　イヤフォン側の分解で出てくる内部マイクロフォン

Apple Air Pods Pro 2 第2世代の性能向上

図11-11でイヤフォン本体の分解をしていきます。図11-12では内部音用のマイクがあります。Air Pods Pro2は棒状の突起があります。この内部は一般のワイヤレスイヤホンではほとんど使われない巨大なアンテナ（20mm × 4mm）が内蔵されています。このアンテナの効果は極めて高いです。アンテナ

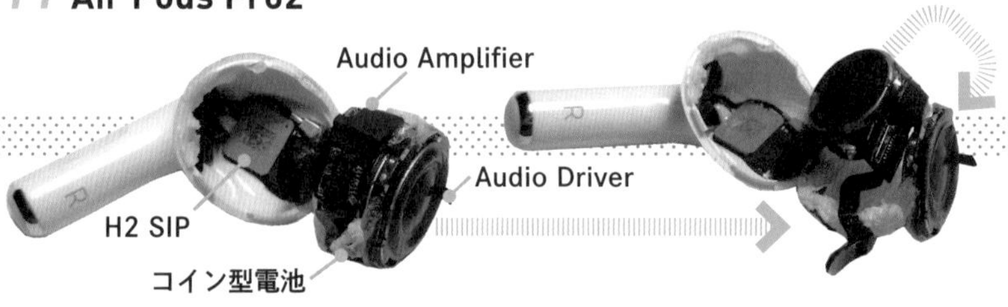

図11-13　コイン型電池とオーディオドライバー

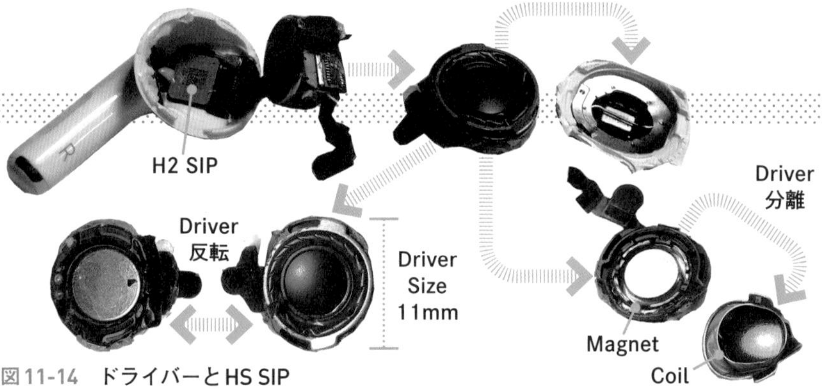

図11-14　ドライバーとHS SIP

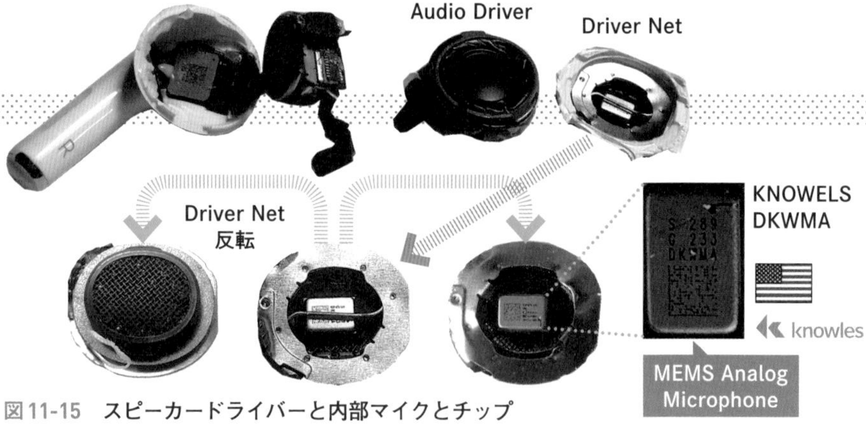

図11-15　スピーカードライバーと内部マイクとチップ

の先端にマイクロフォンもあるので外部音の取り込みでも大きな効果があります。

図11-3では内蔵されているコイン型電池があります。図11-4はスピーカー部分を外すとH2 SIPが出てくる様子です。図11-5はオーディオドライバー裏のマイクとMEMSチップを示しています。

図11-16は、コイン型電池を取り外してH2 SIPを露呈させています。図11-17は電池のサイズを

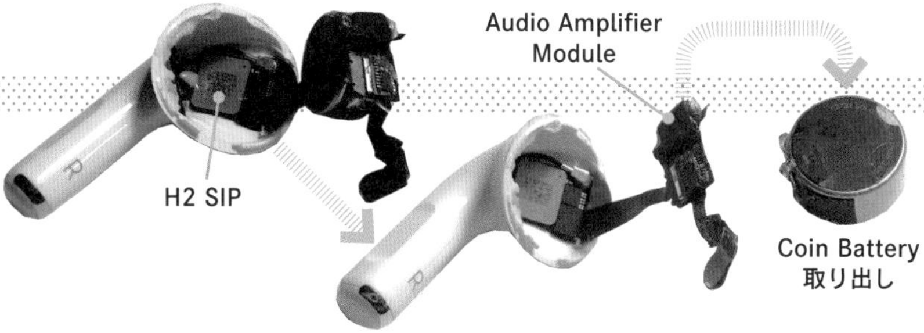

図11-16　H2 SIPの取り出し準備

図11-17　イヤフォン内の充電池

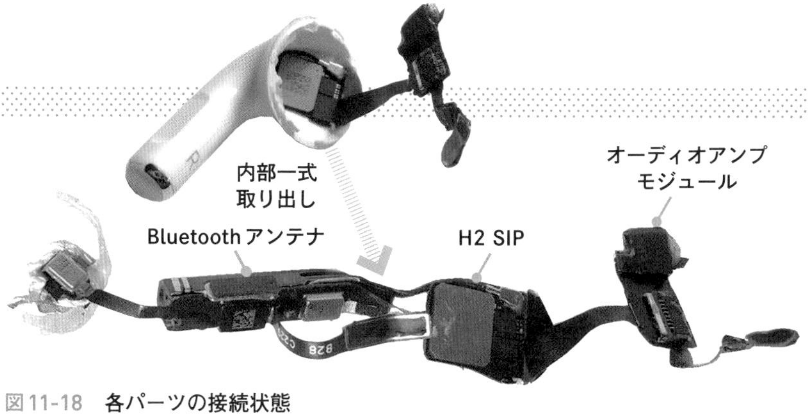

図11-18　各パーツの接続状態

計測してみました。図11-18、図11-19では、プロセッサのSIPだけでなく、オーディオパワーアンプのSIPも電池脇に無駄なく収まる形状となっているのがわかります。SIPはSystemを収めるだけでなく、最終製品の内部の隙間を埋める役割も果たしています。図11-20ではマイクロフォンの接続状態とMEMSチップです。図11-21はBluetoothアンテナの接続状況です。図11-22は、マイクロフォンとH2

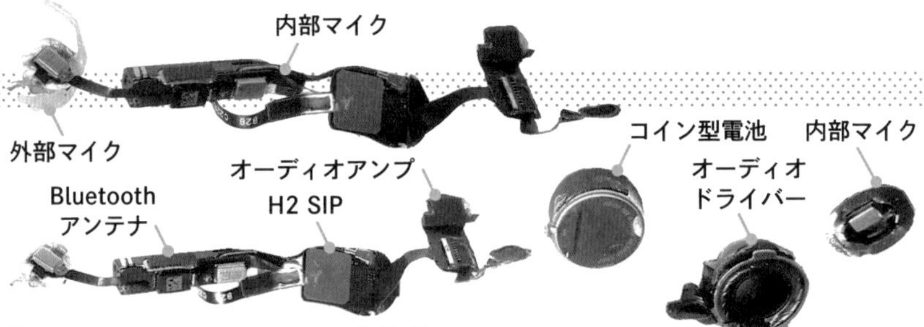

図11-19　Apple Air Pods Pro 2 本体 ⑩

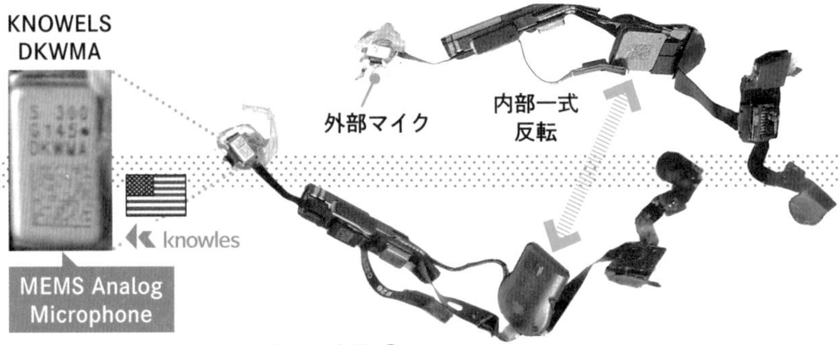

図11-20　Apple Air Pods Pro 2本体 ⑪

図11-21　Apple Air Pods Pro 2 本体 ⑫

SIPとの接続状態を示しています。図11-23はH2 SIPの外観にクローズアップしました。図11-24は、SIP内のチップ解析です。BOSCHの6軸加速センサとSTMICROのジャイロスコープが搭載されています。これは、イヤフォンが耳に装着されたことを検知するためです。なんらかのモーションがあったときに電源が入るようになっています。図11-25はイヤフォン内のパーツ群の解説です。

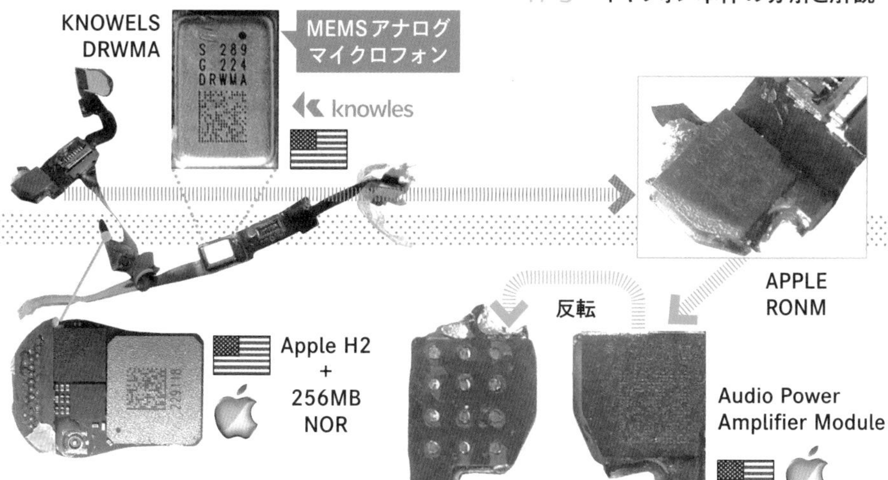

図11-22　Apple Air Pods Pro 2 本体 ⑬

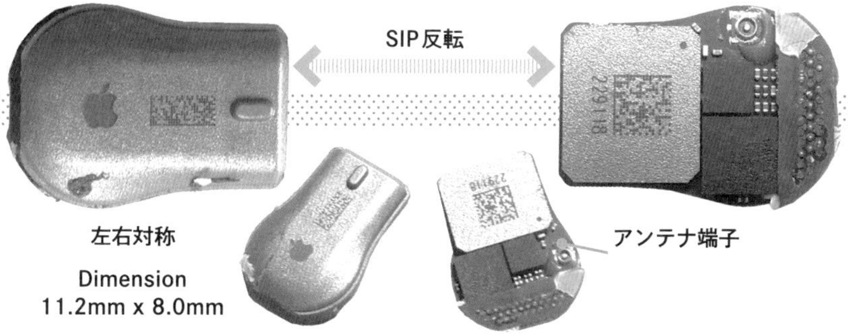

図11-23　Apple Air Pods Pro 2 本体（H2 SIP）⑭

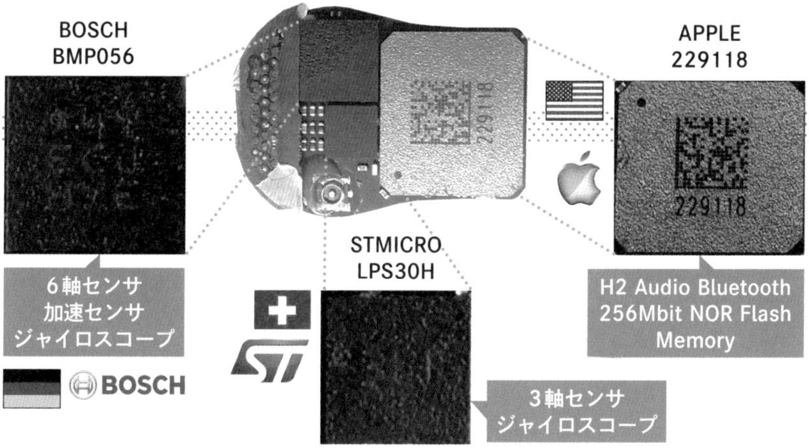

図11-24　Apple Air Pods Pro 2 本体 ⑮

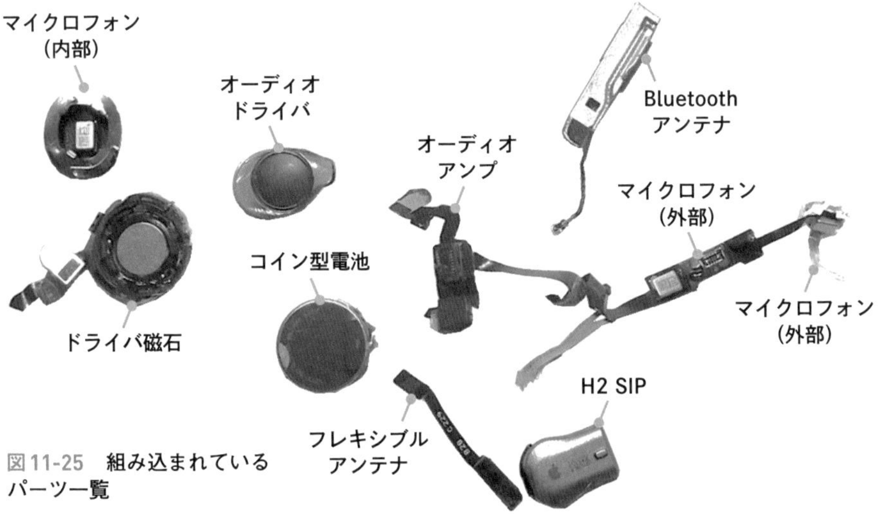

図11-25　組み込まれているパーツ一覧

11-4 基板と内部解説

表11-2　Air Pods Pro 2 本体部品表

NO	Maker	Name	Count	Function	Country	Category
Earphone Left + Right						
1	APPLE	33EN	2	Analog Switch Module	USA	Analog
2		RONM	2	Audio Amplifier Module	USA	Analog
3		NO Name	2	Audio Module	USA	Mixed
4		229118	2	H2 + 256Mbit NOR	USA	Mixed
5	STMICRO	LPS30H	2	3-Axis Gyroscope	Switz	Sensor
6	BOSCH	BMP056	2	6-Axis Motion Sensor	German	Sensor
7	KNOWELS	DKWMA	6	MEMS Microphone	USA	Sensor
TOTAL CHIP			10			

表11-2はAir Pods Pro（第2世代）のイヤフォンの部品表です。小さい本体内に10個ものチップが組み込まれています。表11-3は初代Air Pods Proとの比較です。表11-4はAirPodsシリーズで使用されている技術をまとめました。

Air Pods Pro初代に採用されたH1はその後、Air Pods2/3/MaxなどAppleオーディオの多くの製品に

表11-3　Air Pods Pro 第1世代 ⇒ 第2世代

製品名	化粧箱	アンプ基板	SIP前面	SIP背面
2019年10月 初代 Air Pods Pro ¥27,800			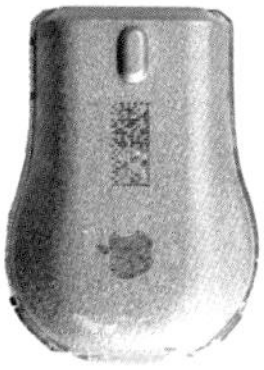	
2022年9月 第2世代 Air Pods Pro ¥39,800		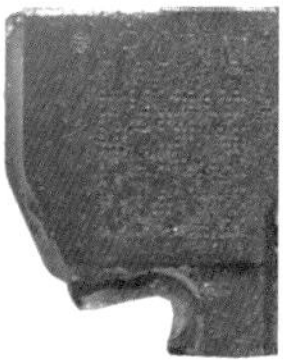		

表11-4　Air Pods 2017-2022 全機種一覧

Air Pods 1	Air Pods 2	Air Pods Pro	Air Pods Max	Air Pods 3	Air Pods Pro 2
2017.2 	2019.3 	2019.10 	2020.12 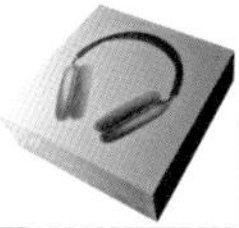	2021.10 	2022.9 

Apple W1 	Apple H1 	Apple H1 SIP 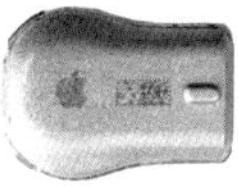	Apple H1 	Apple H1 SIP 	Apple H2 SIP 

採用されました。Air Pods Pro 2のBluetoothプロセッサH2は今後、Air Podsの新製品に採用されていくものと思われます。Appleは開発した半導体チップをその他の多くの製品に展開していきます。1製品だけに使うということはありません。

Chapter 12

MacBook Pro (M2、2022)

Chapter 12

MacBook Pro (M2、2022)

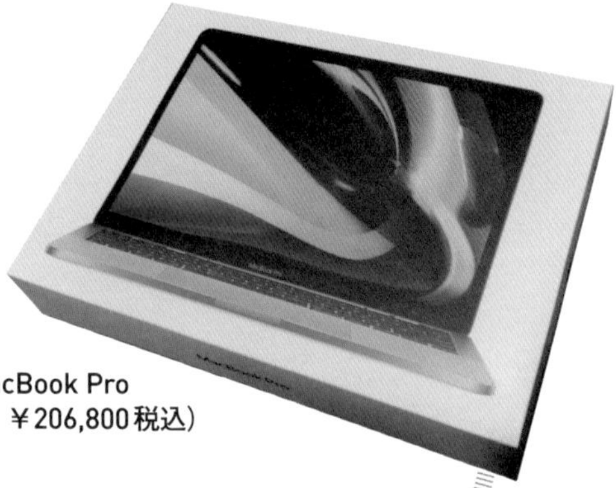

図12-1　Apple M2 搭載 MacBook Pro
(2022年6月24日発売開始、¥206,800税込)

12-1 Apple M2 MacBook Pro分解解説

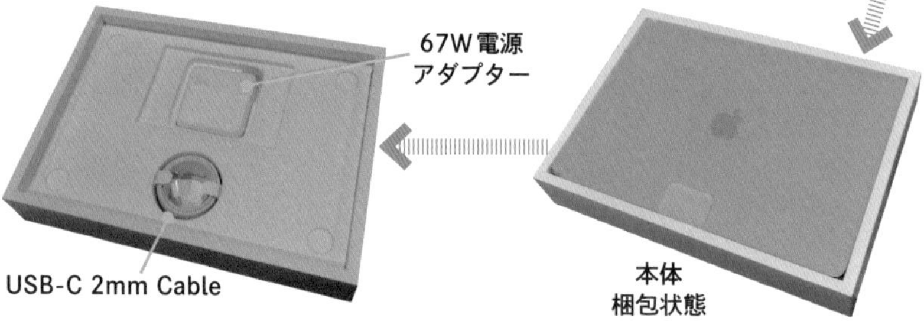

これまでのMacBook Pro

Appleが2022年6月に発売開始したMacBook Proは新プロセッサApple M2を採用しています。M2はAppleが自前に開発したApple PC向けのプロセッサの第2弾です。第1弾のApple M1が最初にリリースされたのは2020年11月でした。その後M1はコア数を増やしたM1 Pro、M1 Maxへと展開されミドル向け、ハイエンド向けなど2021年にリリースされた製品に採用されています。第2弾のM2も同じストーリーで展開されました。まず普及版のMacBook ProやMacBook AirでM2搭載化を進め、次いでハイエンド、スーパーハイエンドと広がっていきます。筆者の予想どおり、2023年2月にM2 ProやM2 Maxを搭載したスーパーハイエン

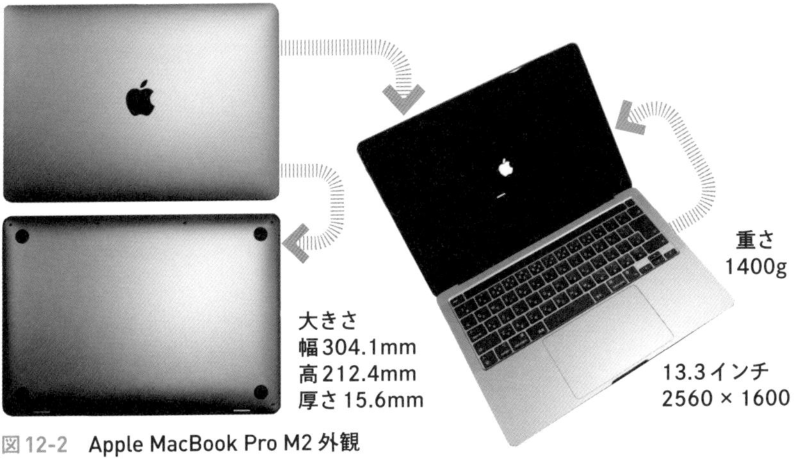

図12-2　Apple MacBook Pro M2 外観

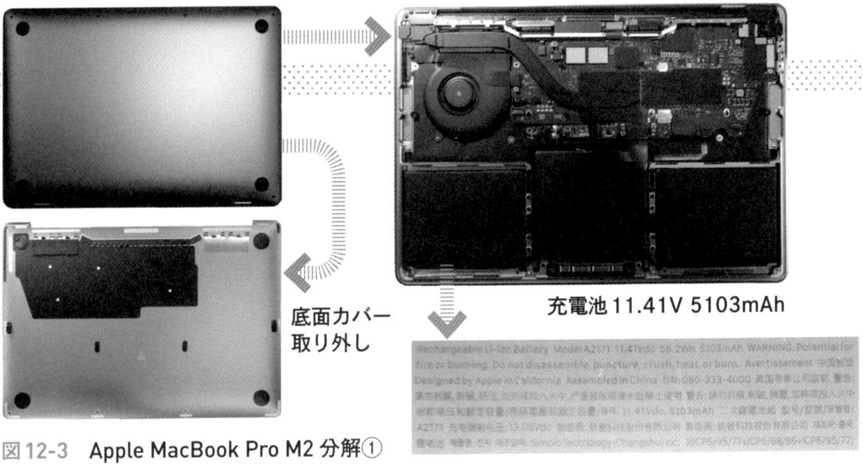

図12-3　Apple MacBook Pro M2 分解①

ドのMacBook Proが発表されました。M2 Ultra Mac Studioも2023年6月には発売されました。

振り返りますと、2020年11月に最初のApple M1版MacBookが発売されましたが、同年5月にIntelのCPU第10世代CORE i7を採用したMacBook Proも発売されています。2020年の前半まではAppleによるIntel採用が継続されていました。しかし2021年以降AppleはIntel製プロセッサを採用した製品を一切発表していません。M2搭載のMacBook ProではIntelプロセッサを用いたバージョンは最初からラインアップに存在していません。AppleがIntelプロセッサを採用しなくなってから、すでに3年以上が

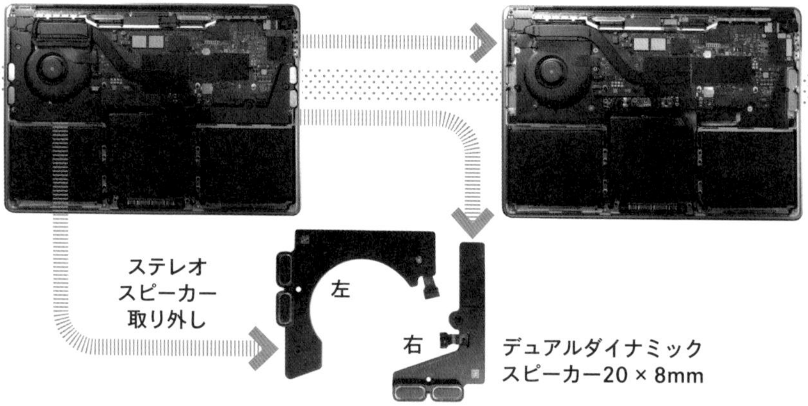

図 12-4　Apple MacBook Pro M2 分解②

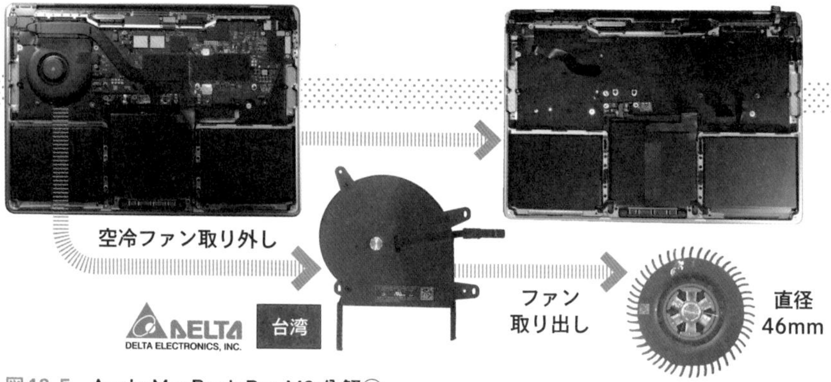

図 12-5　Apple MacBook Pro M2 分解③

過ぎました。

M2 MacBook Pro分解

図12-1は、2022年6月発売の13インチ版MacBook Proの梱包箱、トップ外観、ボトム外観とボトムのカバーを取り外した内部の様子です（図12-2）。内部は従来のMacBookとほぼ同じ形状となっており、下部に3セルの電池、ステレオスピーカー、空冷ファン、基板という構成になっています（図12-3）。電池の下にはタッチパッド、基板の下にはキーボードが設置されています。電池は11.41V 5103mAhと大容量のものを持っており、内部のおおよそ半分は電池

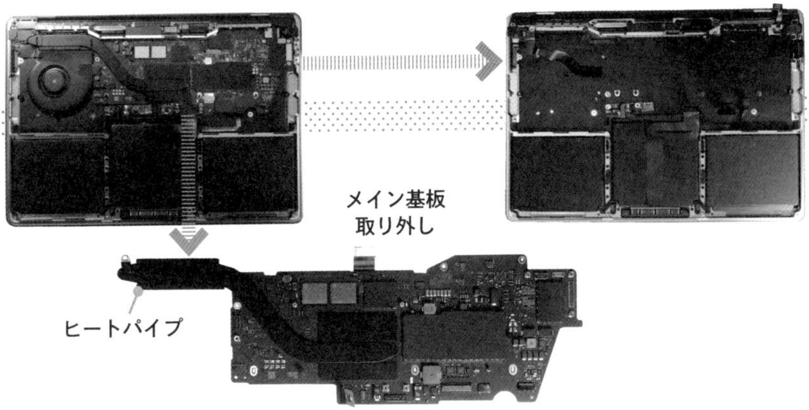

図12-6　Apple MacBook Pro M2 分解④

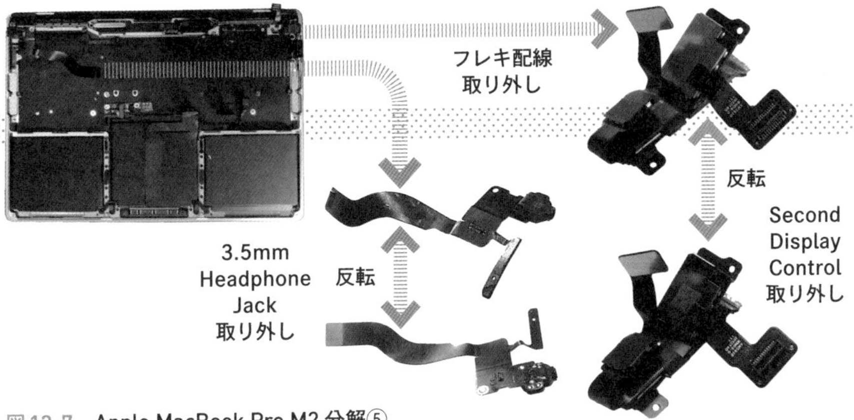

図12-7　Apple MacBook Pro M2 分解⑤

となっています。

図12-4は本体からステレオスピーカーを取り外したところです。図12-5は空冷ファンを取り外した様子です。基板の下部には黒い放熱シートが張り付けられています。図12-6は、メイン基板の取り外しです。プロセッサ部にはヒートパイプが設置され、そのヒートパイプは空冷ファンに接続されています。最上位のMacBook Proでは、M1 ProやM1 Maxが採用されており、プロセッサ性能が高いので発熱も大きく、空冷ファンは2基搭載されていましたが、今回M2版の空冷ファンは1基となっています。M2版は2023年、M2 Pro、M2 Maxへと進化しています。M2版の空冷

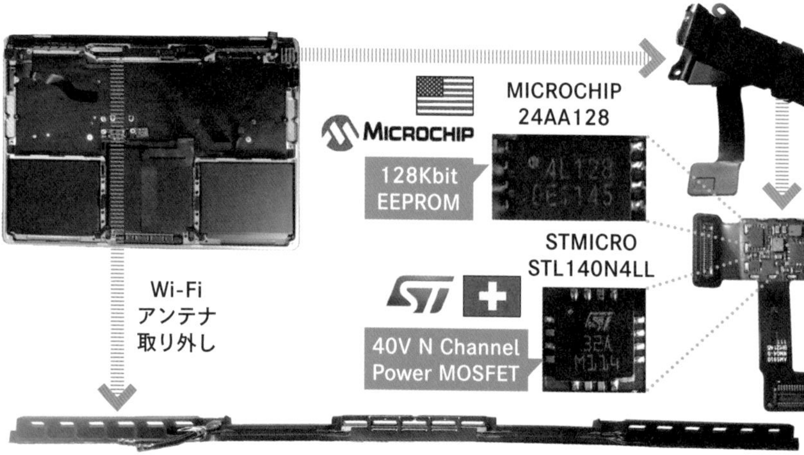

図 12-8　Apple MacBook Pro M2 分解⑥

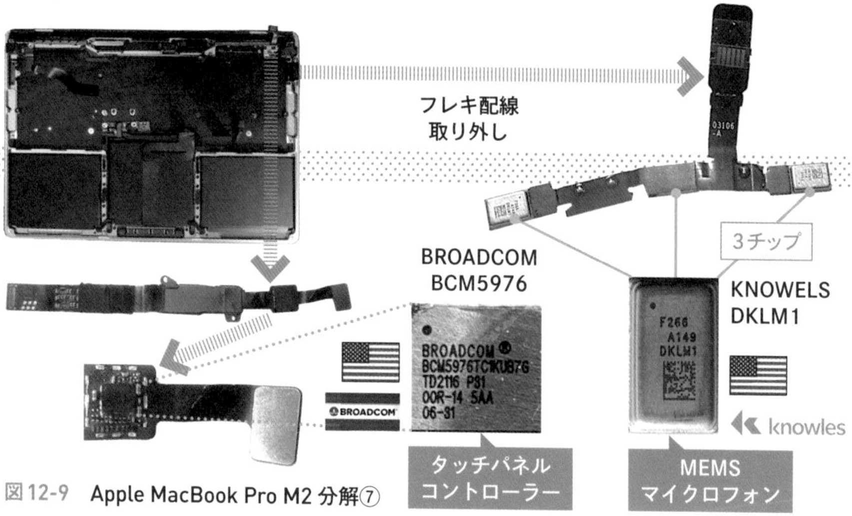

図 12-9　Apple MacBook Pro M2 分解⑦

ファンの直径は46mmと他のPCに比べて少し大きめなものになっています。図12-7はヘッドフォンやセカンドディスプレイ用のコネクタの取り外しです。図12-8はヒンジ近くのWi-Fiアンテナを取り外しています。タッチパネルコントローラの近くに、ここにマイクロフォンが埋め込まれていることです（図12-9）。

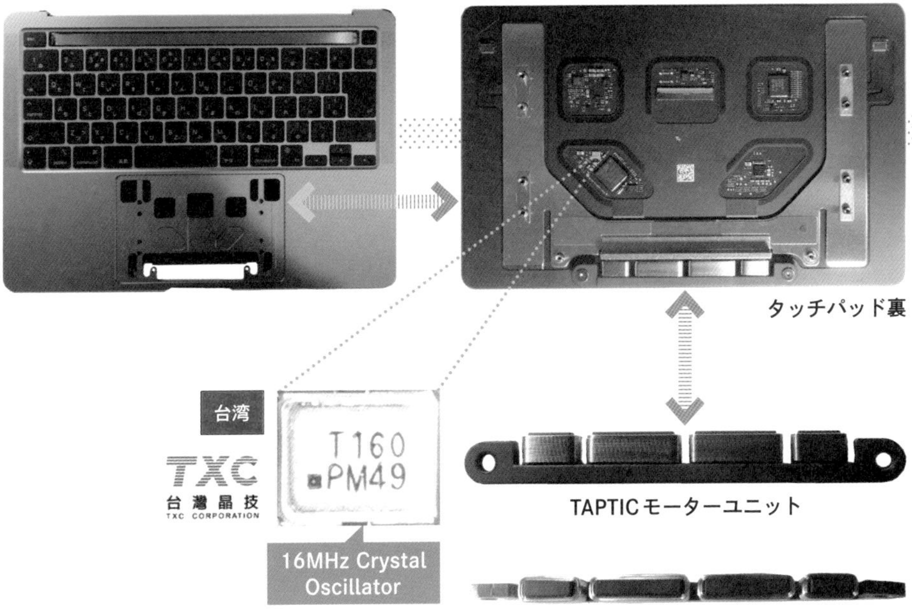

図12-10 MacBook Pro M2 Touch Pad①

12-2 MacBook Proタッチパッド分解

タッチパッド裏にたくさんのチップ

図12-10では、タッチバッドを分解しています。タッチパッドの裏側もたくさんの半導体が搭載されています。タッチパッドもバイブレーション機能があるので、TAPTICモーターユニットが埋め込まれています。図12-11は、MONOLITHIC POWER SYSTEMや、STMICROやMACRONIXのチップが搭載されています。さらにはBOSCHの三軸センサー・加速度計も入っています(図12-12)。

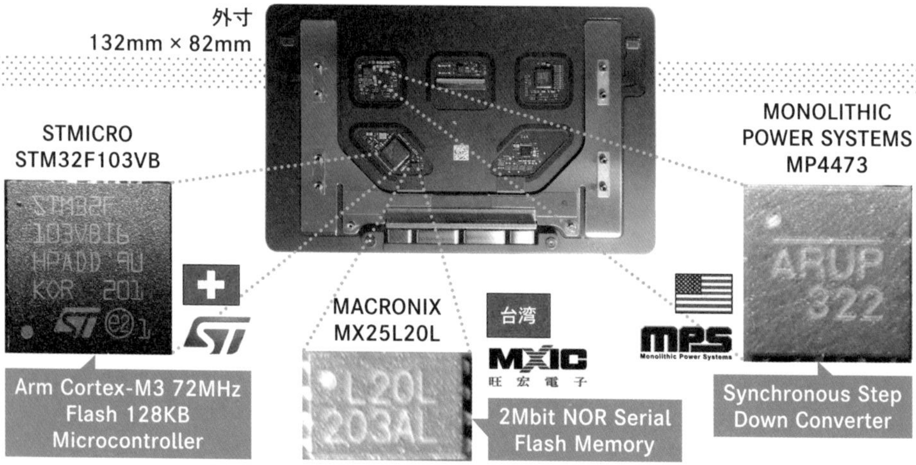

図12-11　MacBook Pro M2 Touch Pad②

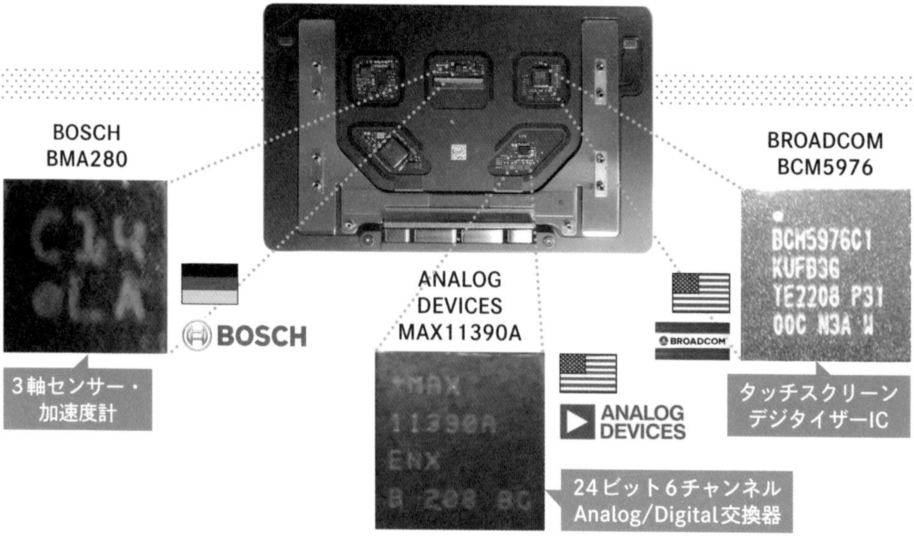

図12-12　MacBook Pro M2 Touch Pad③

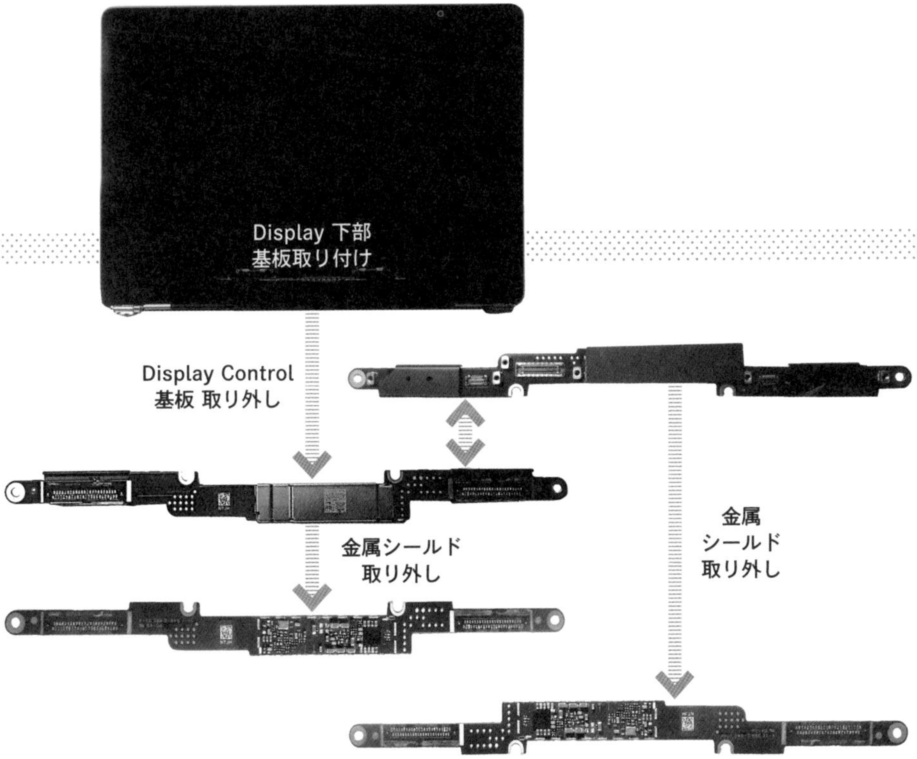

図12-13　MacBook Pro M2 Display①

12-3 MacBook Proディスプレイ分解

ディスプレイの付け根のところに、ディスプレイコントロール用の基板が搭載されています（図12-13）。TIのディスプレイバイアスチップや電源制御チップ、PARADEはディスプレイのタイミングコントローラです。ディスプレイの右と左で画像表示のタイミングを同期させるための回路が必要です。Apple製品のディスプレイに採用されるタイミングコントローラチップのほとんどはPARADE社製です。

2022年のM2 MacBook Proのタ

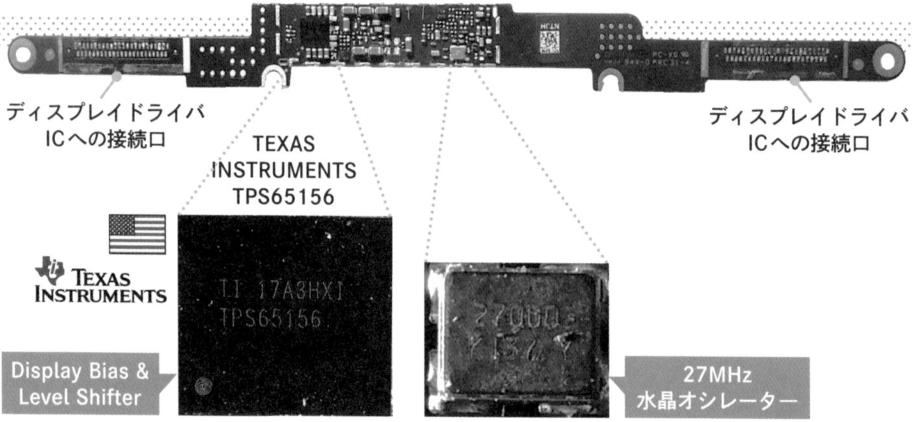

図12-14　MacBook Pro M2 Display②

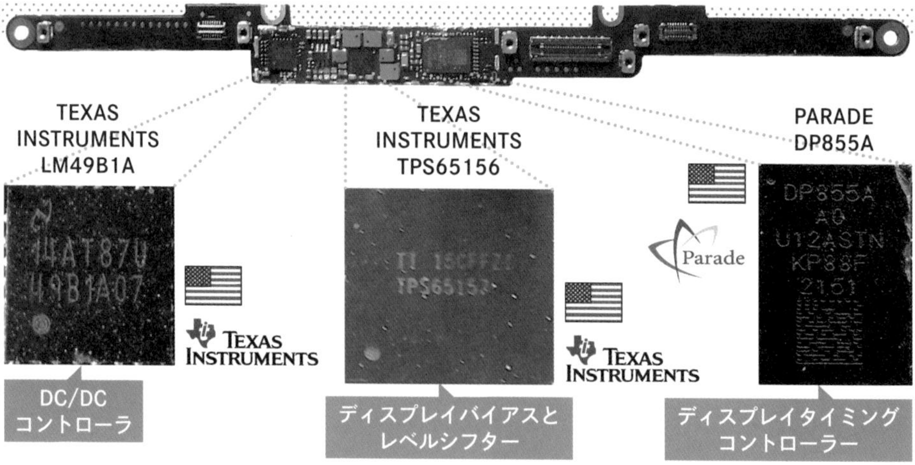

図12-15　MacBook Pro M2 Display③

イミングコントローラはPARADE社DP855Aです。同チップは24インチディスプレイの2021年iMacにも採用されています。ディスプレイサイズの異なる2機種に共通採用されることでDP855Aの採用数量は大きいものになっています。Appleは異なるサイズの製品にもチップを共通で使用することでコストを抑えています。

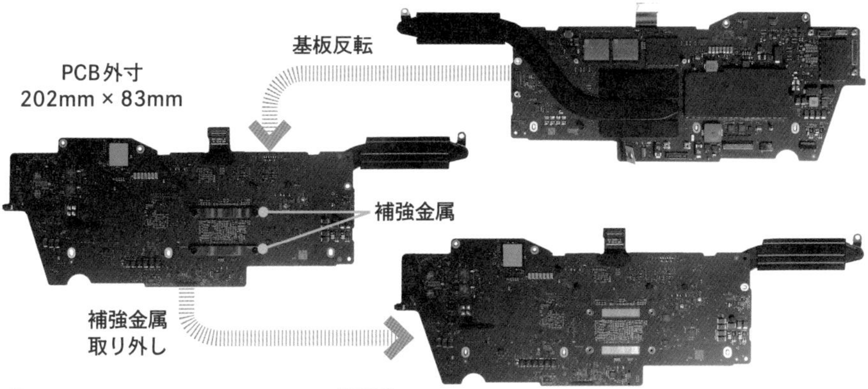

図12-16　Apple MacBook Pro M2 基板①

12-4 MacBook Proの基板

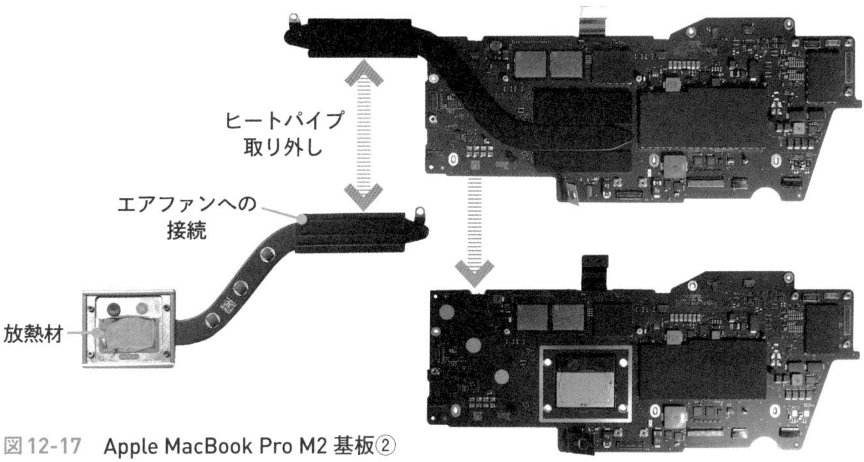

図12-17　Apple MacBook Pro M2 基板②

MacBook Proメイン基板

図12-16、図12-17はメイン基板の様子です。ヒートパイプがわずか20cm × 8cm程度で小型であるのが目につきます。

図12-18、図12-19のような形状の基板にM2が搭載されています。M2プロセッサ以外のチップとして

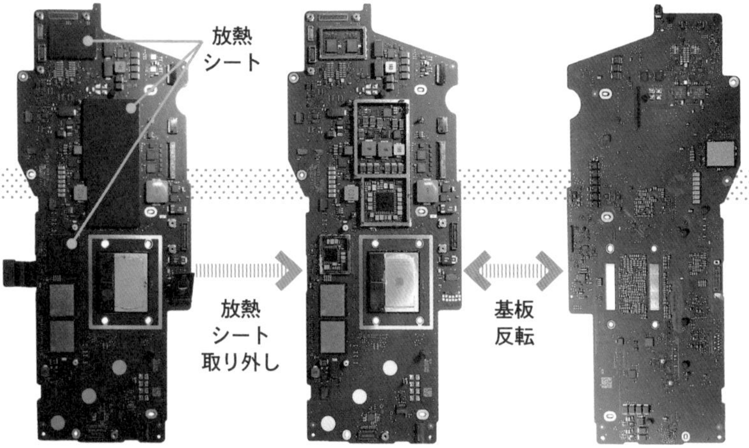

図12-18　Apple MacBook Pro M2 基板③

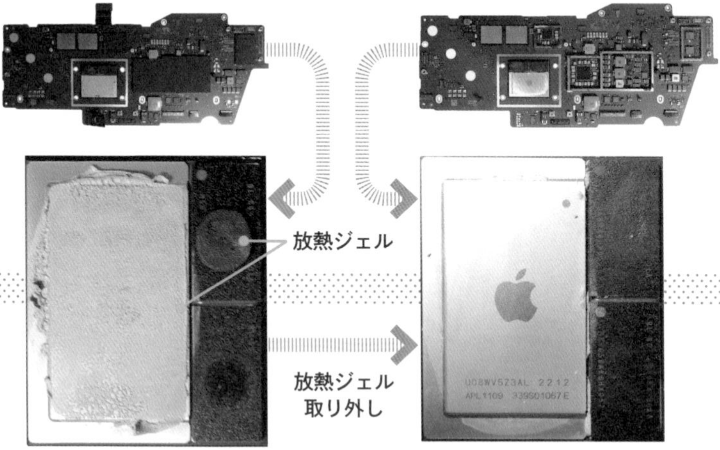

図12-19　Apple MacBook Pro M2 基板④

どのようなものが搭載されているか解説します。

図12-20では、電源制御用のチップです。図12-21では、6軸加速度センサー、ジャイロセンサーのチップが搭載されています。さらにWi-FiやBluetoothといった通信チップです。モバイル利用時のMacBook Proの状態を検知しているのでしょう。図12-22、図12-23

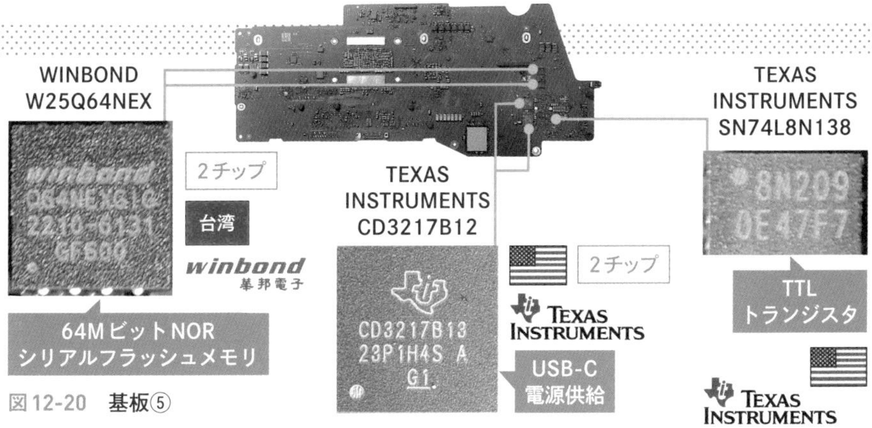

図12-20 基板⑤

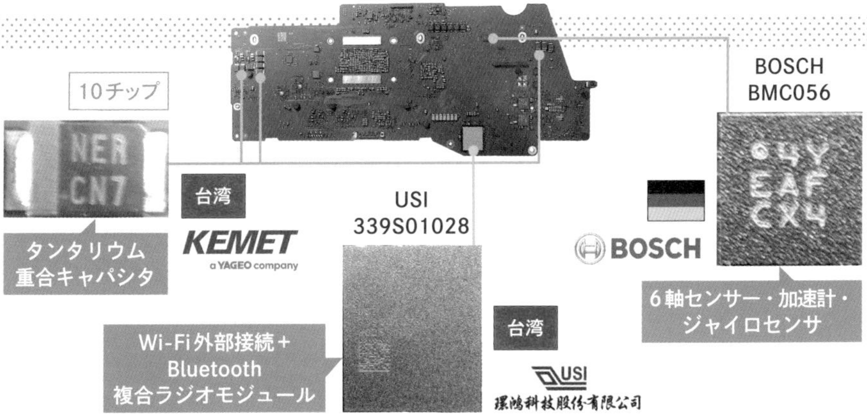

図12-21 基板⑥

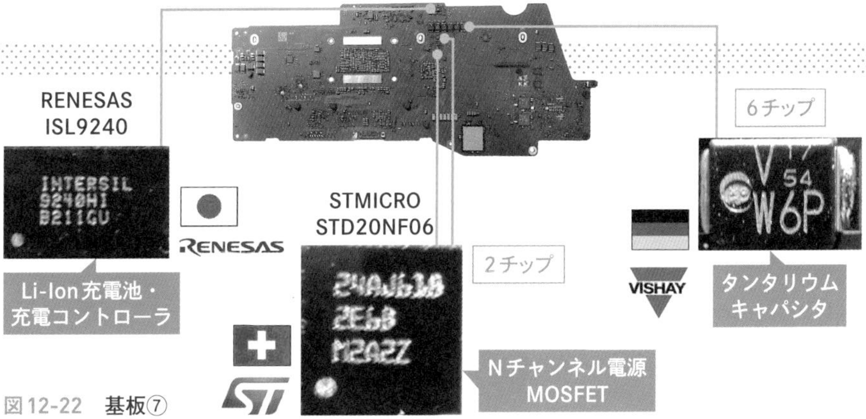

図12-22 基板⑦

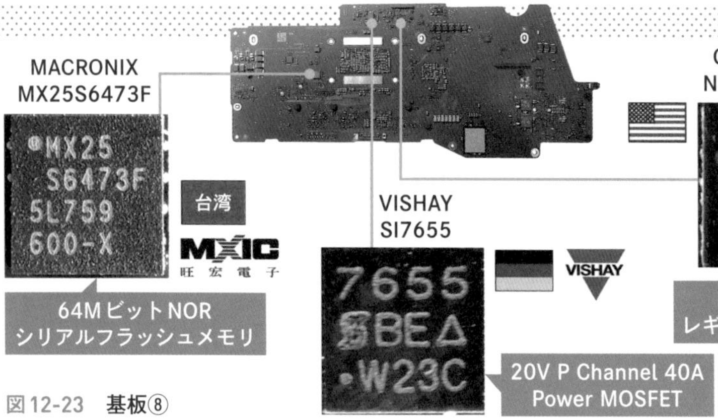

図12-23　基板⑧

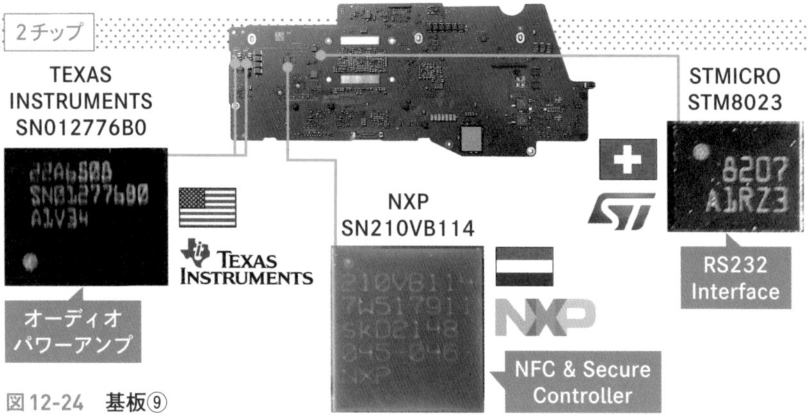

図12-24　基板⑨

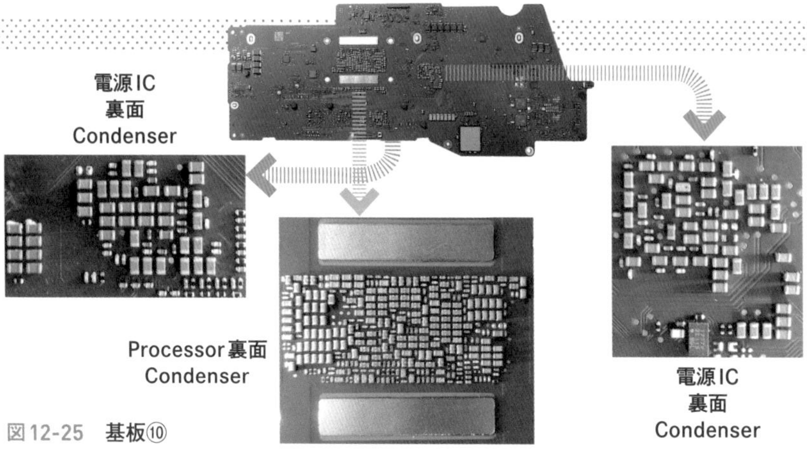

図12-25　基板⑩

図12-26 基板⑪

も電源まわりのチップです。図12-24では、NFCとセキュアチップが搭載されていることを示しています。

図12-26はM2チップの形状です。接着剤の上にLID（リッド：ふた）が乗っているので、LIDを外した状態です。図12-27は、LPDDRメモリを取り外してみたところです。図12-28～図12-34まで、いろいろな電源管理IC、さまざまなコンデンサなど細かいチップ群のレイアウトを示しています。この中で注目するのは、Thunderboltインターフェイスのusb4.0のチップです（図12-35）。

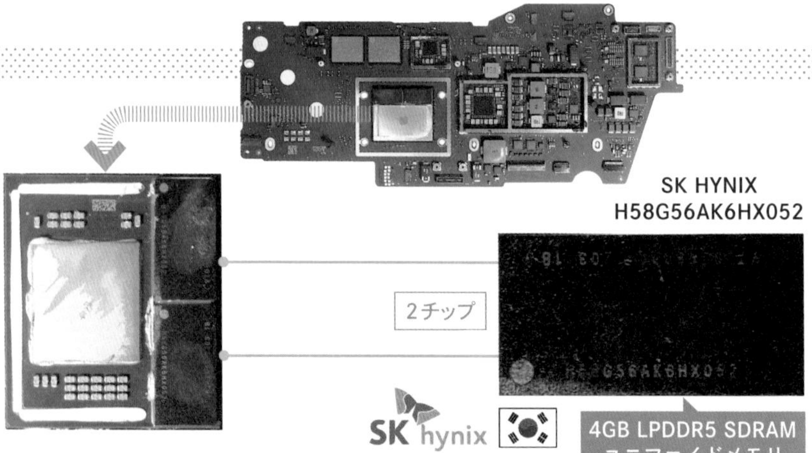

図12-27　基板⑫

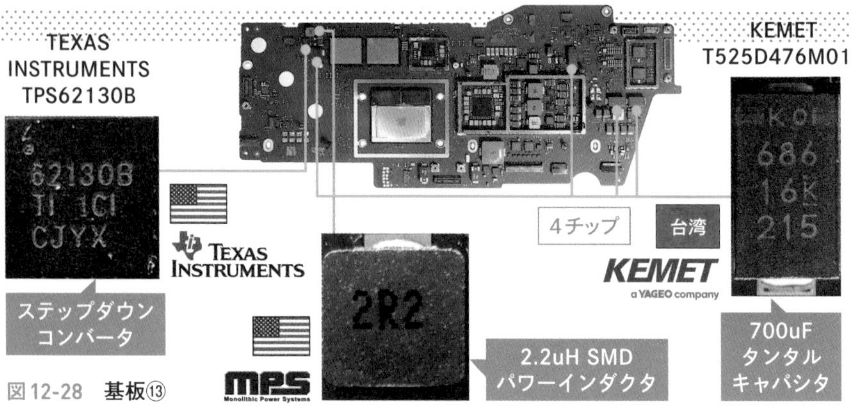

図12-28　基板⑬

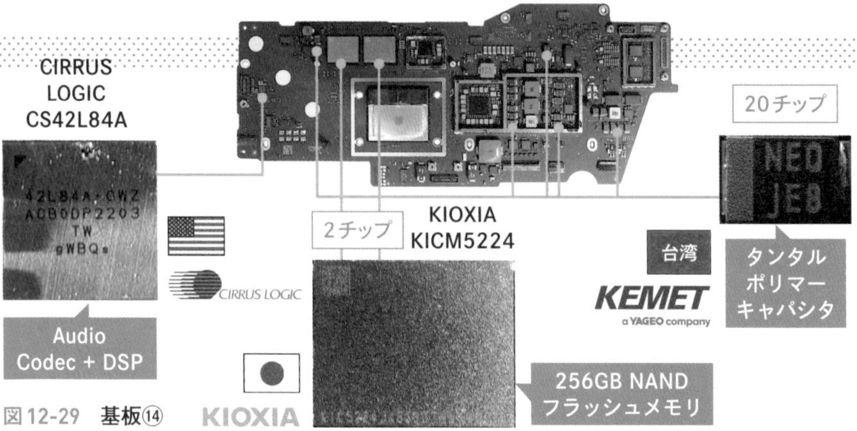

図12-29　基板⑭

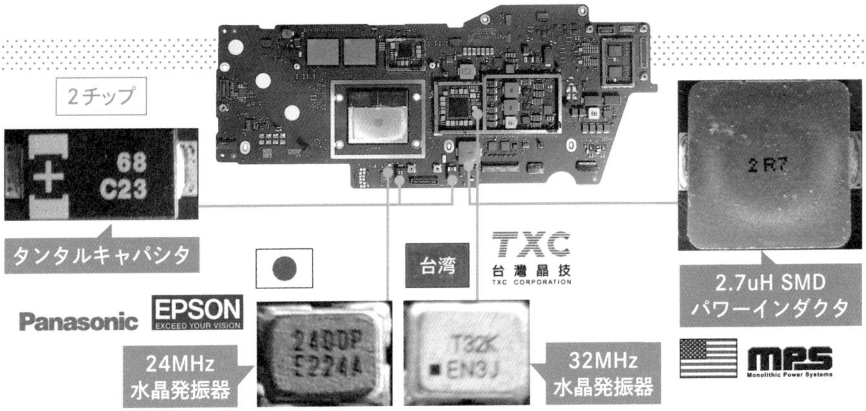

図12-30　基板⑮

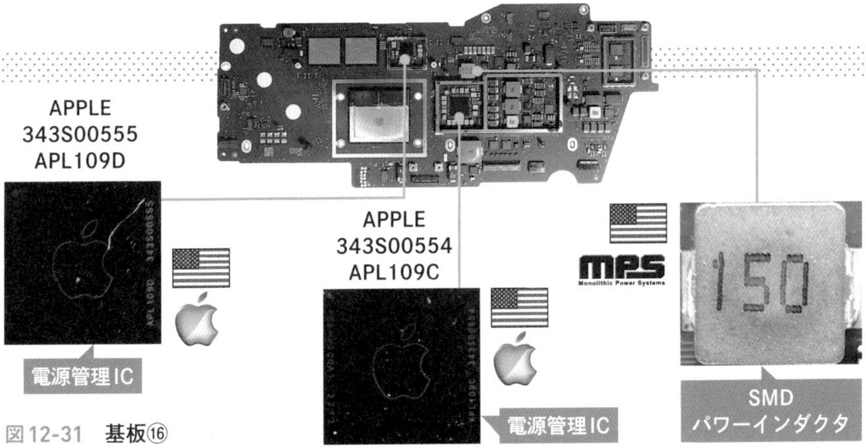

図12-31　基板⑯

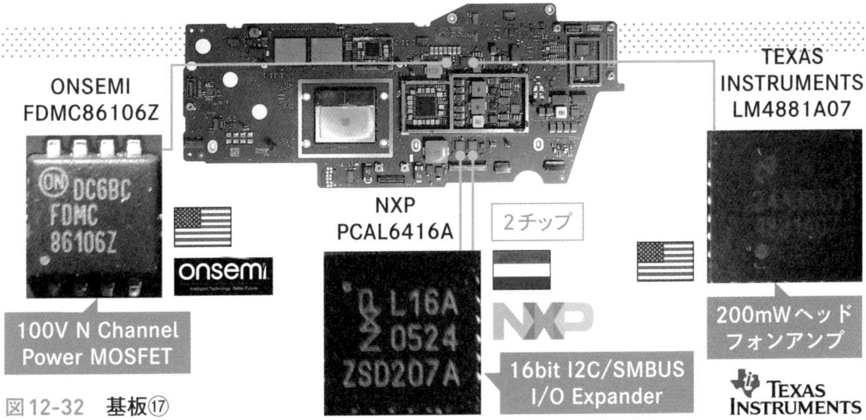

図12-32　基板⑰

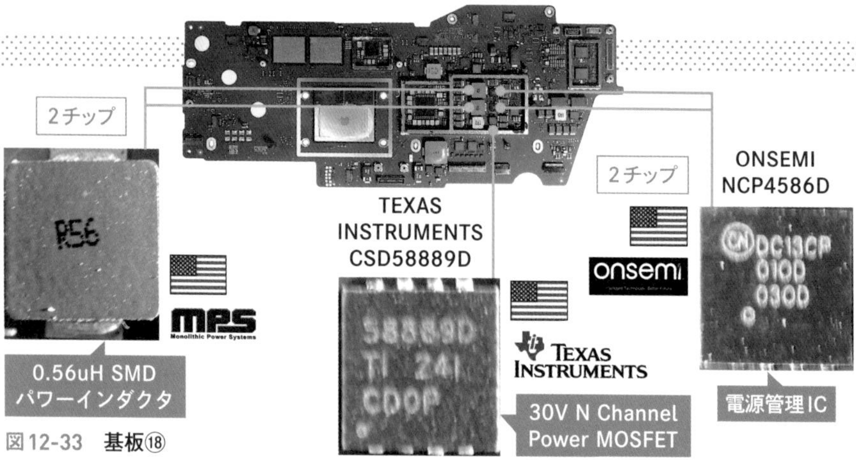

図12-33　基板⑱

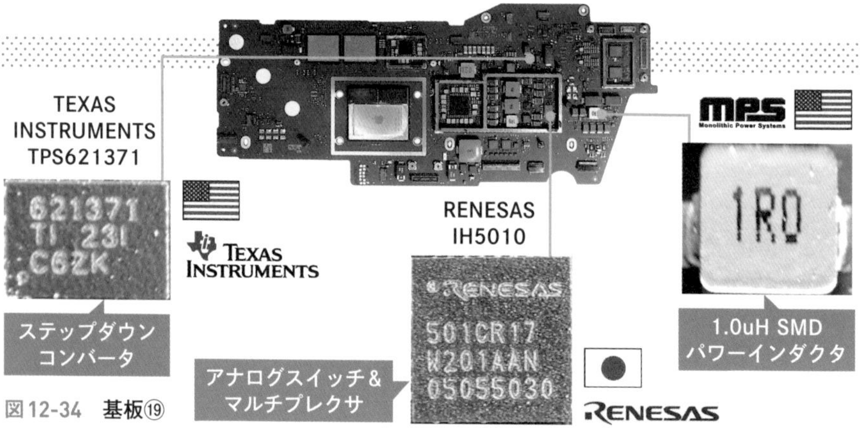

図12-34　基板⑲

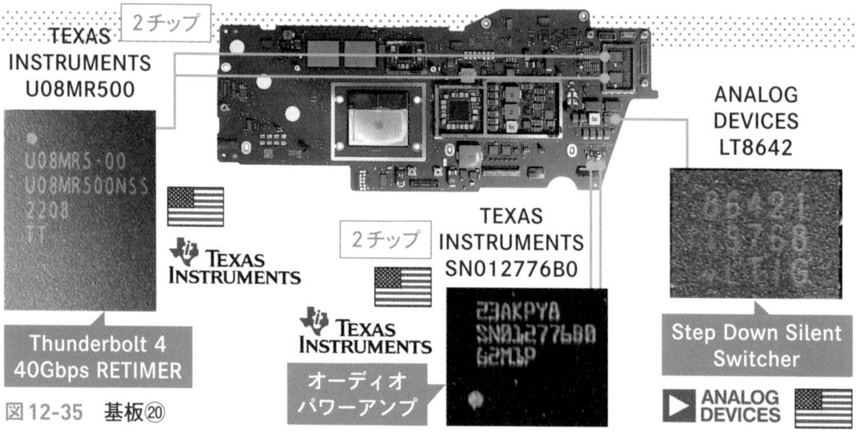

図12-35　基板⑳

表12-1 MacBook Pro M2 部品表①

NO	Maker	Name	Count	Function	Country	Category
Second Display & MEMS Microphone						
1	MICROCHIP	24AA128	1	128Kbit Serial EEPROM	USA	Memory
2	STMICRO	STL140N4	1	40V N Channel MOSFET	Switz	Power
3	BROADCOM	BCM5976	1	Touch Screen Controller	USA	Mixed
4	KNOWELS	DKLM1	3	MEMS Microphone	USA	Sensor
TAPTIC Touch Pad						
5	STMICRO	STM32F103	1	Arm M3 Controller	Switz	Digital
6	MPS	MP4473	1	Step Down Converter	USA	Analog
7	MACRONIX	MX25L20L	1	2Mbit NOR Flash	Taiwan	Memory
8	ADI	MAX11390	1	24bit AD Converter	USA	Analog
9	BROADCOM	BCM5976	1	Touch Pad Controller	USA	Mixed
10	BOSCH	BMA280	1	3-Axis Accelerometer	German	Sensor

表12-2 MacBook Pro M2 部品表②

NO	Maker	Name	Count	Function	Country	Category
Display PCB						
11	TI	TPS65156/7	2	Display Bias IC	USA	Analog
12		LM49B1A	1	DC/DC Controller	USA	Analog
13	PARADE	DP855A	1	Display Timing Control	USA	Digital
Main PCB						
14	TI	SN74L8N138	1	TTL Transistor	USA	Transistor
15		CD3217B12	2	USB Power Delivery	USA	Analog
16		SN012776	4	Audio Power Amplifier	USA	Analog
17		TPS62130	1	Step Down Converter	USA	Analog
18		LM4881A07	1	Headphone Amplifier	USA	Analog
19		CSD58889	1	30V N Channel MOSFET	USA	Power
20		TPS621371	1	Step Down Converter	USA	Analog
21		U08MR500	2	Thunderbolt RETIMER	USA	Mixed

12-5 MacBook Pro M2部品表

MacBook Pro M2の部品表は表12-1〜表12-4にあるとおりです。MacBook Pro M2は、56個のチップで構成されています。

2022年MacBook Proでの一番の変化はプロセッサがM1からM2

表12-3　MacBook Pro M2 部品表③

NO	Maker	Name	Count	Function	Country	Category
22	APPLE	APL109C/D	2	Power Management	USA	Analog
23		APL1109	1	Apple M2 Processor	USA	Digital
24	ONSEMI	NCP4586	2	Power Management	USA	Analog
25		FDMC86106	1	N Channel MOSFET	USA	Power
26		NICB7700	1	Buck Regulator	USA	Analog
27	RENESAS	ISL9240	1	Battery Charger	Japan	Analog
28		IH5010	1	Analog Switch	Japan	Analog
29	STMICRO	STD20NF06	2	N Channel MOSFET	Switz	Power
30		STM8023	1	RS232 Interface	Switz	Analog
31	NXP	SN210VB114	1	NFC Controller	Nether	Mixed
32		PCAL6416	2	16bit IO Expander	Nether	Analog

表12-4　MacBook Pro M2 部品表④

NO	Maker	Name	Count	Function	Country	Category
33	SK HYNIX	H58G56AK6	2	4GB LPDDR SDRAM	Korea	Memory
34	KIOXIA	KICM5224	2	256GB NAND Flash	Japan	Memory
35	CIRRUS	CS42L84A	1	Audio Codec + DSP	USA	Mixed
36	ADI	LT8642	1	Silent Switcher	USA	Analog
37	WINBOND	W25Q64NEX	2	64Mbit NOR Flash	Taiwan	Memory
38	BOSCH	BMC056	1	6-Axis Motion Sensor	German	Sensor
39	USI	339S01028	1	Wi-Fi ax + Bluetooth	Taiwan	Mixed
40	VISHAY	SI7655	1	20V P Channel MOSFET	German	Power
41	MACRONIX	MX25S6473	1	64Mbit NOR Flash	Taiwan	Memory
TOTAL CHIP			56			

に置き換わったことですが、GPUコア数が増え、対応するDRAMがLPDDR4XからLPDDR5に代わったというモバイル向けのA5やM1 Proなどすでに適応されている技術を取り込んだだけなので、一般的なスケーリングアップの範囲に留まっています（表12-5）。ゆえに大きな変化とは言えないものとなっています（ただし新たにMedia Engine；8K H.264やHEVC機能を搭載）。

2番目の変化は1番目よりも衝撃の大きいものです。それは2011年以降のすべてのApple MacやMac Bookに採用され続けてきたIntelのThunderboltチップが、2022年MacBook ProではIntel製でないものに置き換わりました（表12-6）。

表12-5　MacBook Pro 2020 M1 ⇒ 2022 M2 ①

Apple 2020 MacBook Pro 13インチディスプレイ 2020年11月17日 ¥134,800～ Apple M1	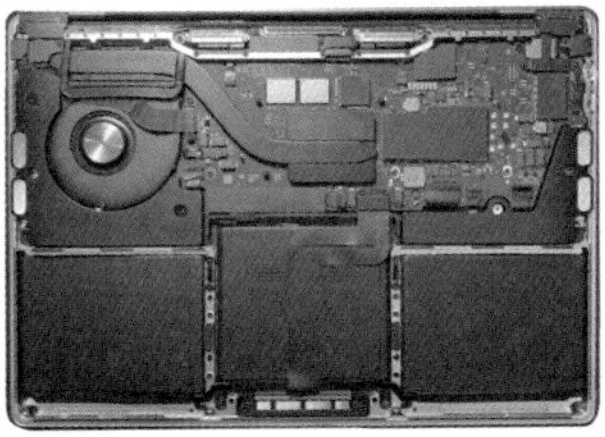	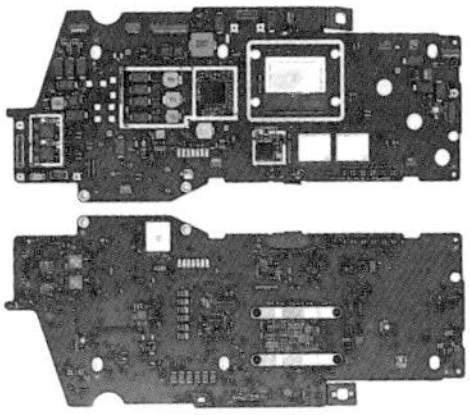
Apple 2022 MacBook Pro 13インチディスプレイ 2022年6月24日 ¥178,800～ Apple M2	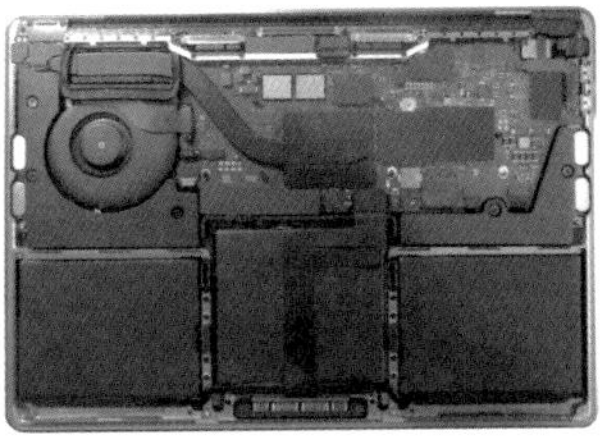	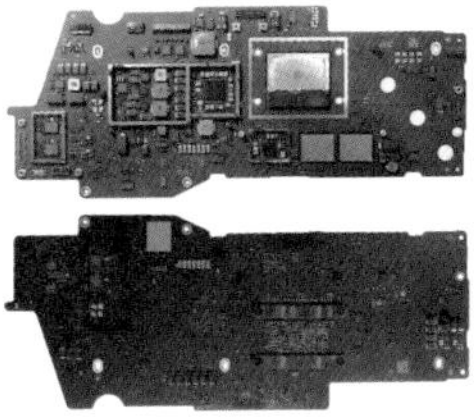

表12-6　MacBook Pro 2020 M1 ⇒ 2022 M2 ②

Product	Thunderbolt RETIMER	NAND Flash Memory	Audio DSP Audio Codec	NFC Apple Pay Controller
Apple 2020 MacBook Pro	INTEL JHL8040 	KIOXIA 128GB KICM232 	CIRRUS CS42L83A 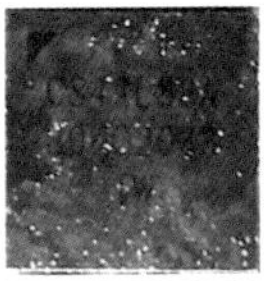	NXP SN210VB114 
Apple 2022 MacBook Pro	Texas Instruments U08MR500 	KIOXIA 256GB KIC5224 	CIRRUS CS42L84A 	NXP SN210VB114 

MacBookの中からプロセッサだけでなく、Intelチップが完全に消滅してしまったのです。

半導体売上のランキング順位は、現在1位がSAMSUNG、2位はIntelですが、2022年のMacBook Proには1位も2位も一切使われていないのです。一般的なPCはSAMSUNGとIntel（あるいはAMD）でほぼ構成されています。Appleのすごさは業

表12-7　MacBook Pro 2020 M1 ⇒ 2022 M2 ③

製品名	主プロセッサ	電源管理 1	電源管理2	ユニファイドメモリ
Apple 2020 MacBook Pro	APPLE APL1102 	APPLE APL1096 	APPLE APL1097 	MICRON LPDDR4X 1GB x 4 x 2 Total 8GB 
Apple 2022 MacBook Pro	APPLE APL1109 	APPLE APL109C 	APPLE APL109D 	SK HYNIX LPDDR5 1GB x 4 x 2 Total 8GB 

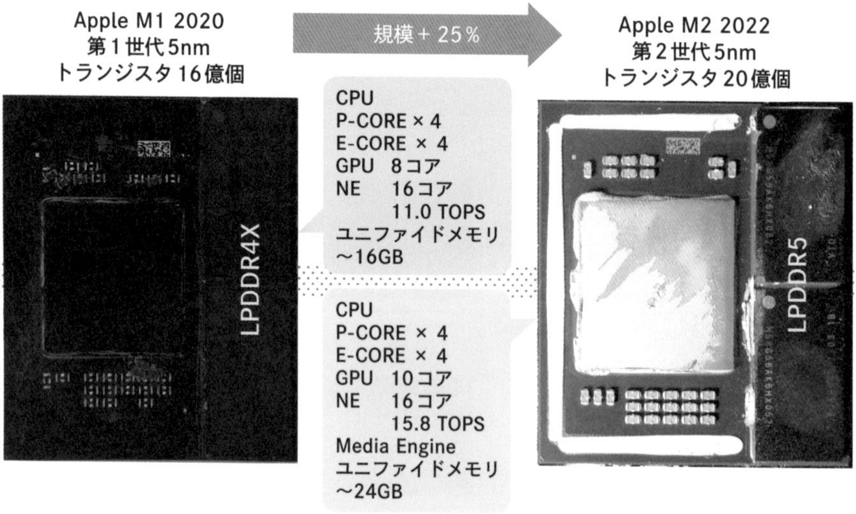

図12-36　2020 Apple M1 ⇒ 2022 Apple M2（P-CORE：高性能コア、E-CORE：高効率コア、NE：ニューラルエンジン）

界1位と2位抜きで製品化を実現していることにあります。

表12-7に、M1とM2の搭載チップの違いを示します。そして図12-36にその性能を比較しました。コア数やユニファイドメモリの増加を参考までにまとめています。

Index

索引

英数文字

数字

A

B～D

H～I

和文

ア行

サ行

タ行～ワ行

著者プロフィール

清水洋治(しみずひろはる)
株式会社テカナリエ代表取締役CEO

～2003年：日立半導体、1998年～2004年：米国駐在半導体ベンチャー、2005年～2015年11月：ルネサスエレクトロニクス株式会社（設計開発、マーケット、主管技師長）
Apple製品だけでなく中国製スマホから電気自動車Teslaまで、ありとあらゆるIT製品を基板まで徹底分解、さらには搭載されているプロセッサ、ICチップ、コンデンサに至るまでさまざまな電子部品を開封解析。半導体を熟知した技術力でさまざまな問題を解明する。
年間100本以上の半導体関連セミナー講演、エレクトロニクスメーカーやソフトウェア企業のコンサルティングを行う。

Website：https://www.techanalye.com　E-Mail：info@techanalye.com

Staff

本文設計・組版　マップス
装丁デザイン　TYPEFACE

Webページ　https://gihyo.jp/book/2023/978-4-297-13743-4
※本書記載の情報の修正・訂正については当該Webページで行います。

なぜApple《あっぷる》は強《つよ》いのか
——製品分解《せいひんぶんかい》からわかる真《しん》の技術力《ぎじゅつりょく》

2023年10月10日　初版　第1刷発行
2023年10月31日　初版　第2刷発行

著　者　清水《しみず》 洋治《ひろはる》
監　修　株式会社テカナリエ

発行者　片岡 巌
発行所　株式会社技術評論社
東京都新宿区市谷左内町21-13
電話　03-3513-6150　販売促進部
03-3513-6170　第5編集部
印刷／製本　日経印刷株式会社

定価はカバーに表示してあります。

造本には細心の注意を払っておりますが、万一、乱丁（ページの乱れ）や落丁（ページの抜け）がございましたら、小社販売促進部まで送りください。送料負担にてお取替えいたします。

ISBN978-4-297-13743-4　C0034
Printed in Japan

■お問い合わせについて

ご質問は、本書に記載されている内容に関するものに限定させていただきます。本書の内容と関係のない質問には一切お答えできませんので、あらかじめご了承ください。
電話でのご質問は一切受け付けておりません。FAXまたは書面にて下記までお送りください。また、ご質問の際には、書名と該当ページ、返信先を明記してくださいますようお願いいたします。
お送りいただいた質問には、できる限り迅速に回答できるよう努力しておりますが、お答えするまでに時間がかかる場合がございます。また、回答の期日を指定いただいた場合でも、ご希望にお応えできるとは限りませんので、あらかじめご了承ください。

問合せ先
〒162-0846 東京都新宿区市谷左内町21-13
株式会社技術評論社　第5編集部
「なぜAppleは強いのか」係
FAX　03-3513-6179